技能型紧缺人才培养培训系列教材

CAXA软件应用实训教程

主　编　许跃女　阙杨战

副主编　王志新　李英俊

参　编　钟凤英　徐慧兰

南京大学出版社

前　言

本书根据浙江省中等职业教育改革发展示范校建设的相关精神，借鉴国内外先进的职业教育理念、模式和方法，并参照国家教育部、人力资源和社会保障部、科技部指定考试和比赛的认证软件，采用任务驱动教学的模式编写而成，对CAXA软件应用的内容进行了大胆的改革。

本书坚持"以促进就业为导向、以服务发展为宗旨、以提高能力为本位"的指导思想，在专业建设指导委员会共同参与指导下，遵循课程内容对接岗位能力的标准，突出职业技能教育的特色。本书的主要特点如下：

1. 在编写理念上，根据中等职业学校学生的培养目标及认知特点，突出"做中学、学中做"的新型教育理念。

2. 在教学思想上，坚持"理实一体"，充分体现"教学一体化"的教学模式，设置了任务内容、任务分析、知识要点、操作过程、学习记录页、综合评价表等环节，编写过程中把使用CAXA制造工程师的心得体会融入本书的各个模块中，总结数控加工的实际应用经验，可以帮助学生轻松了解并掌握数控编程的思路和应用技巧。在任务实施过程中强调理论与实践的统一，理论上做到适度、够用。在综合评价中融入了对职业技能和职业素养的要求，任务的选择体现了梯度性的特点，体现了适应职业岗位需求的知识技能。

3. 在教学内容上，充分考虑学生的认知规律，以实用为原则，以实例为主线，由浅入深、由易到难、由简到繁、循序渐进地介绍CAXA制造工程师软件中各功能的操作方法、注意事项及应用技巧等。本书力求在教学内容上做到学生"能学"和"乐学"。同时，在内容编排上打破了原有的理论框架，对内容进行整合、取舍和补充，简化原理性的描述，尽量以图表的形式将复杂的内容形象化，充分适应和迎合学生的学习习惯。

4. 本书在评价上采用总结性评价与形成性评价相结合，以形成性评价为主，重视学习过程评价，强化综合实践能力考核，过程评价包括态度、理论、操作三方面的评价，最后指导教师给出评语。

本书共有十八个教学任务，可根据学校自身的教学资源以及学校对教学内容、课时的要求酌情进行调整与删选，在教学中可灵活运用。

本书由松阳职业中专许跃女、阙杨战主编，王志新、李英俊任副主编，曾木连主审。许跃女编写了任务一至任务五，阙杨战编写了任务六至任务十，李英俊编写了任务十一和任务十二，王志新编写了任务十三和任务十四，钟凤英编写了任务十五和任务十六，徐慧兰编写了任务十七和十八。

本书在编写过程中，得到了有关领导的大力支持和缙云职业中专陈法根的帮助，在此对他们付出的辛勤劳动表示感谢。由于本书是对教学内容和教学方式的一次创新尝试，再加上编者水平所限，书中难免有缺点和错误，恳切希望广大师生和读者提出宝贵意见，以便编者不断修改完善。

编　者

2017年10月

目　录

任务一　刻线加工

一、任务内容

1. 零件图如图 1-1 所示。

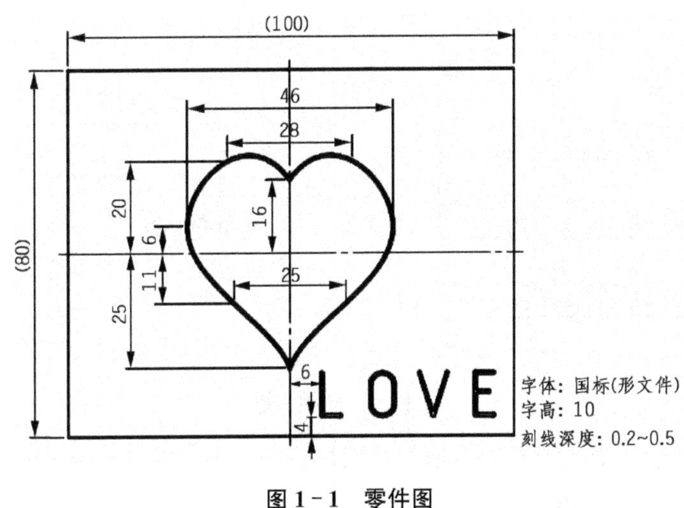

图 1-1　零件图

2. 任务要求：使用 CAXA 制造工程师完成任务对象的加工。

二、任务分析

本工件只是刻一个图案，这种类型的工件，在 CAXA 制造工程师中，不需要造型，使用空间轮廓曲线就可以完成加工。

三、知识要点

1. 样条线
2. 文字
3. 毛坯的设置

4. 平面轮廓精加工
5. 仿真加工
6. 生成 G 代码
7. 传送程序

四、操作过程

(一) 画图

1. 打开 CAXA 制造工程师后,新建一个制造文件。
2. 用矩形命令,画一个长 100,宽 80 的矩形,如图 1-2 所示。

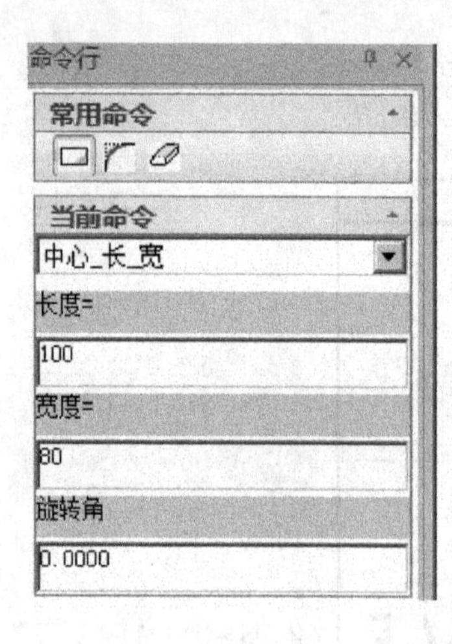

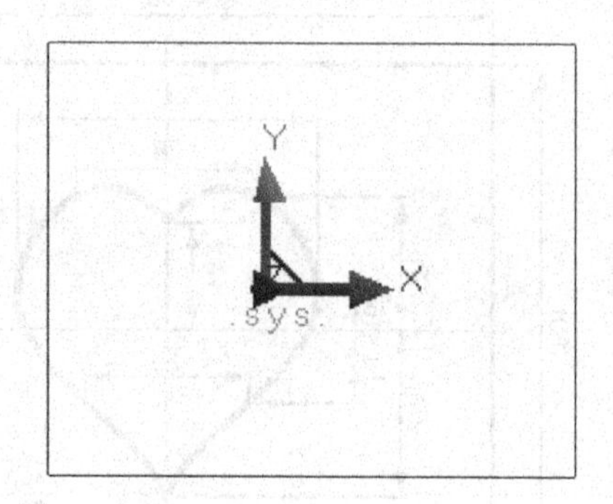

图 1-2 矩形命令

3. 用点命令,画出以下坐标点:(0,16),(14,20),(23,6),(12.5,-11),(0,-25),如图 1-3 所示。

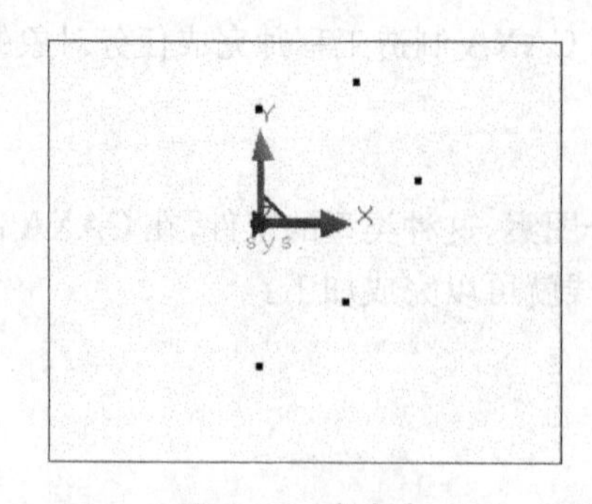

图 1-3 点命令

4. 用样条线命令，依次拾取各点，画出样条线，如图 1－4 所示。

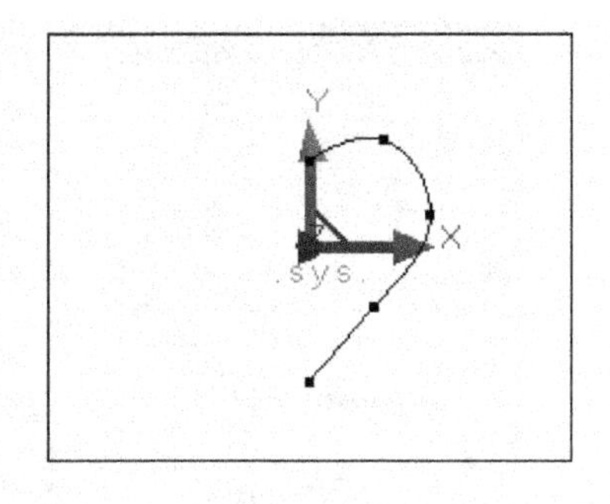

图 1－4　样条线命令

5. 镜像。把样条线镜像到左侧，如图 1－5 所示。

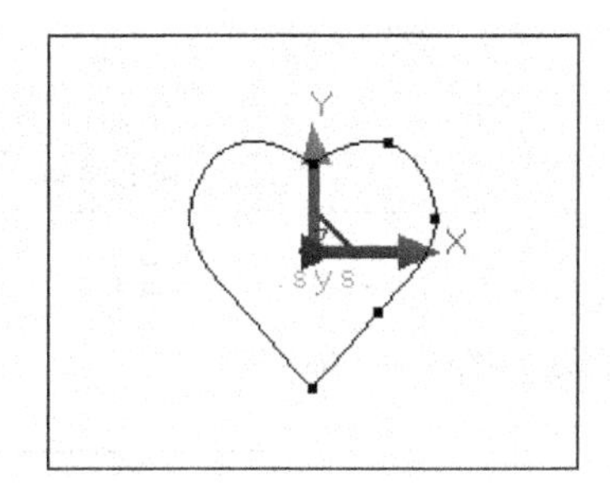

图 1－5　镜像

6. 使用文字命令，定位点为(6，－36)，输入文字，如图 1－6 所示。

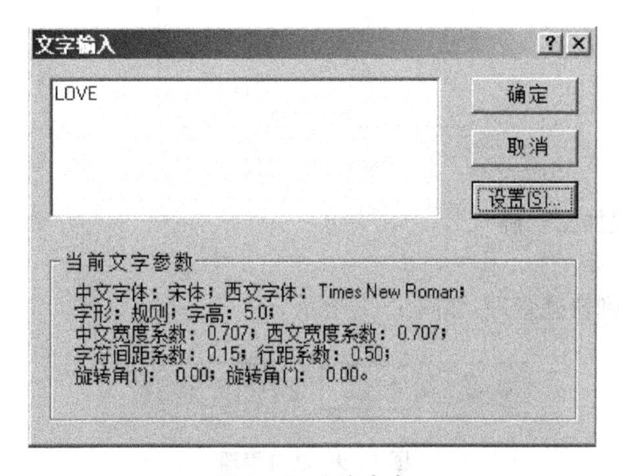

图 1－6　文字命令

7. 按设置,作如下设置,如图 1-7 所示。

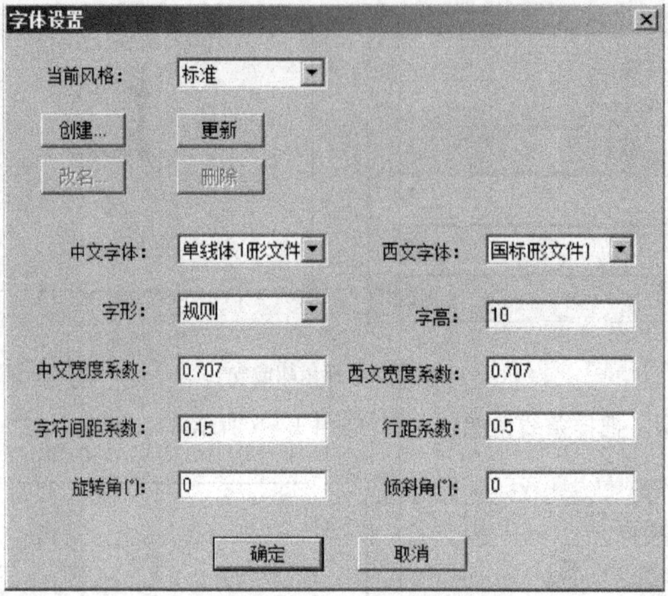

字体设置
当前风格: 标准
创建... 更新
改名... 删除
中文字体: 单线体1(形文件 西文字体: 国标(形文件)
字形: 规则 字高: 10
中文宽度系数: 0.707 西文宽度系数: 0.707
字符间距系数: 0.15 行距系数: 0.5
旋转角(°): 0 倾斜角(°): 0
确定 取消

图 1-7 字体设置

8. 结果如图 1-8 所示。

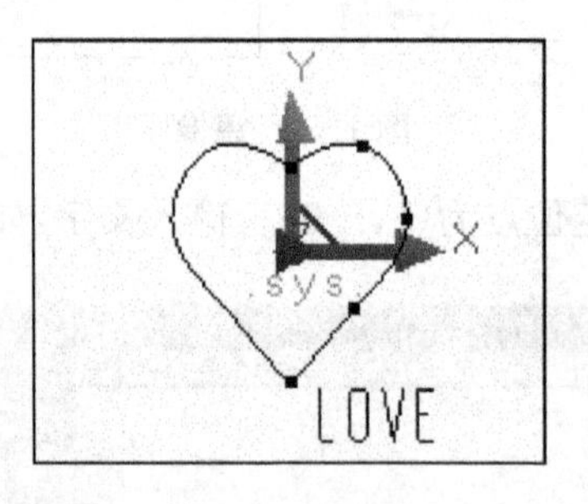

图 1-8 结果

(二) 创建加工轨迹

1. 设置毛坯。

(1) 切换到轨迹管理,如图 1-9 所示。

图 1-9 轨迹管理

(2) 双击毛坯,进行设置,如图 1 - 10 所示。

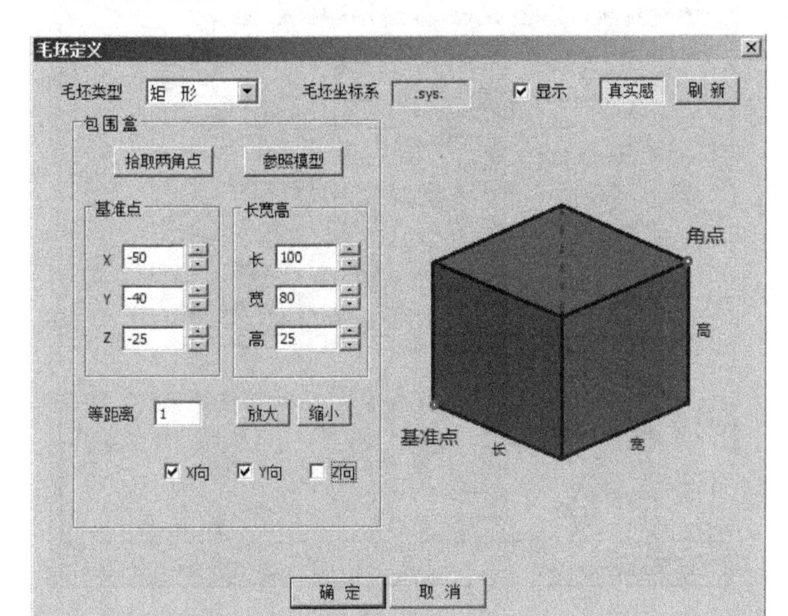

图 1 - 10　毛坯定义

(3) 按 F8 切换到等轴测,如图 1 - 11 所示。

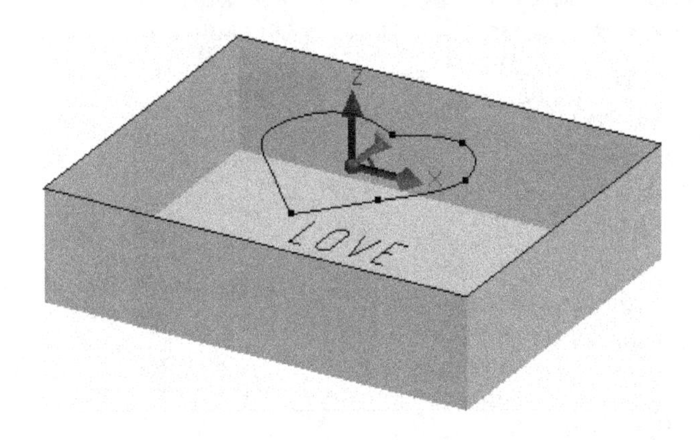

图 1 - 11　等轴测

2. 创建加工轨迹。

(1) 使用菜单命令:"加工"—"常用加工"—"平面轮廓精加工"。

(a) 加工参数的设置,如图 1 - 12 所示。

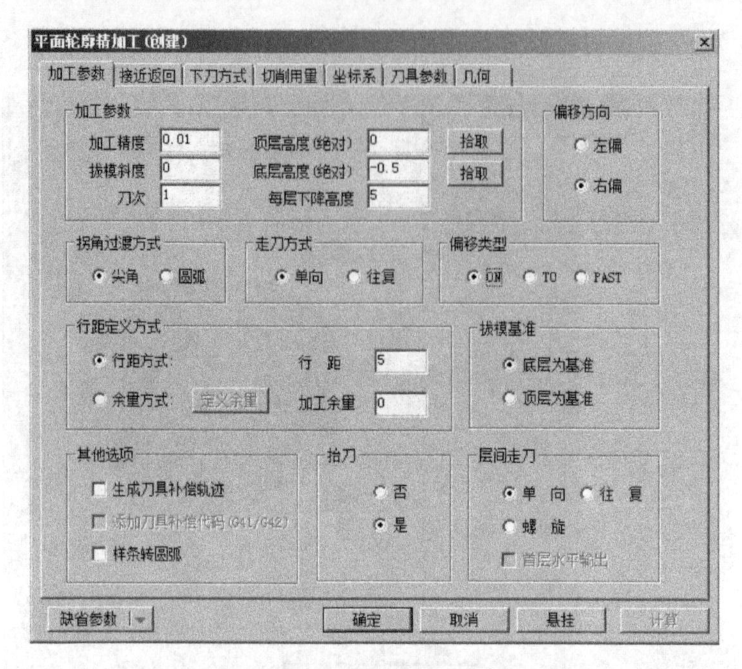

图 1－12　加工参数的设置

（b）下刀方式设置，如图 1－13 所示。

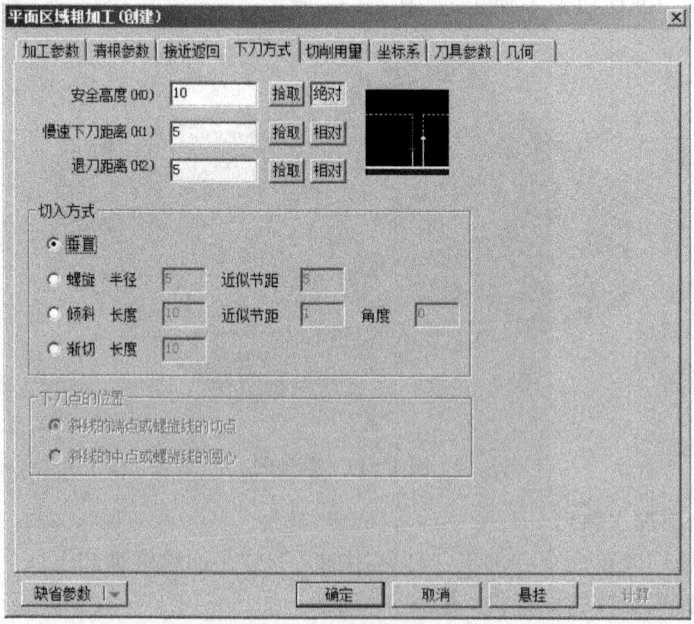

图 1－13　下刀方式设置

(c) 切削用量设置:参照机床及刀具和加工材料,自行设置。

(d) 刀具参数设置,如图 1－14 所示(加工时可以用雕刻刀或中心钻)。

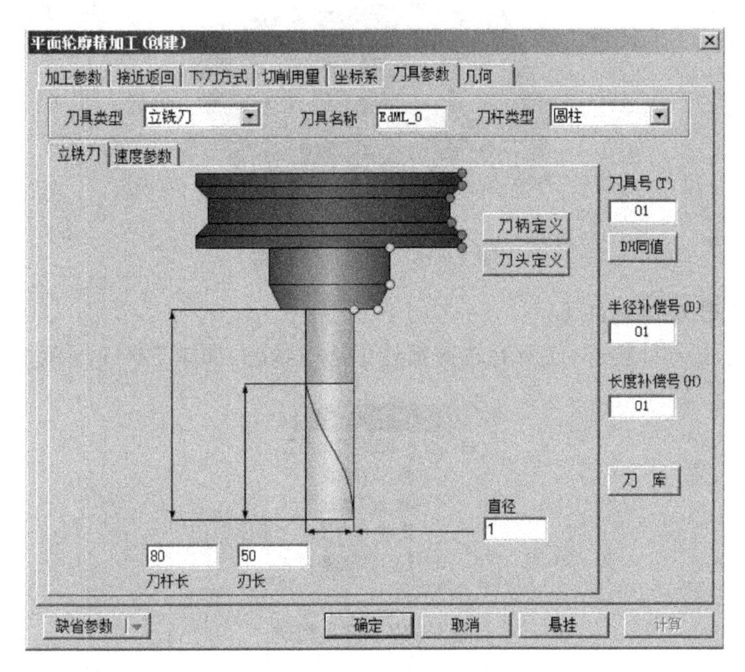

图 1－14　刀具参数设置

(e) 几何设置,如图 1－15 所示。

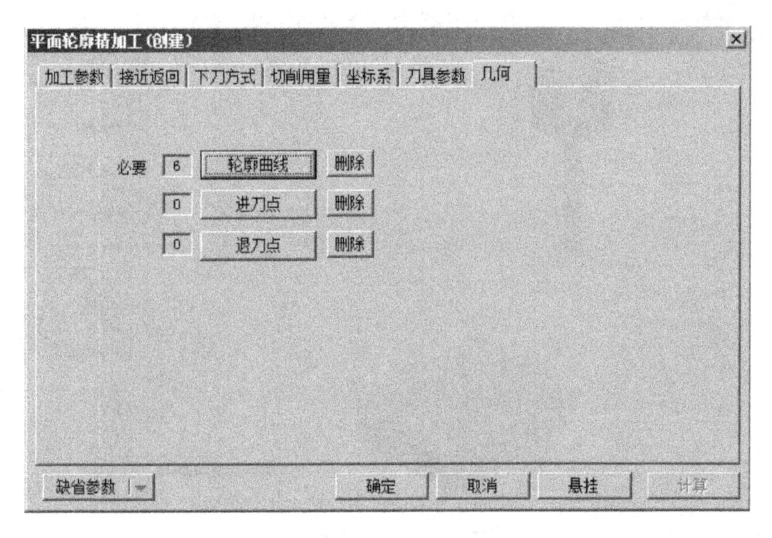

图 1－15　几何设置

(2) 完成后,生成的加工轨迹如下图 1－16 所示。

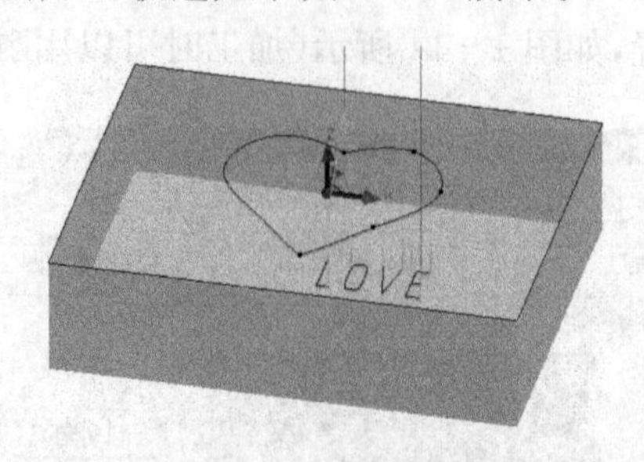

图 1－16　生成加工轨迹

(三) 轨迹仿真加工

1. 点击刀具轨迹,使所有轨迹都处于选中状态,如图 1－17 所示。

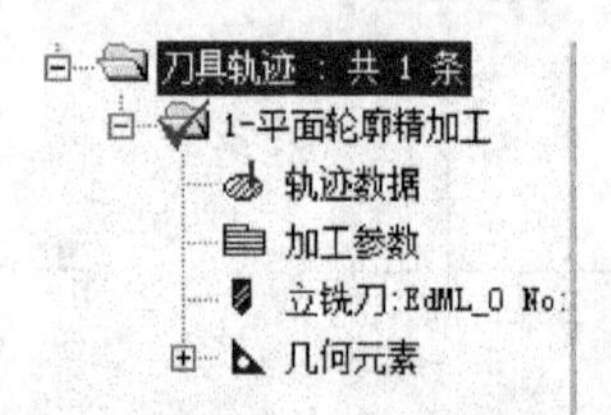

图 1－17　刀具轨迹

2. 菜单命令:“加工”—“实体仿真”,进入仿真界面,如图 1－18 所示。

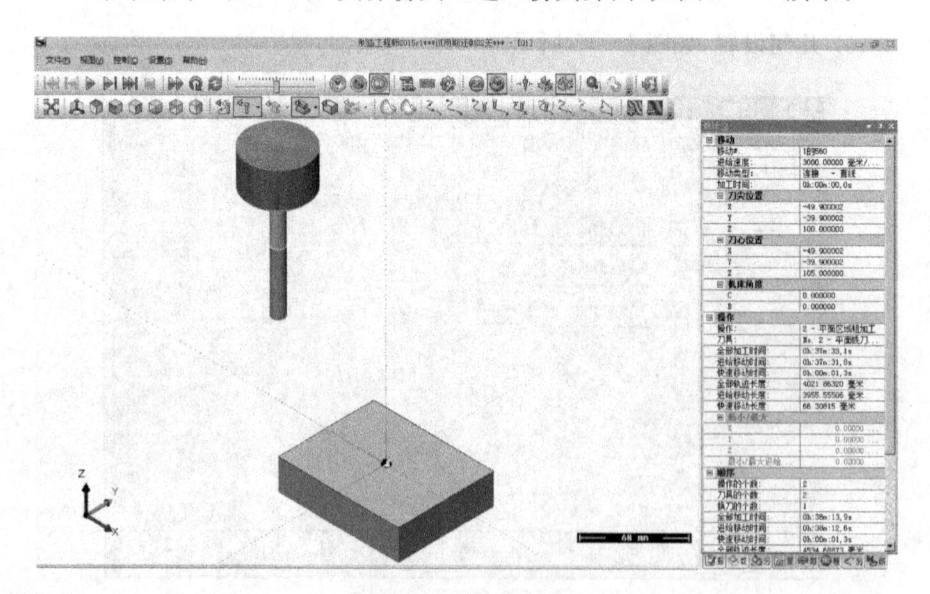

图 1－18　仿真界面

3. 菜单命令　控制—运行　仿真结束后,加工结果如下图 1－19 所示。

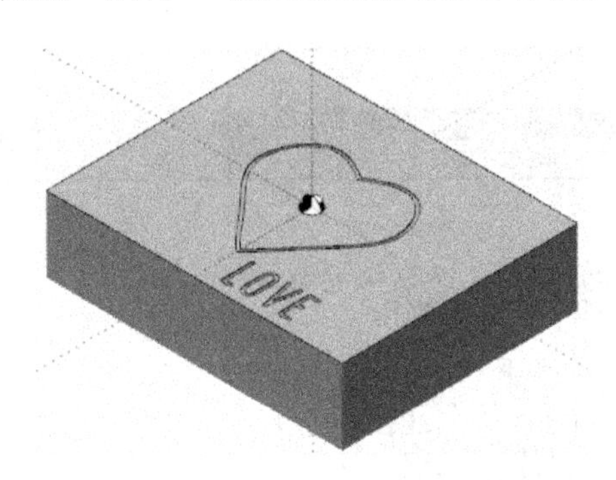

图 1－19　加工结果

4. 完成后,用菜单命令:“文件”—“退出”,返回到主界面。

(四) 生成 G 代码

1. 菜单命令:“加工”—“后置处理”—“生成 G 代码”,如图 1－20 所示。

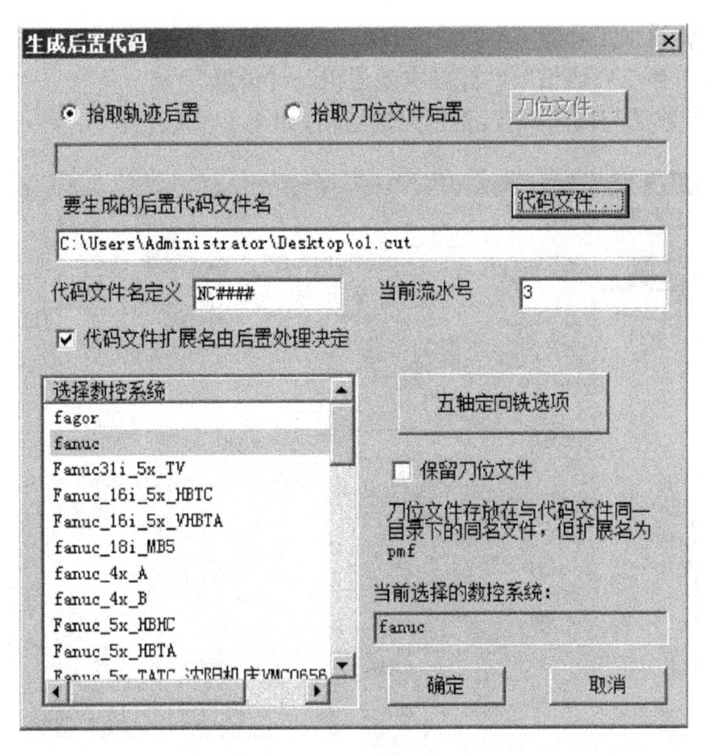

图 1－20　生成后置代码

2. 按确定后，在绘图区选择要生成 G 代码的轨迹，确定，生成如图 1－21 所示代码。

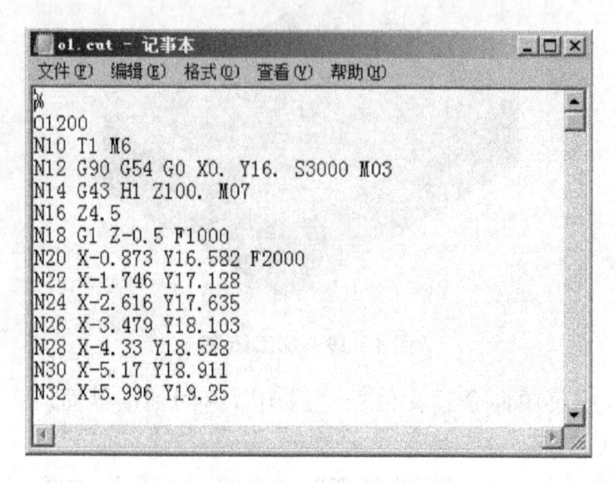

图 1－21　生成代码

(五) 传送加工程序

1. 菜单命令："通信"—"标准本地通讯"—"设置"。

相关参数需与机床一致，否则无法通信，如图 1－22 所示。

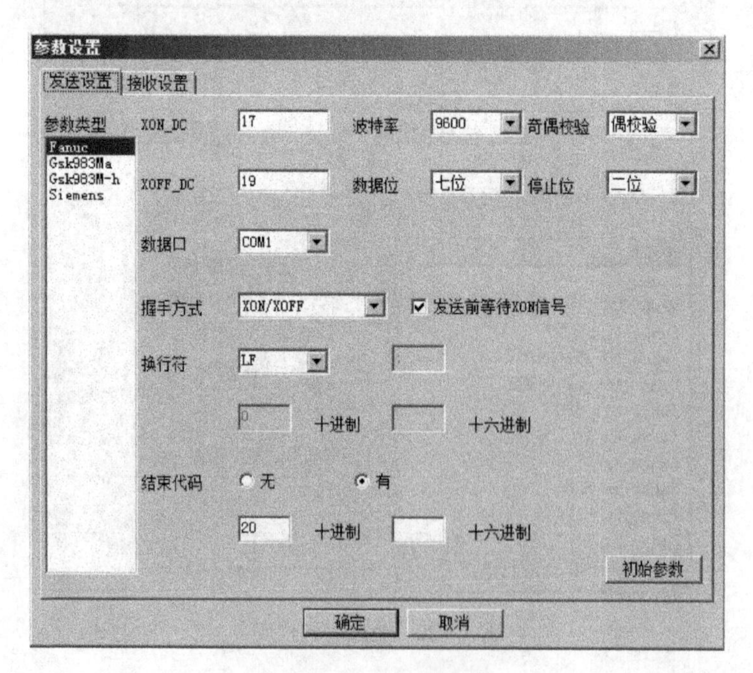

图 1－22　参数设置

2. 发送程序:菜单命令:“通信”—“标准本地通讯”—“发送”。如图 1-23 所示。

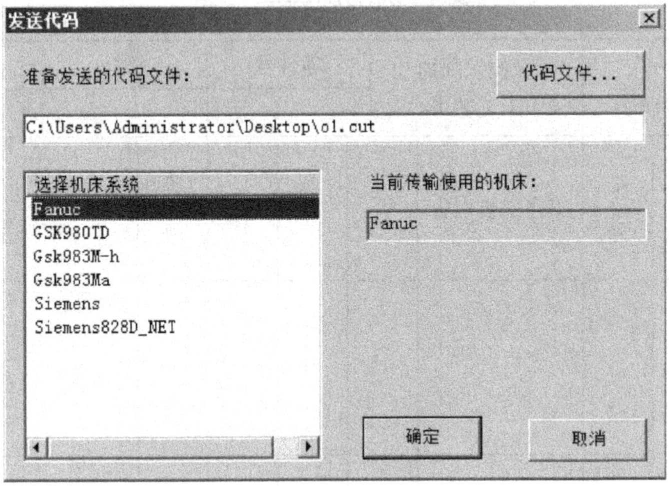

发送代码
准备发送的代码文件:
代码文件...
C:\Users\Administrator\Desktop\o1.cut
选择机床系统
Fanuc
GSK980TD
Gsk983M-h
Gsk983Ma
Siemens
Siemens828D_NET
当前传输使用的机床:
Fanuc
确定
取消

图 1-23　发送代码

选择代码文件,选择机床系统,按确定。

3. 传送,如图 1-24 所示。

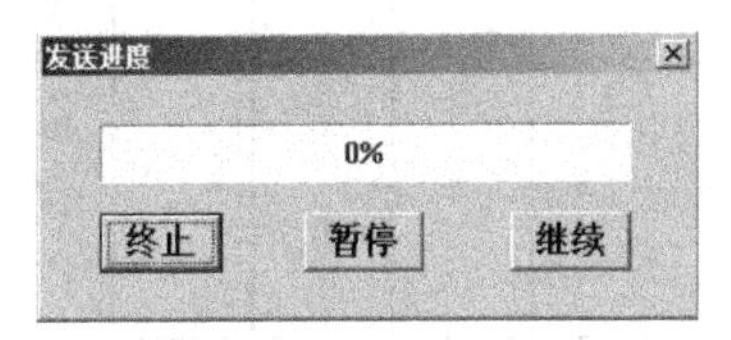

图 1-24　传送

4. 在机床上打开相应的程序,操作机床进行加工。

(五) 拓展问题:

如图 1-25 所示,一箭穿心能做吗?

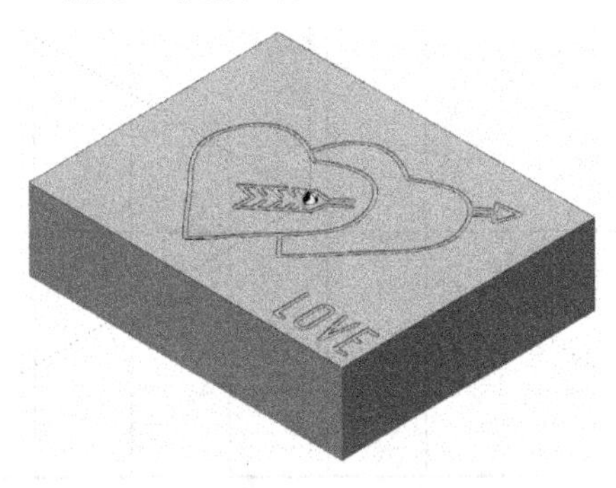

图 1-25　一箭穿心

数控铣削加工工艺卡

<table>
<tr><td colspan="3" rowspan="2">松阳中专
学生实训</td><td rowspan="2">数控铣削加
工工艺卡</td><td colspan="3">零件号</td><td colspan="1">材料</td><td>毛坯尺寸</td></tr>
<tr><td colspan="3"></td><td></td><td></td></tr>
<tr><td>工序号</td><td>工序名称</td><td>工步号</td><td>工序工步内容</td><td>夹具</td><td>刀具</td><td>量具</td><td>程序号</td><td>工艺简图
（画草图）</td></tr>
<tr><td></td><td></td><td></td><td></td><td></td><td></td><td></td><td></td><td></td></tr>
<tr><td></td><td></td><td></td><td></td><td></td><td></td><td></td><td></td><td></td></tr>
<tr><td></td><td></td><td></td><td></td><td></td><td></td><td></td><td></td><td></td></tr>
<tr><td></td><td></td><td></td><td></td><td></td><td></td><td></td><td></td><td></td></tr>
<tr><td></td><td></td><td></td><td></td><td></td><td></td><td></td><td></td><td></td></tr>
<tr><td></td><td></td><td></td><td></td><td></td><td></td><td></td><td></td><td></td></tr>
</table>

注：可另附页

学习记录页

一、相关知识记录：

二、操作过程记录：

综合评价表

总得分：________　师傅：________　评分教师：____

第_____周　周_____　____午　第_____节

任务名称：						
评价项目	评价标准		分值	自评	组评	师评
态度评价(30)	实训纪律		10			
	三检查(机器设备，工量具，毛坯)		10			
	二整理(机器设备，工量具)，一清扫		10			
理论评价(30)	工艺卡填写		20			
	相关知识记录		10			
操作评价(核算分 40)	上机操作	图形绘制	4			
		毛坯设置	3			
		轨迹设置	6			
		仿真	2			
		生成 G 代码	2			
		程序传送	2			
	实际操作	对刀	3			
		调用程序	3			
		精度控制	4			
		工件测量	10			
合计	100					
指导教师评语	本次实训等级(优良及)________　指导教师签字					

任务二　阿基米德螺旋槽

一、任务内容

1. 零件图如图 2－1 所示。

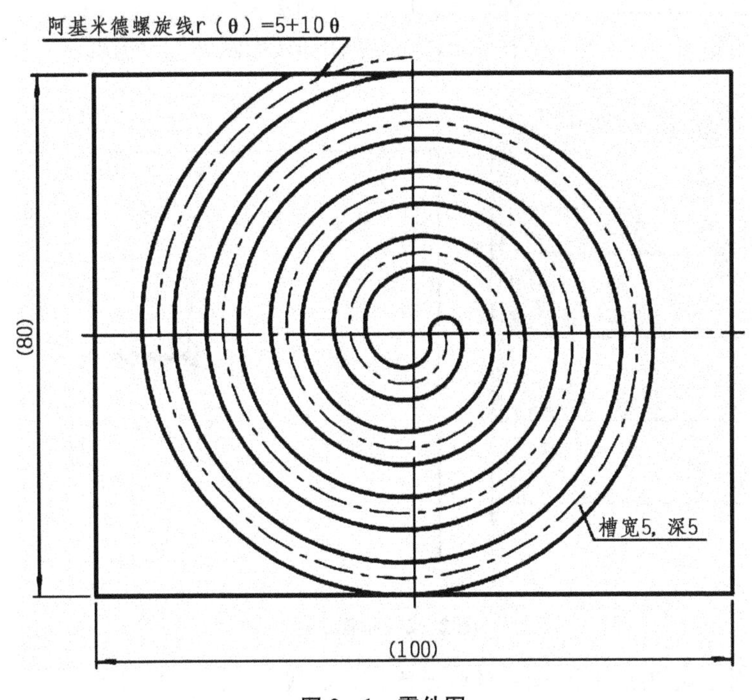

图 2－1　零件图

2. 任务要求：使用 CAXA 制造工程师完成任务对象的加工。

二、任务分析

本工件只加工一个平底槽，这种类型的工件，在 CAXA 制造工程师中，不需要造型，使用空间轮廓曲线就可以完成加工。

三、知识要点

1. 公式曲线的用法
2. 毛坯的设置
3. 平面轮廓精加工
4. 仿真加工
5. 生成 G 代码
6. 传送程序

四、操作过程

(一) 画图

1. 打开 CAXA 制造工程师后，新建一个制造文件。
2. 用矩形命令，画一个长 100，宽 80 的矩形，如图 2－2 所示。

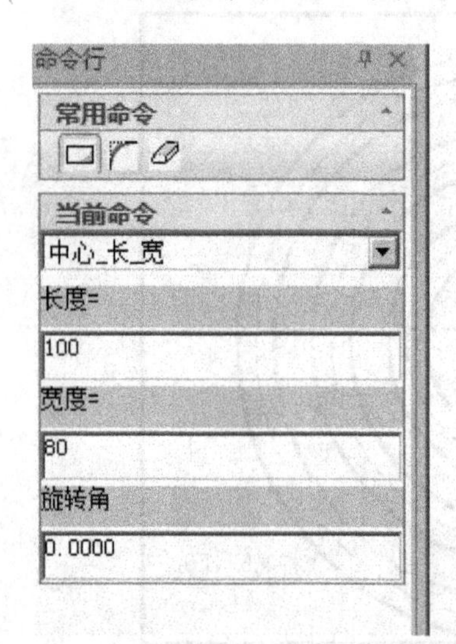

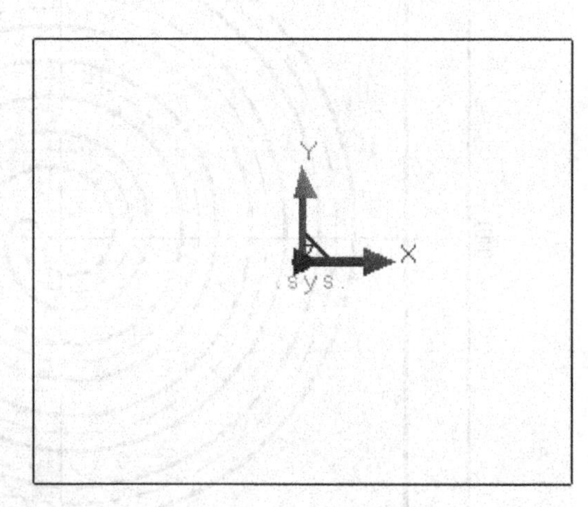

图 2－2　矩形命令

3. 用公式曲线命令，画一条阿基米德螺旋线，如图 2－3 所示。

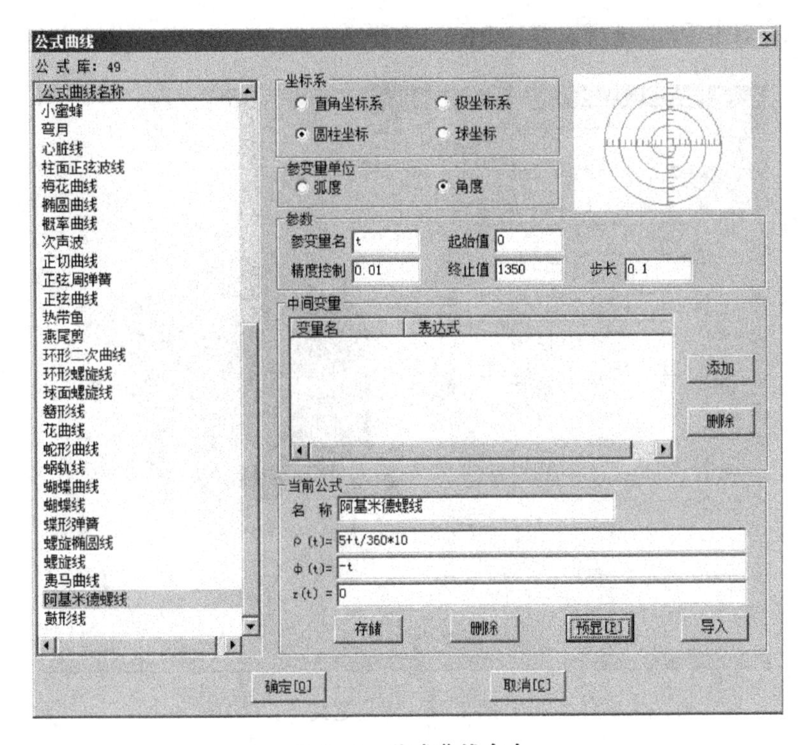

图 2-3　公式曲线命令

4. 放到坐标原点处,如图 2-4 所示。

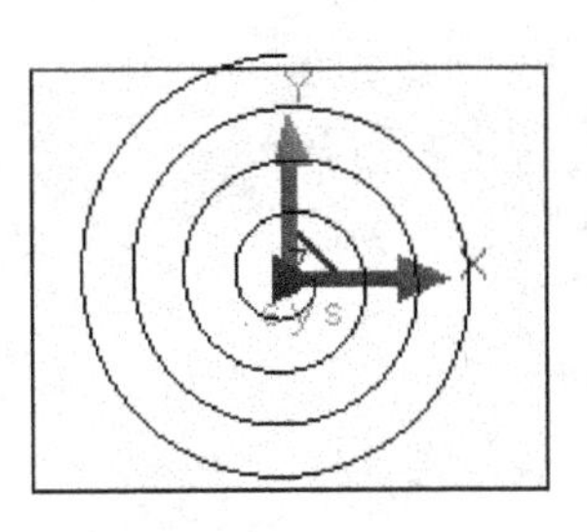

图 2-4　坐标原点

(二) 创建加工轨迹

1. 设置毛坯。

(1) 切换到轨迹管理,如图 2-5 所示。

图 2-5　轨迹管理

(2) 双击毛坯,进行设置,如图 2-6 所示。

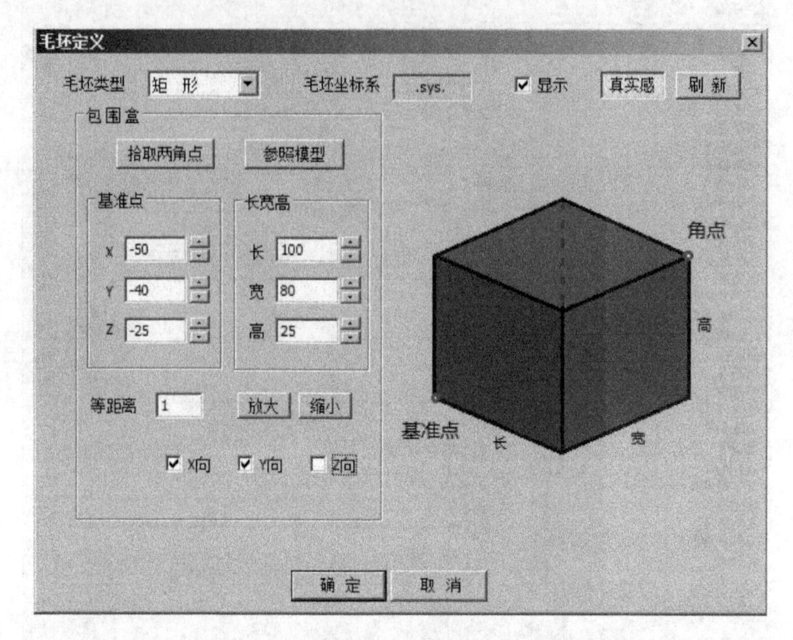

图 2-6 毛坯定义

(3) 按 F8 切换到等轴测,如图 2-7 所示。

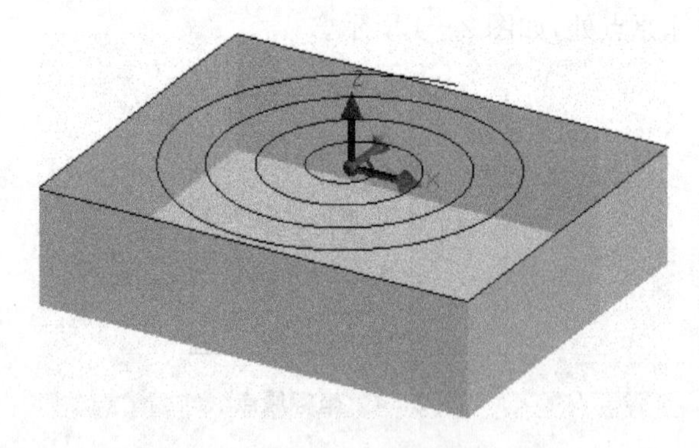

图 2-7 等轴测

2. 创建加工轨迹。

(1) 使用菜单命令:"加工"—"常用加工"—"平面轮廓精加工"。

(a) 加工参数的设置如下图 2-8 所示。

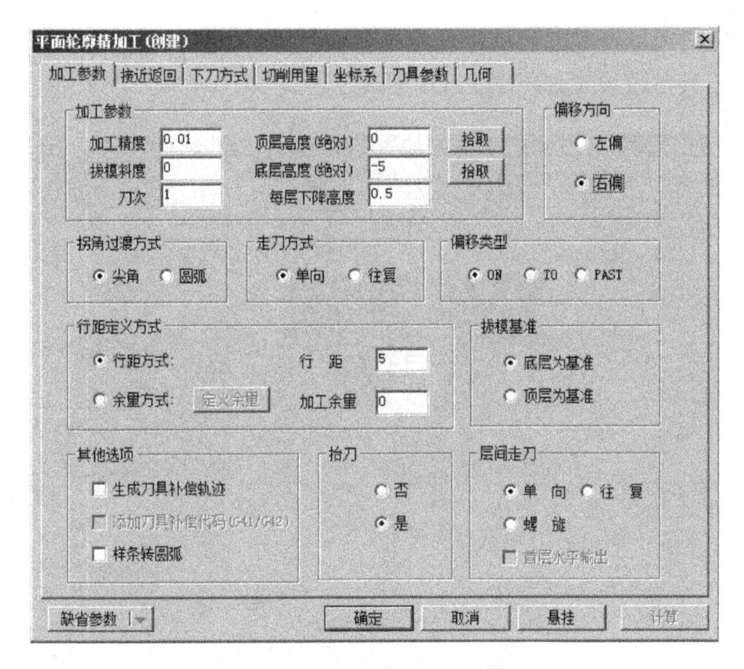

图 2-8　加工参数设置

(b) 下刀方式设置如下图 2-9 所示。

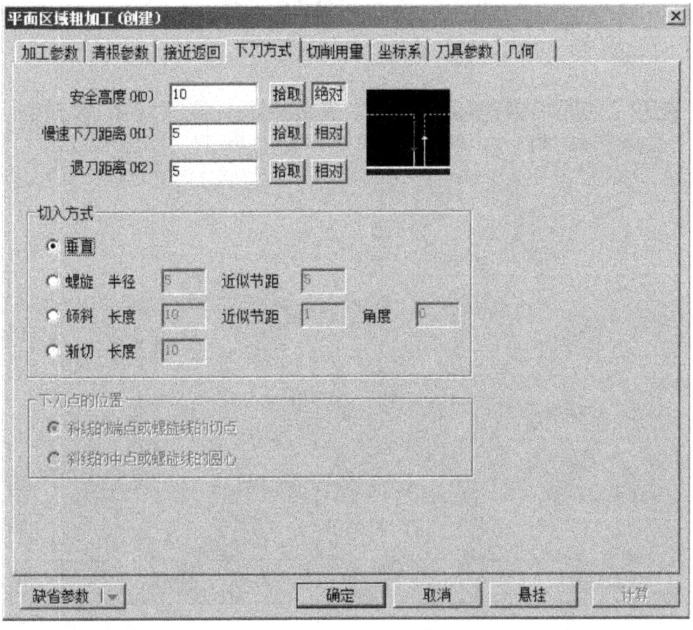

图 2-9　下刀方式设置

(c) 切削用量设置参照机床及刀具和加工材料，自行设置。

(d) 刀具参数设置如下图 2－10 所示。

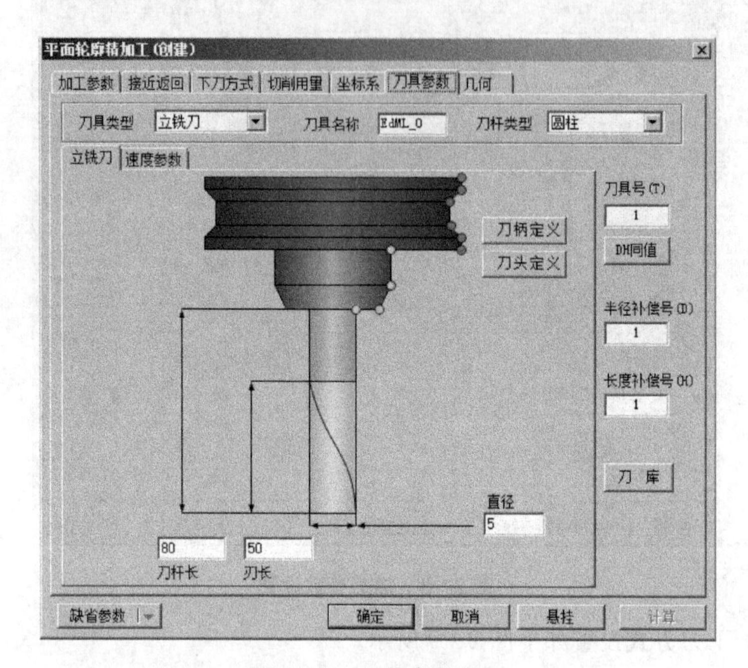

图 2－10　刀具参数设置

(e) 几何设置如下图 2－11 所示。

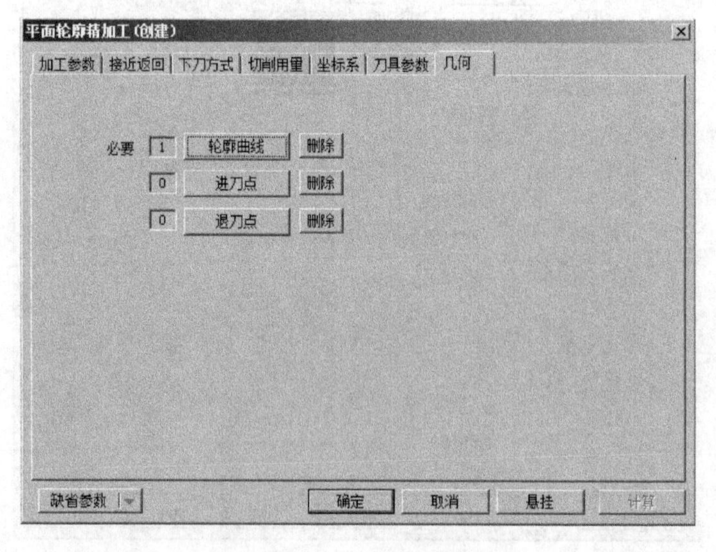

图 2－11　几何设置

(2) 完成后,生成的加工轨迹如下图 2 - 12 所示。

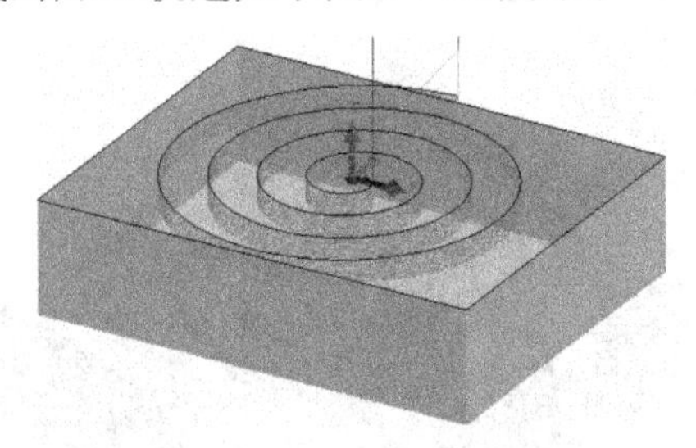

图 2 - 12　生成加工轨迹

(三) 轨迹仿真加工

1. 点击刀具轨迹,使所有轨迹都处于选中状态,如图 2 - 13 所示。

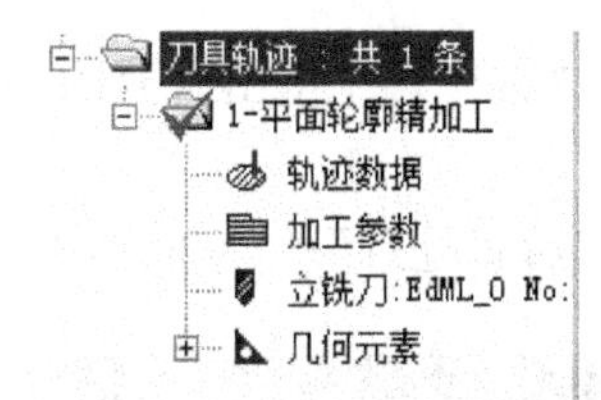

图 2 - 13　刀具轨迹

2. 菜单命令:“加工”—“实体仿真”,进入仿真界面,如图 2 - 14 所示。

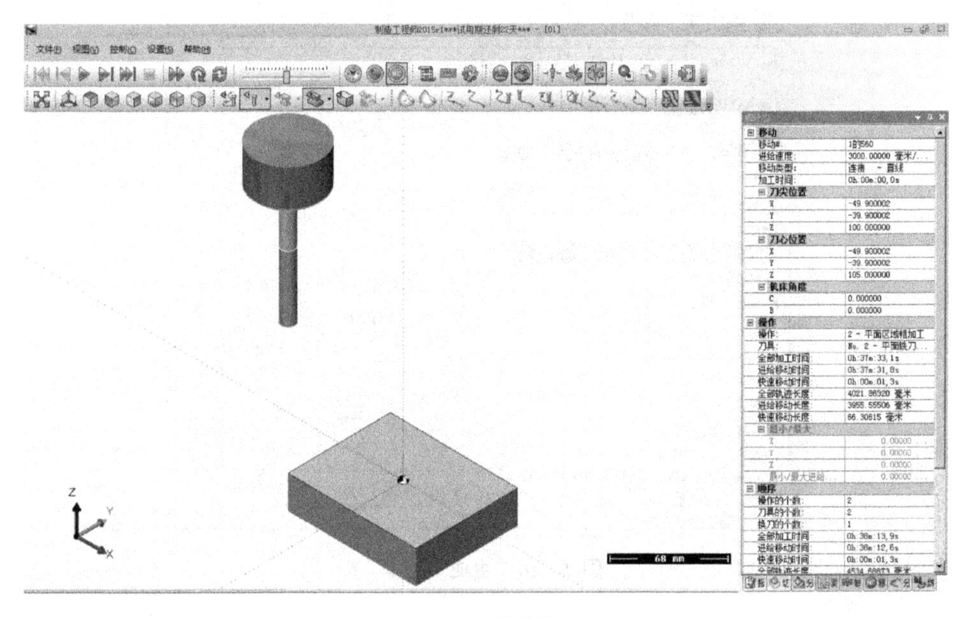

图 2 - 14　仿真界面

3. 菜单命令:“控制”—“运行”,仿真结束后,加工结果如下图 2 - 15 所示。

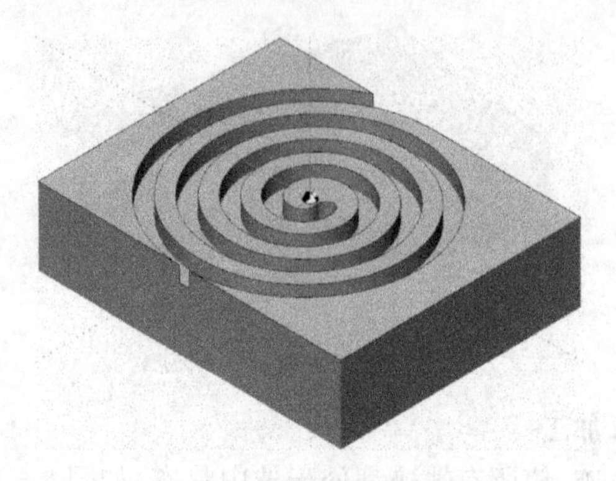

图 2 - 15 加工结果

4. 完成后,用菜单命令:“文件”—“退出”,返回到主界面。

(四) 生成 G 代码

1. 菜单命令:“加工”—“后置处理”—“生成 G 代码”。如图 2 - 16 所示。

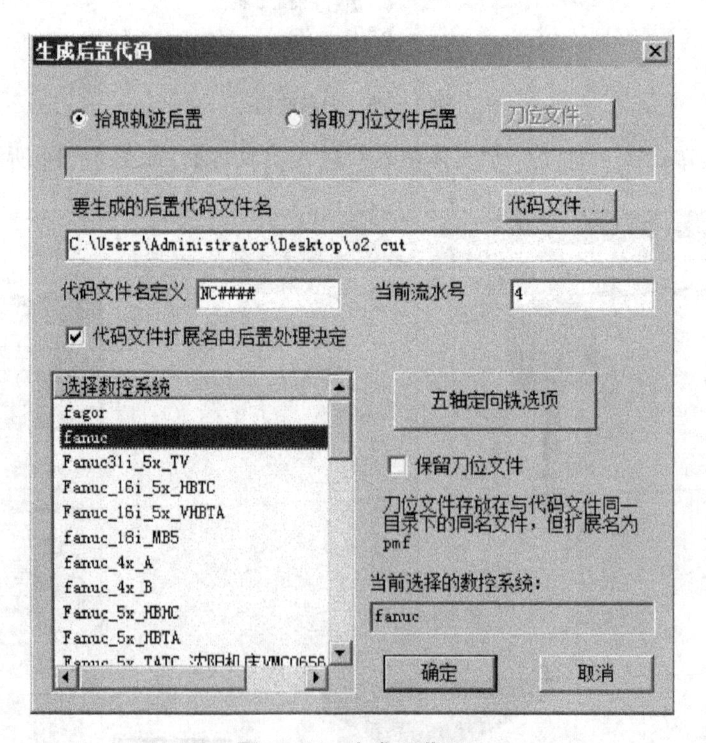

图 2 - 16 生成 G 代码

2. 按确定后，在绘图区选择要生成G代码的轨迹，确定，生成下图2-17所示代码。

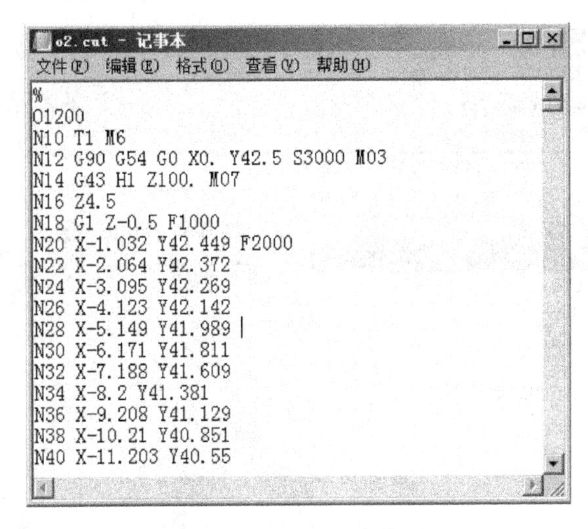

图2-17　生成代码

(五) 传送加工程序

1. 菜单命令："通信"—"标准本地通讯"—"设置"。

相关参数需与机床一致，否则无法通信。如图2-18所示。

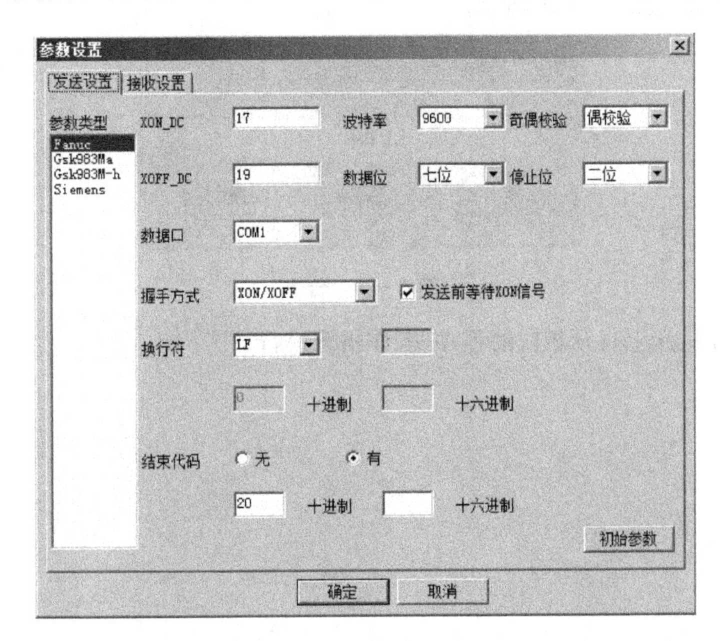

图2-18　参数设置

2. 发送程序:菜单命令:“通信”—“标准本地通讯”—“发送”。

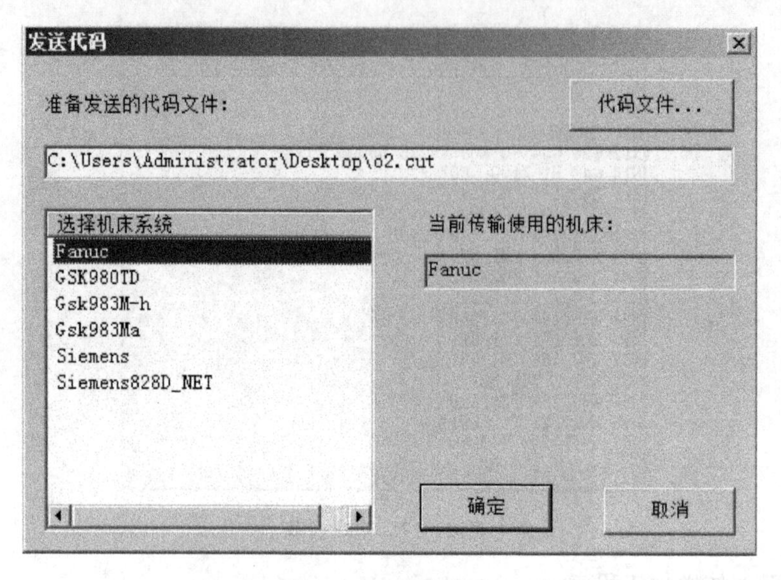

图 2-19　发送代码

如图 2-19 所示,选择代码文件,选择机床系统,按确定。

3. 传送,如图 2-20 所示。

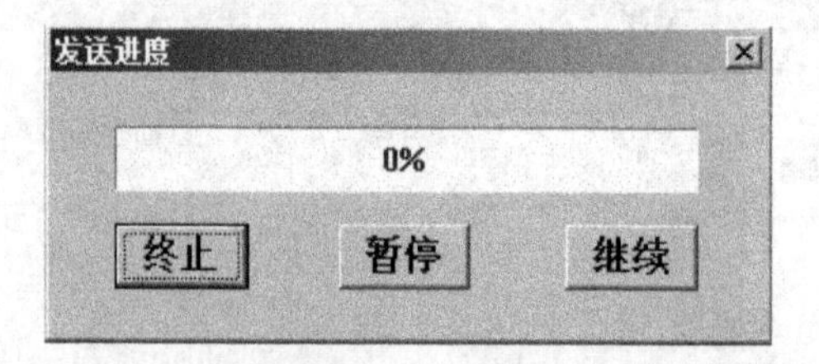

图 2-20　传送

4. 在机床上打开相应的程序,操作机床进行加工。

数控铣削加工工艺卡

松阳中专学生实训	数控铣削加工工艺卡	零件号	材料	毛坯尺寸

工序号	工序名称	工步号	工序工步内容	夹具	刀具	量具	程序号	工艺简图（画草图）

注:可另附页

学习记录页

一、相关知识记录：

二、操作过程记录：

综合评价表

总得分：________　　师傅：________　　评分教师：______

第______周　　周______　____午　　第______节

<table>
<tr><td colspan="8">任务名称：</td></tr>
<tr><td>评价项目</td><td colspan="2">评价标准</td><td>分值</td><td>自评</td><td>组评</td><td>师评</td></tr>
<tr><td rowspan="3">态度评价(30)</td><td colspan="2">实训纪律</td><td>10</td><td></td><td></td><td></td></tr>
<tr><td colspan="2">三检查(机器设备,工量具,毛坯)</td><td>10</td><td></td><td></td><td></td></tr>
<tr><td colspan="2">二整理(机器设备,工量具),一清扫</td><td>10</td><td></td><td></td><td></td></tr>
<tr><td rowspan="2">理论评价(30)</td><td colspan="2">工艺卡填写</td><td>20</td><td></td><td></td><td></td></tr>
<tr><td colspan="2">相关知识记录</td><td>10</td><td></td><td></td><td></td></tr>
<tr><td rowspan="10">操作评价
(核算分 40)</td><td rowspan="6">上机操作</td><td>图形绘制</td><td>4</td><td></td><td></td><td></td></tr>
<tr><td>毛坯设置</td><td>3</td><td></td><td></td><td></td></tr>
<tr><td>轨迹设置</td><td>6</td><td></td><td></td><td></td></tr>
<tr><td>仿真</td><td>2</td><td></td><td></td><td></td></tr>
<tr><td>生成 G 代码</td><td>2</td><td></td><td></td><td></td></tr>
<tr><td>程序传送</td><td>2</td><td></td><td></td><td></td></tr>
<tr><td rowspan="4">实际操作</td><td>对刀</td><td>3</td><td></td><td></td><td></td></tr>
<tr><td>调用程序</td><td>3</td><td></td><td></td><td></td></tr>
<tr><td>精度控制</td><td>4</td><td></td><td></td><td></td></tr>
<tr><td>工件测量</td><td>10</td><td></td><td></td><td></td></tr>
<tr><td>合计</td><td colspan="3">100</td><td></td><td></td><td></td></tr>
<tr><td>指导教师评语</td><td colspan="6">

本次实训等级(优良及)________　指导教师签字</td></tr>
</table>

任务三　凸台的加工

一、任务内容

1. 零件图如图 3－1 所示。

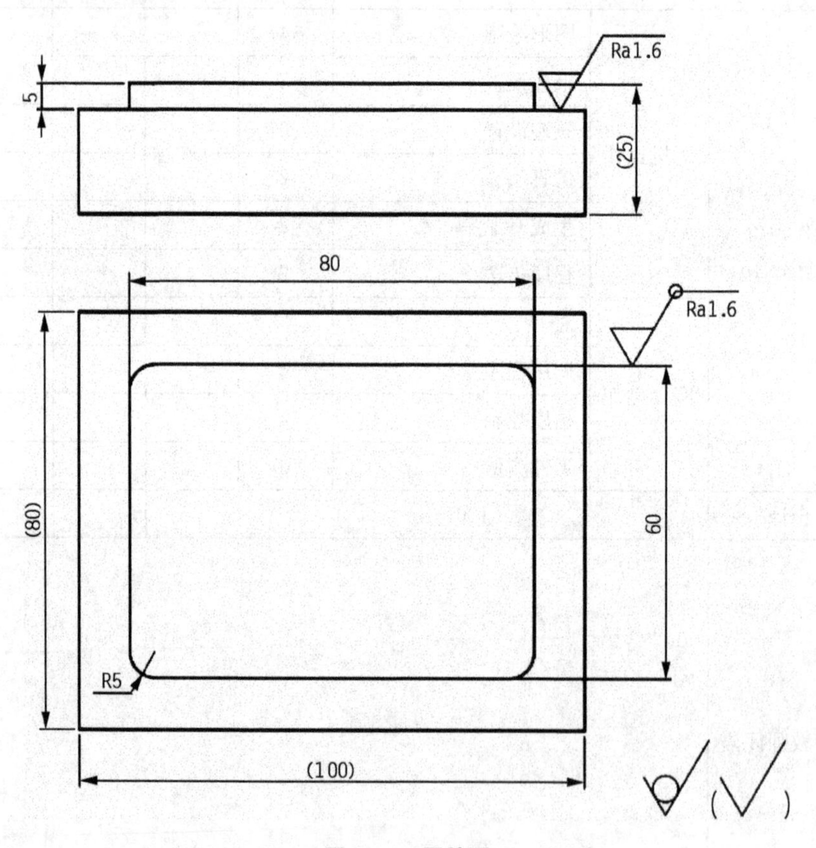

图 3－1　零件图

2. 任务要求：使用 CAXA 制造工程师完成任务对象的加工。

二、任务分析

本工件只加工一个平面凸台，这种类型的工件，在 CAXA 制造工程师中，不需要造型，使用空间轮廓曲线就可以完成加工。

三、知识要点

1. 矩形的绘制
2. 毛坯的设置
3. 平面区域粗加工
4. 平面轮廓精加工
5. 仿真加工
6. 生成 G 代码
7. 传送程序

四、操作过程

(一) 画图

1. 打开 CAXA 制造工程师后，新建一个制造文件。
2. 用矩形命令，画一个长 100，宽 80 的矩形，如图 3-2 所示。

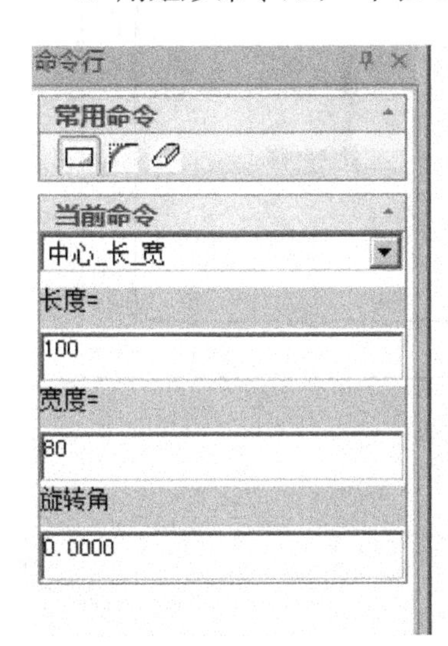

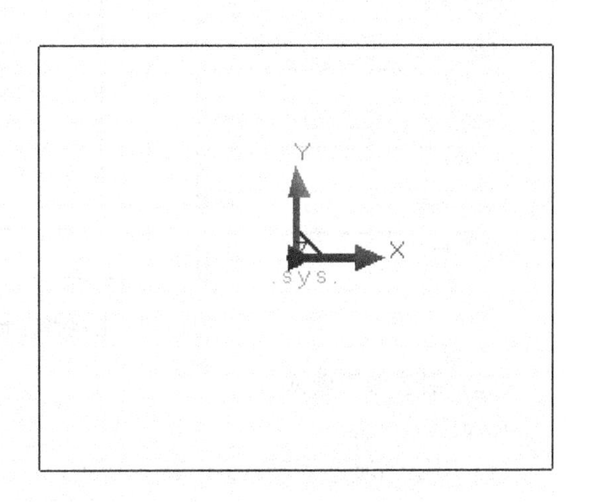

图 3-2　矩形命令

3. 再画一个长 80,宽 60 的矩形,如图 3-3 所示。

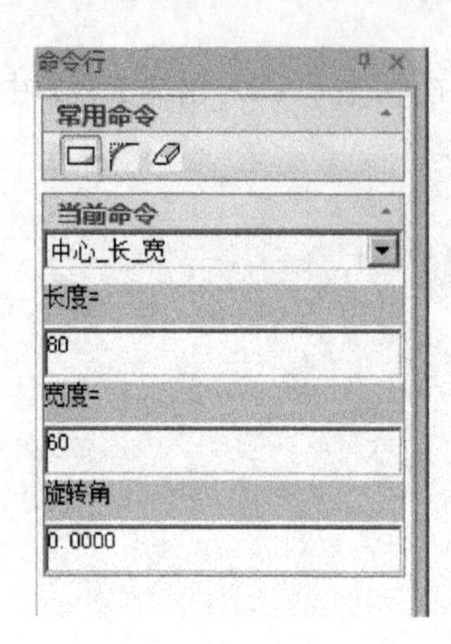

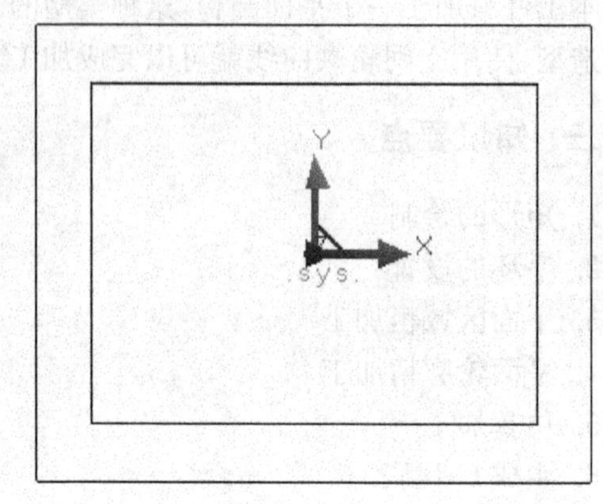

图 3-3　矩形命令 2

4. 用曲线过渡命令,半径设为 5,对里面的矩形倒圆角,如图 3-4 所示。

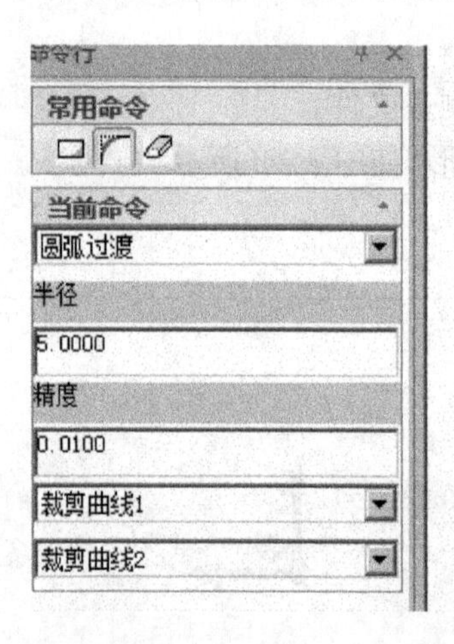

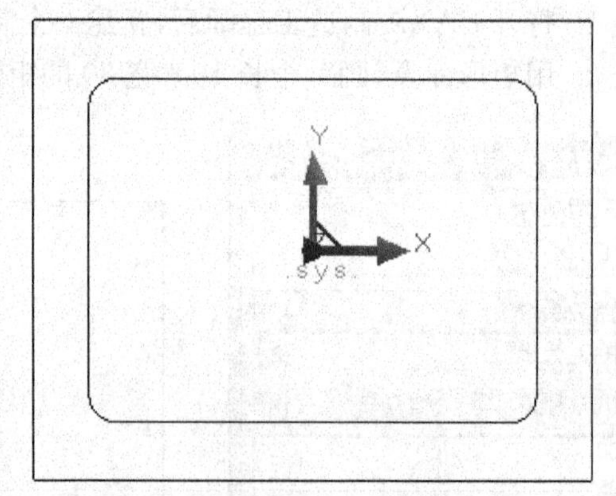

图 3-4　曲线过渡命令

(二) 创建加工轨迹

1. 设置毛坯。

(1) 切换到轨迹管理,如图 3-5 所示。

图 3-5　轨迹管理

(2) 双击毛坯,进行设置,如图 3-6 所示。

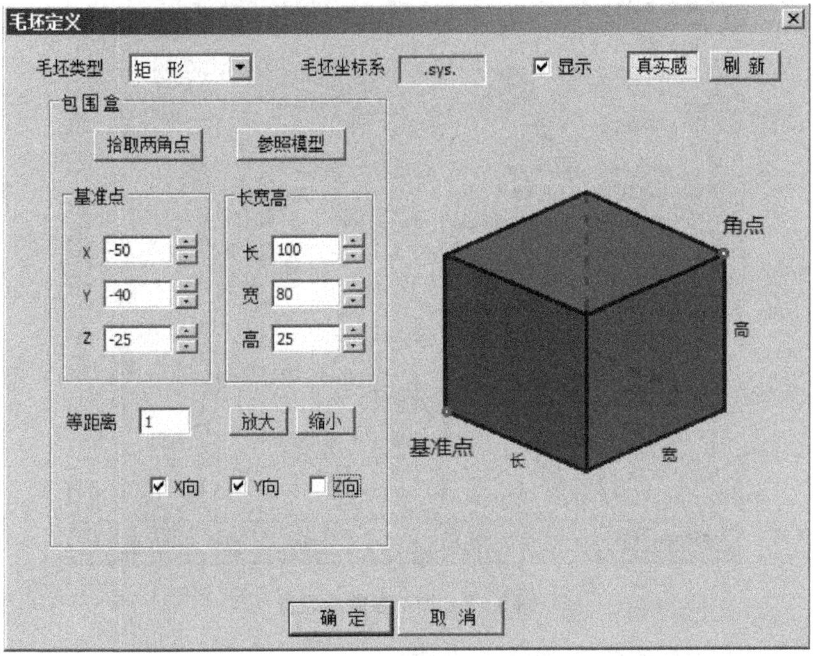

图 3-6　毛坯定义

(3) 按 F8 切换到等轴测,如图 3-7 所示。

图 3-7　等轴测

2. 创建加工轨迹。

(1) 使用菜单命令:“加工”—“常用加工”—“平面区域粗加工”。

(a) 加工参数的设置,如图 3-8 所示。

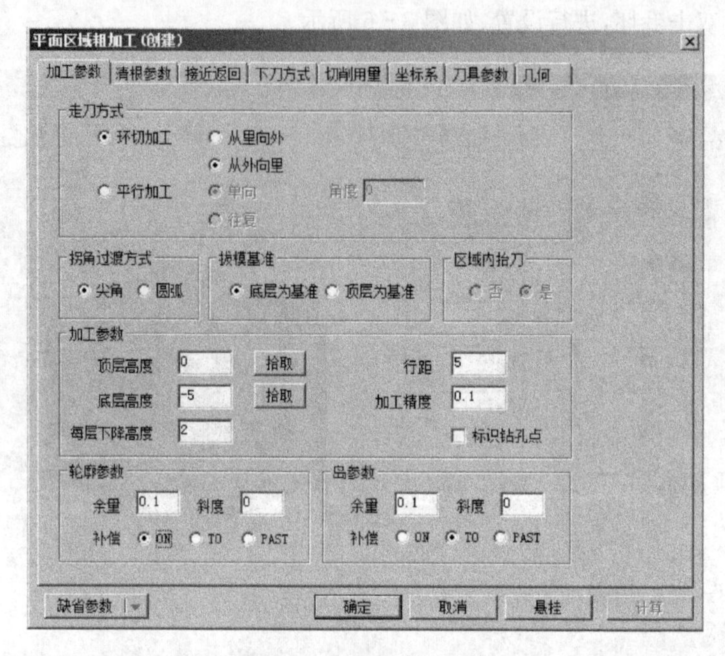

图 3-8　加工参数的设置

(b) 清根参数的设置,如图 3-9 所示。

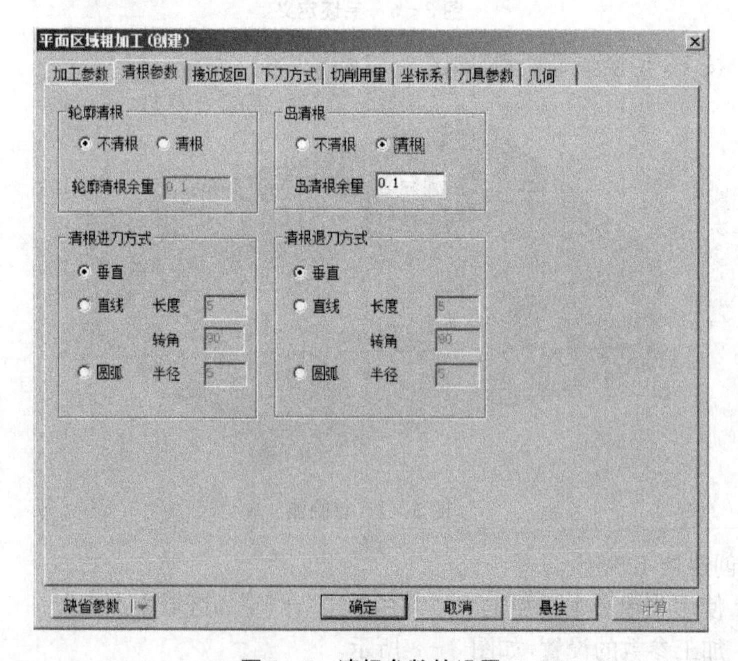

图 3-9　清根参数的设置

(c) 下刀方式设置,如图 3－10 所示。

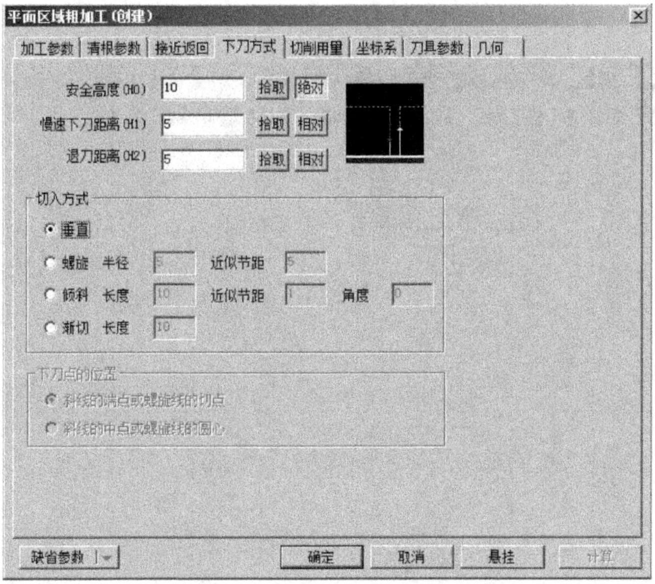

平面区域粗加工(创建)
加工参数 | 清根参数 | 接近返回 | 下刀方式 | 切削用量 | 坐标系 | 刀具参数 | 几何
安全高度(H0) 10 拾取 绝对
慢速下刀距离(H1) 5 拾取 相对
退刀距离(H2) 5 拾取 相对
切入方式
垂直
螺旋 半径 5 近似节距 5
倾斜 长度 10 近似节距 1 角度 0
渐切 长度 10
下刀点的位置
斜线的端点或螺旋线的切点
斜线的中点或螺旋线的圆心
缺省参数 确定 取消 悬挂 计算

图 3－10　下刀方式设置

(d) 切削用量设置:参照机床及刀具和加工材料,自行设置。

(e) 刀具参数设置,如图 3－11 所示。

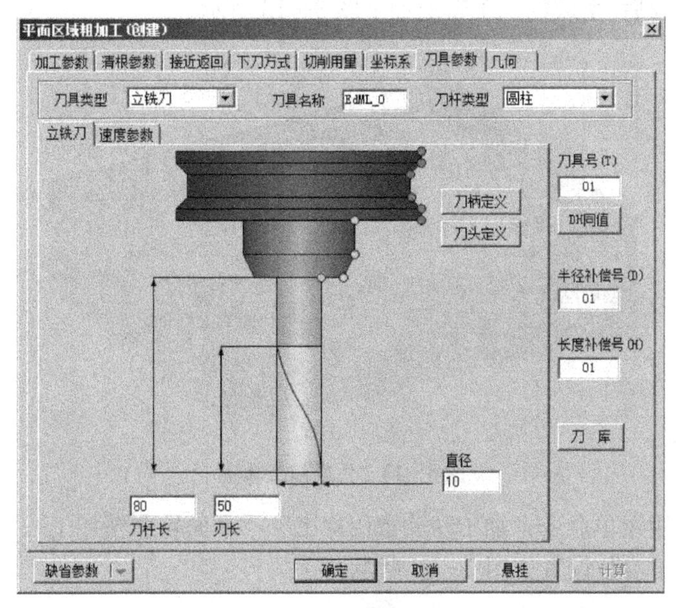

图 3－11　刀具参数设置

(f) 几何设置:轮廓曲线,选择外面的矩形;岛屿曲线,选择里面的矩形。如图 3-12 所示。

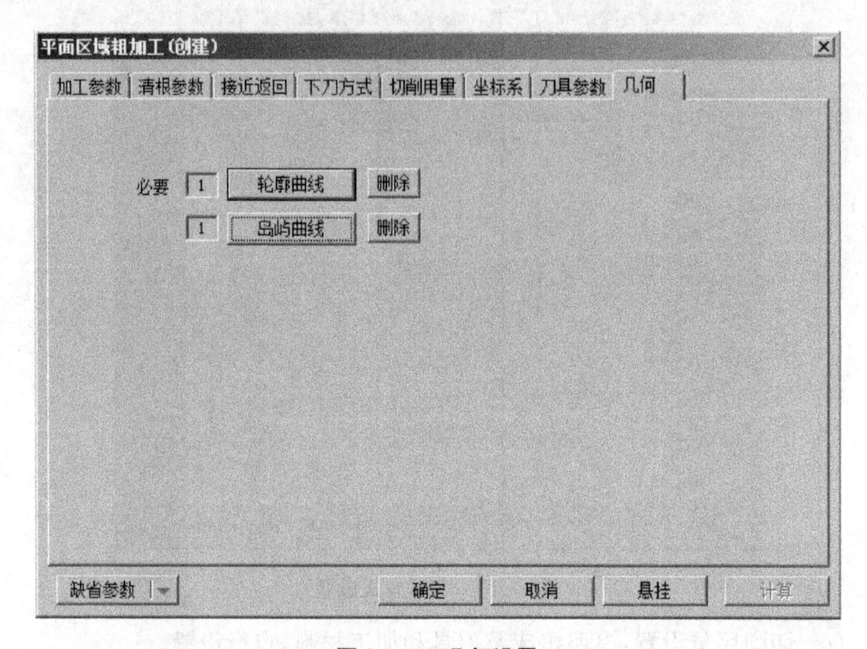

图 3-12　几何设置

(2) 完成后,生成的加工轨迹如下图 3-13 所示。

图 3-13　生成加工轨迹

(3) 使用菜单命令:"加工"—"常用加工"—"平面轮廓精加工"。

(a) 加工参数设置如图 3-14 所示。

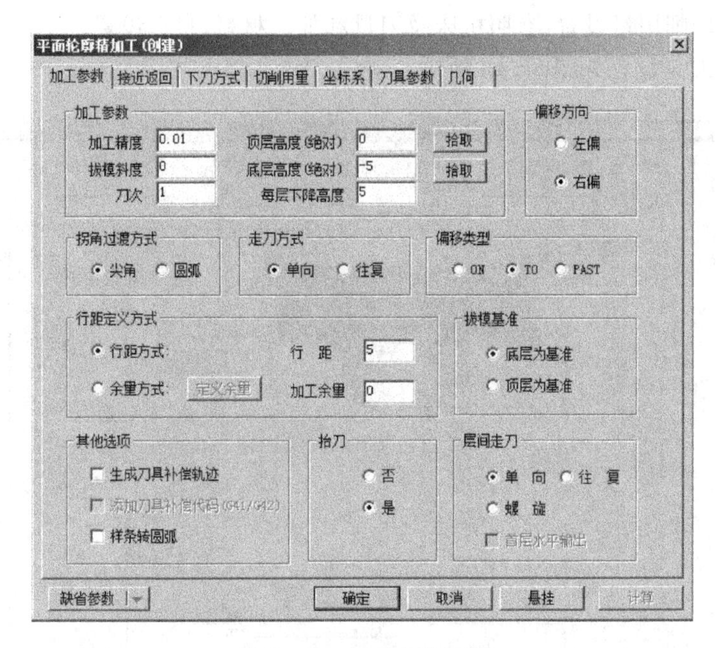

图 3-14　加工参数设置

(b) 下刀方式设置如图 3-15 所示。

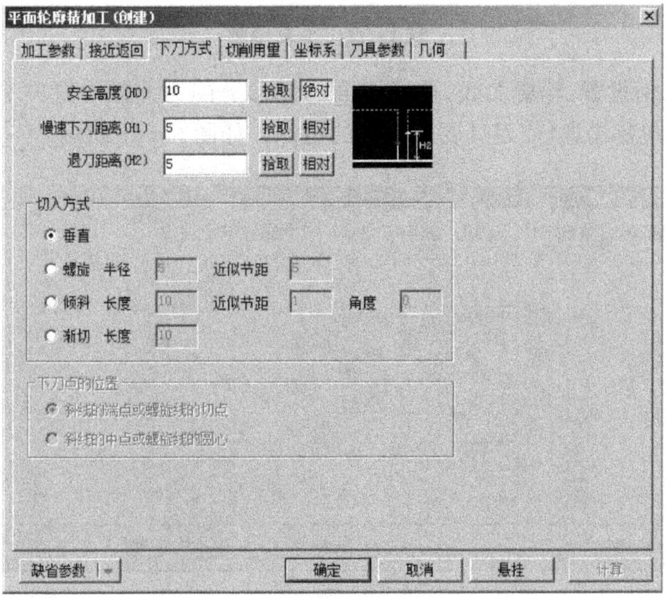

图 3-15　下刀方式设置

(c) 切削用量设置:参照机床及刀具和加工材料,自行设置。

(d) 刀具设置如图 3 - 16 所示。

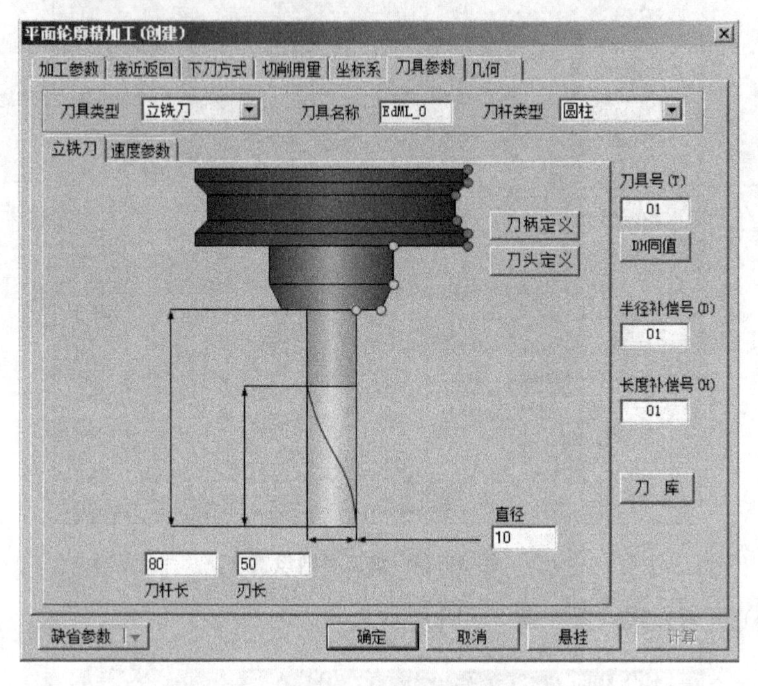

图 3 - 16　刀具设置

(e) 几何设置:轮廓曲线,选择里面的矩形。因为前面设置的是右偏,选择轮廓后,方向要注意,使刀具要在轮廓的右侧。如图 3 - 17 所示。

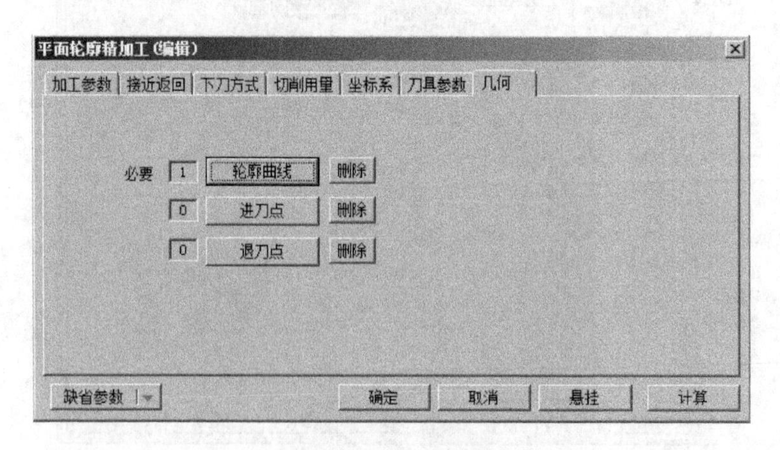

图 3 - 17　几何设置

(4) 完成后,生成的轨迹如下图 3 - 18 所示(隐藏了粗加工轨迹)。

图 3 - 18　生成加工轨迹

(三) 轨迹仿真加工

1. 显示所有轨迹:在轨迹上按右键,在弹出的菜单中选择显示。选择隐藏就可以隐藏轨迹。如图 3 - 19 所示。

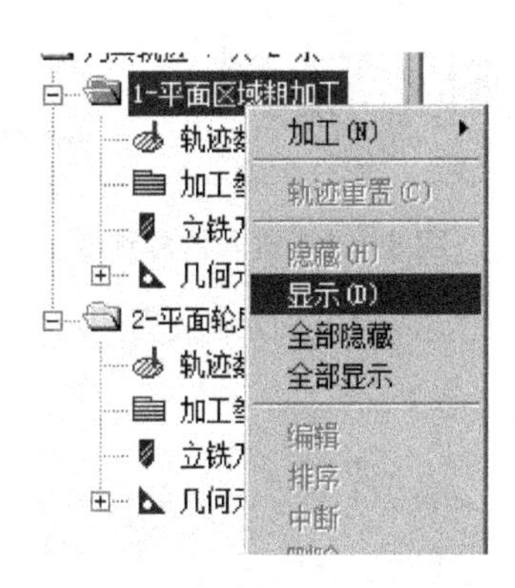

图 3 - 19　显示所有轨迹

2. 点击刀具轨迹,使所有轨迹都处于选中状态。如图 3 - 20 所示。

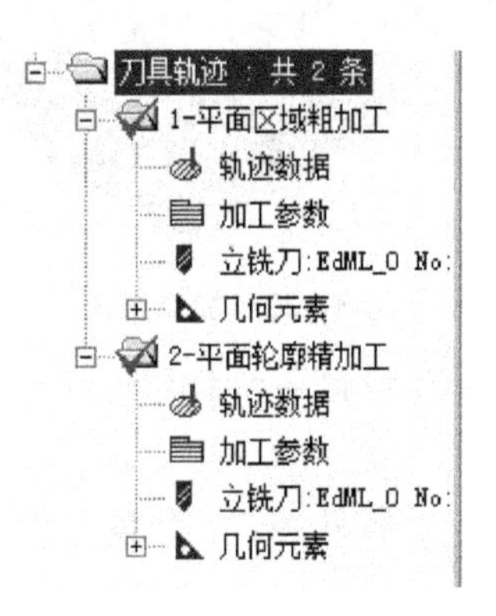

图 3 - 20　刀具轨迹

3. 菜单命令:“加工”—“实体仿真”,进入仿真界面。如图 3-21 所示。

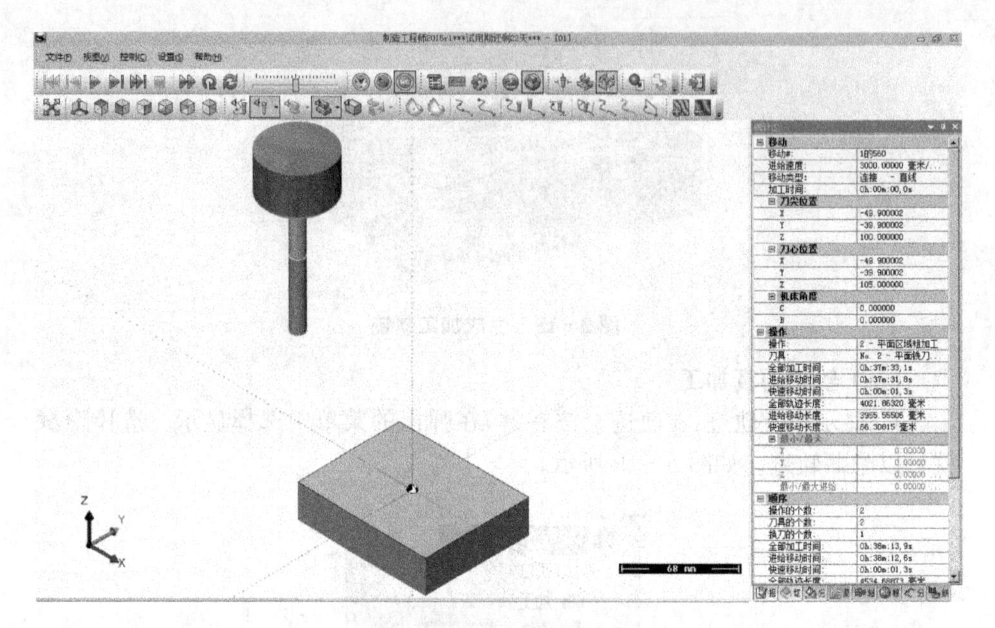

图 3-21　进入仿真界面

4. 菜单命令:“控制”—“运行”,仿真结束后,加工结果如图 3-22 所示。

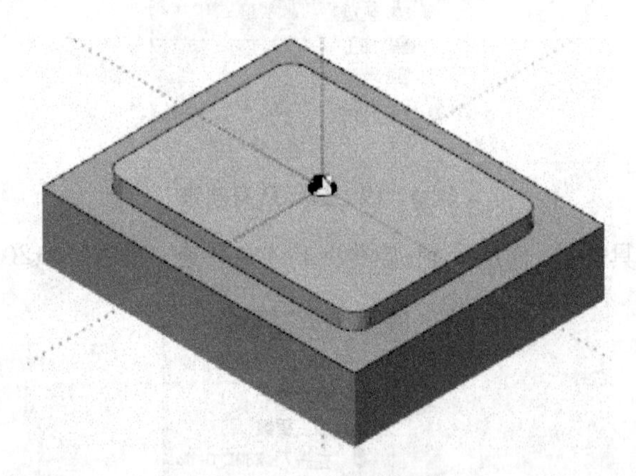

图 3-22　加工结果

5. 完成后,用菜单命令:“文件”—“退出”,返回到主界面。

(四) 生成 G 代码

1. 菜单命令:“加工”—“后置处理”—“生成 G 代码”。如图 3-23 所示。

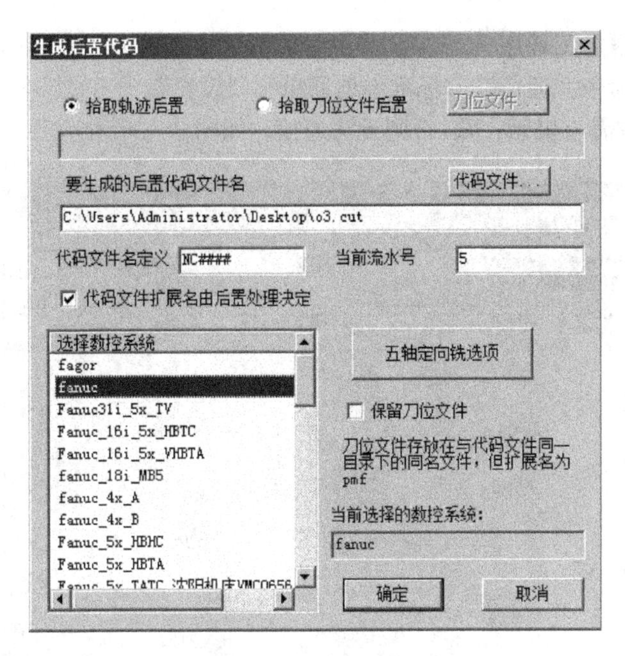

图 3－23　生成 G 代码

2. 按确定后，在绘图区选择要生成 G 代码的轨迹，确定，生成以下代码。如图 3－24 所示。

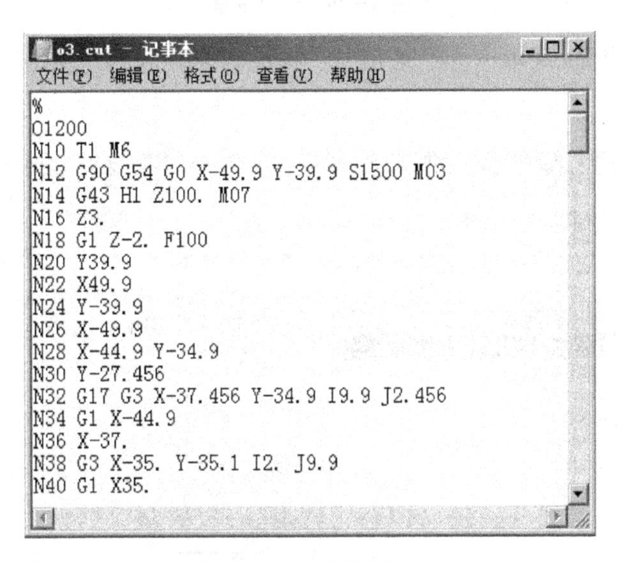

图 3－24　生成代码内容

3. 用同样的方法，生成另一个轨迹的 G 代码。此处略过。

（五）传送加工程序

1. 菜单命令："通信"—"标准本地通讯"—"设置"。

相关参数需与机床一致，否则无法通信。如图 3 - 25 所示。

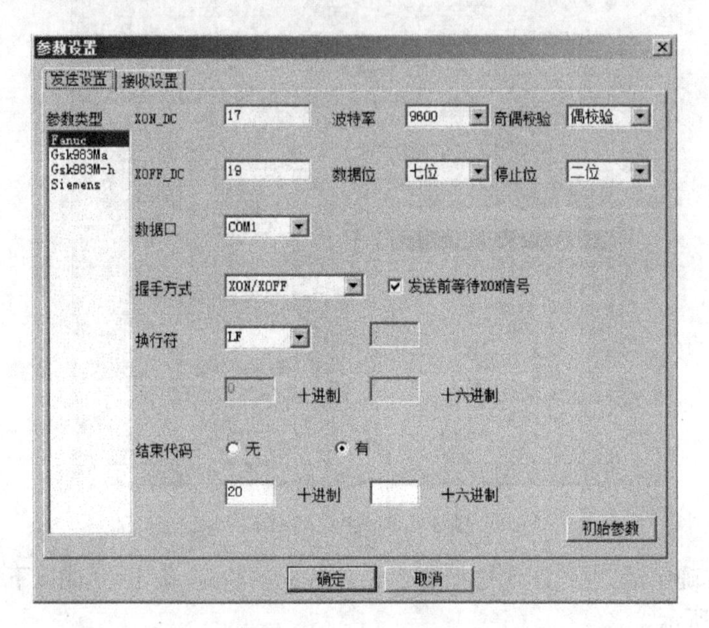

图 3 - 25　参数设置

2. 发送程序：菜单命令："通信"—"标准本地通讯"—"发送"。如图 3 - 26 所示。

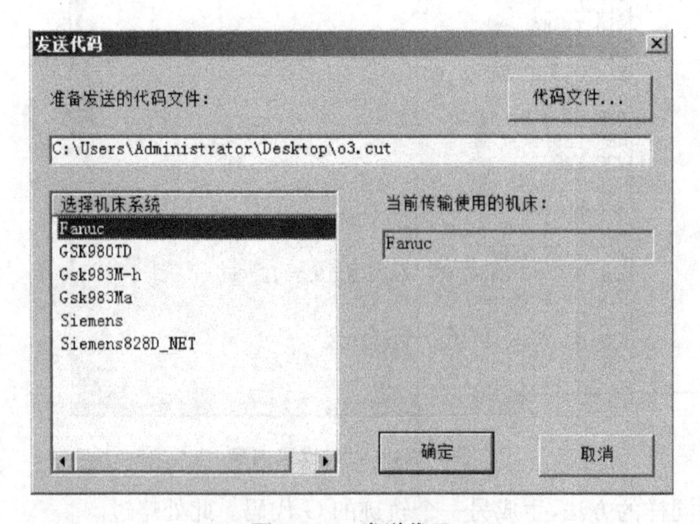

图 3 - 26　发送代码

选择代码文件，选择机床系统，按确定。

3. 传送。如图 3-27 所示。

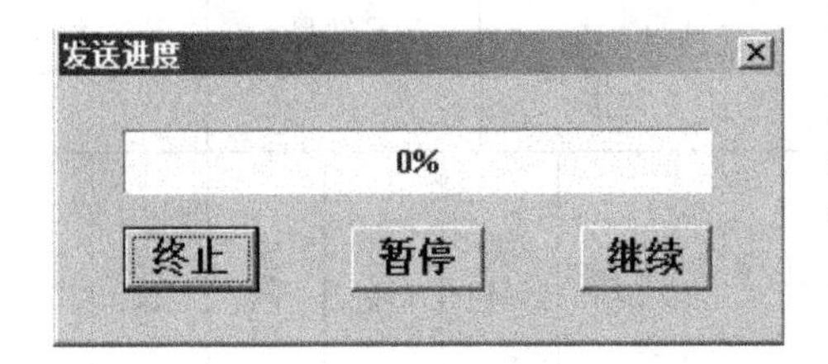

图 3-27　传送

4. 在机床上打开相应的程序，操作机床进行加工。

数控铣削加工工艺卡

松阳中专学生实训	数控铣削加工工艺卡	零件号	材料	毛坯尺寸

工序号	工序名称	工步号	工序工步内容	夹具	刀具	量具	程序号	工艺简图（画草图）

注：可另附页

学习记录页

一、相关知识记录：

二、操作过程记录：

综合评价表

总得分：________ 师傅：________ 评分教师：______

第______周 周______ ____午 第______节

任务名称：						
评价项目	评价标准		分值	自评	组评	师评
态度评价(30)	实训纪律		10			
	三检查(机器设备，工量具，毛坯)		10			
	二整理(机器设备，工量具)，一清扫		10			
理论评价(30)	工艺卡填写		20			
	相关知识记录		10			
操作评价 (核算分40)	上机操作	图形绘制	4			
		毛坯设置	3			
		轨迹设置	6			
		仿真	2			
		生成G代码	2			
		程序传送	2			
	实际操作	对刀	3			
		调用程序	3			
		精度控制	4			
		工件测量	10			
合计	100					
指导教师评语	本次实训等级(优良及)________ 指导教师签字					

任务四　抛物线加工

一、任务内容

1. 零件图如图 4－1 所示。

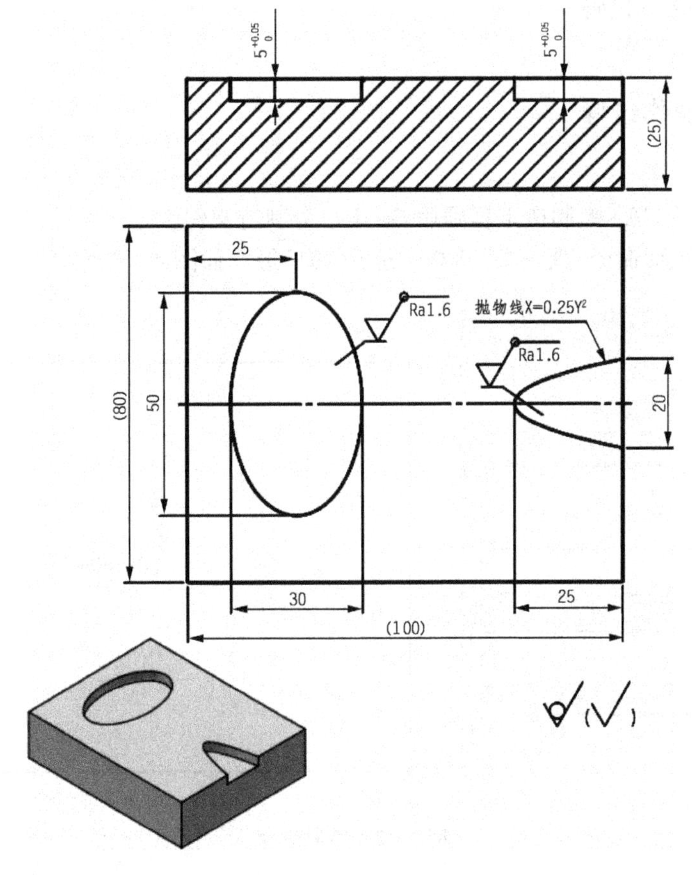

图 4－1　零件图

2. 任务要求:使用 CAXA 制造工程师完成任务对象的加工。

二、任务分析

本工件只加工平面轮廓,这种类型的工件,在 CAXA 制造工程师中,不需要造型,使用空间轮廓曲线就可以完成加工。

三、知识要点

1. 公式曲线、椭圆的画法
2. 毛坯的设置
3. 平面轮廓精加工
4. 仿真加工
5. 生成 G 代码
6. 传送程序

四、操作过程

(一) 画图

1. 打开 CAXA 制造工程师后,新建一个制造文件。
2. 用矩形命令,画一个长 100,宽 80 的矩形。如图 4-2 所示。

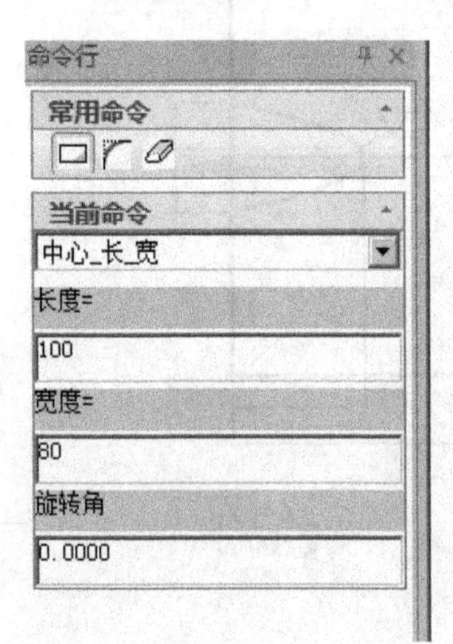

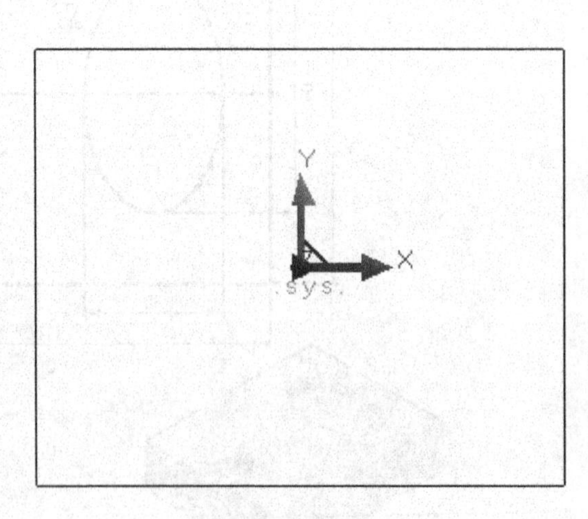

图 4-2　矩形命令

3. 画一个椭圆,放在(−25,0)。如图 4-3 所示。

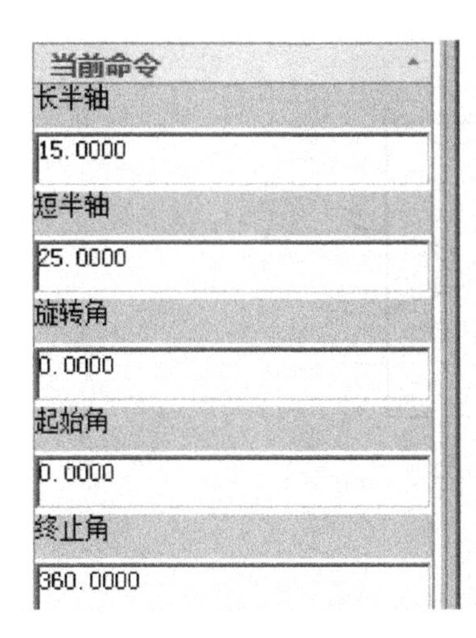

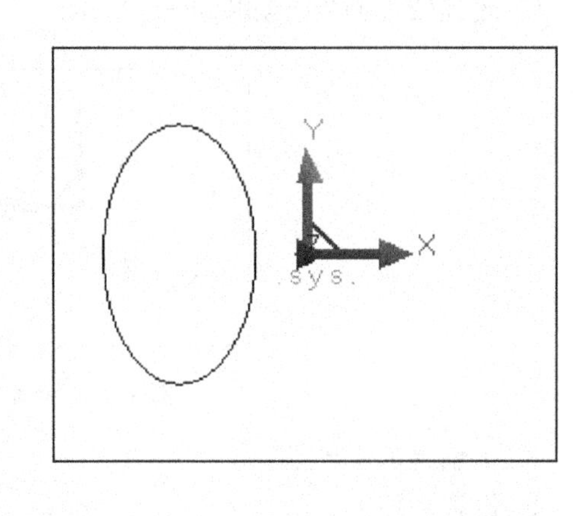

图 4－3　坐标定位

4. 用公式曲线命令，画一条抛物线。如图 4－4 所示。

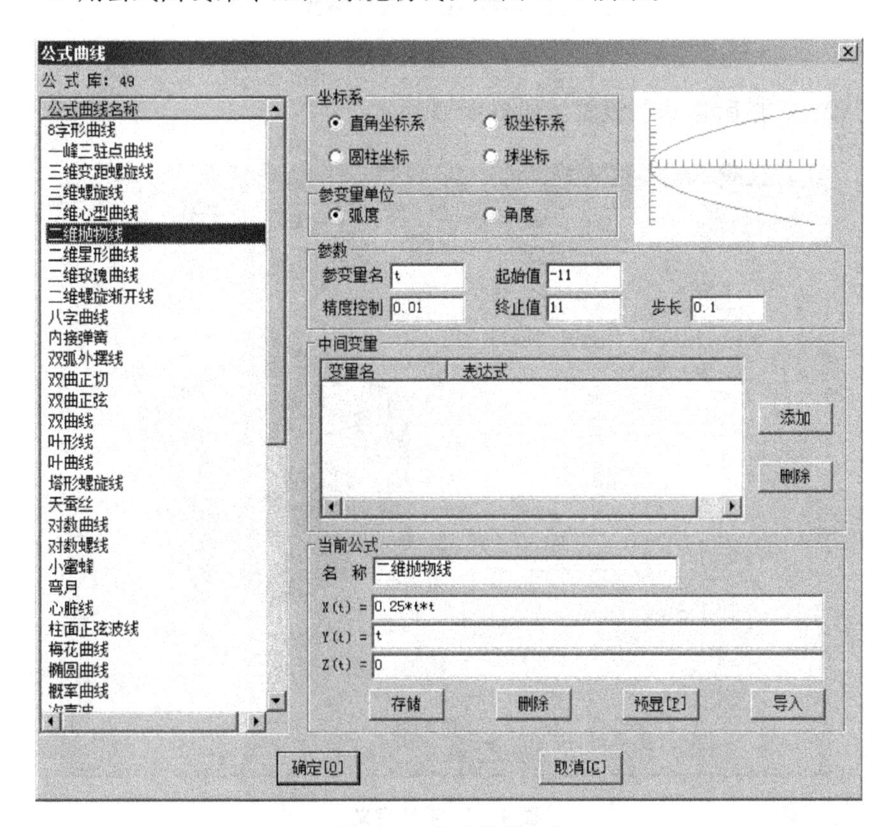

图 4－4　公式曲线命令

5. 放到(25,0)处。如图 4-5 所示。

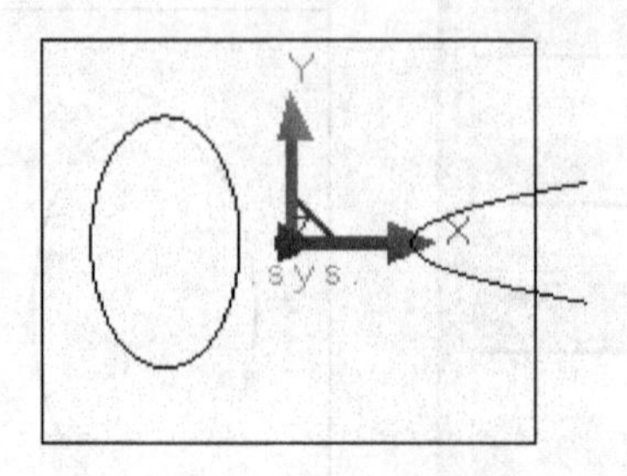

图 4-5　坐标定位

(二) 创建加工轨迹

1. 设置毛坯。

(1) 切换到轨迹管理。如图 4-6 所示。

图 4-6　轨迹管理

(2) 双击毛坯,进行设置。如图 4-7 所示。

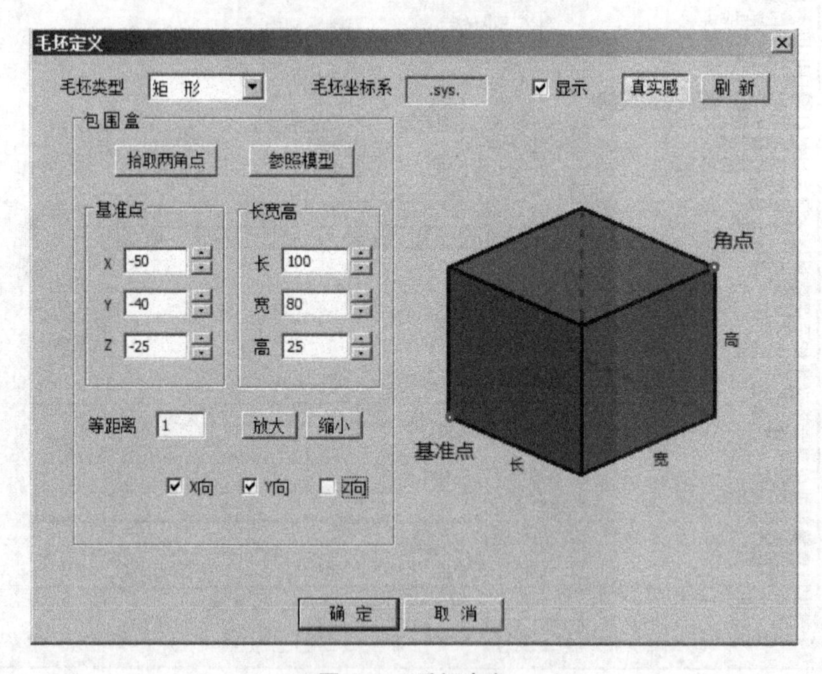

图 4-7　毛坯定义

(3) 按 F8 切换到等轴测。如图 4－8 所示。

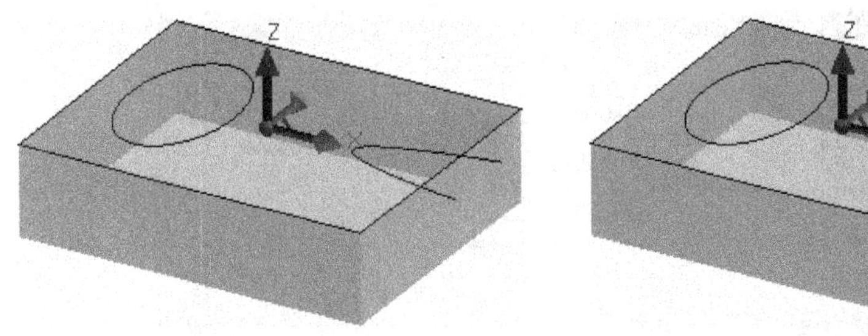

图 4－8　等轴测

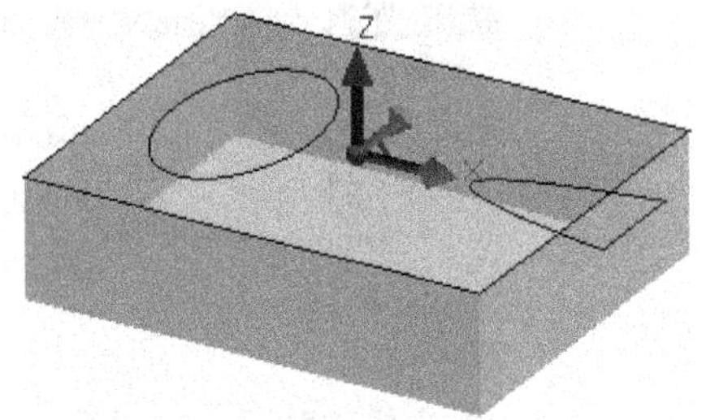

图 4－9　补全加工轮廓

(4) 补全加工轮廓。如图 4－9 所示。

2. 创建加工轨迹。

(1) 抛物线的加工。

(a) 使用菜单命令:"加工"—"常用加工"—"平面区域粗加工"。

(b) 加工参数的设置如图 4－10 所示。

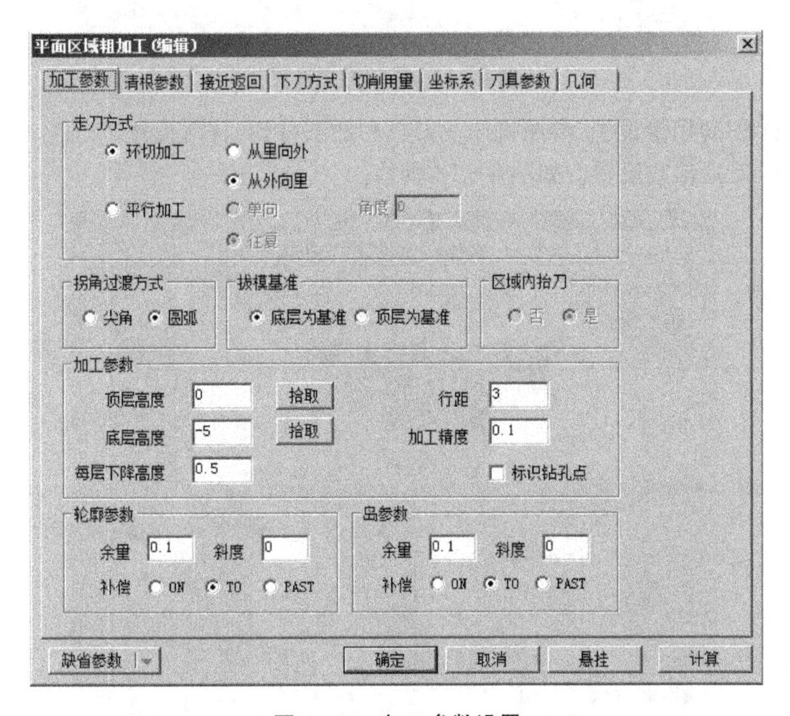

图 4－10　加工参数设置

(c) 下刀方式设置。如图 4-11 所示。

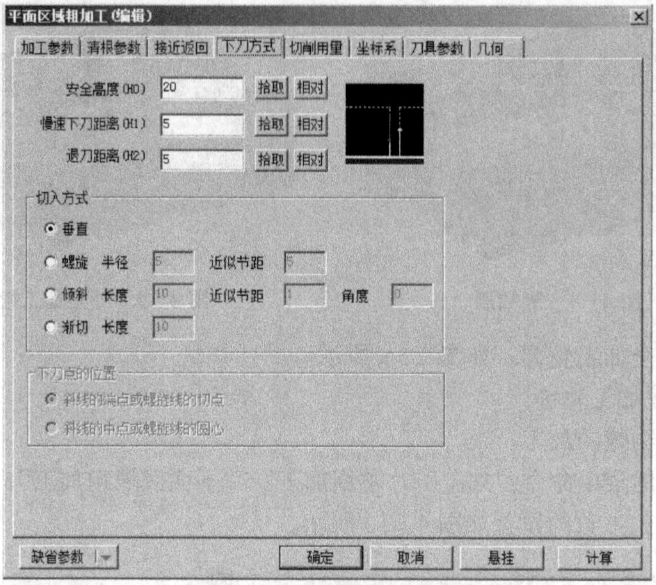

图 4-11 下刀方式设置

(d) 切削用量设置:参照机床及刀具和加工材料,自行设置。

(e) 刀具参数设置。如图 4-12 所示。

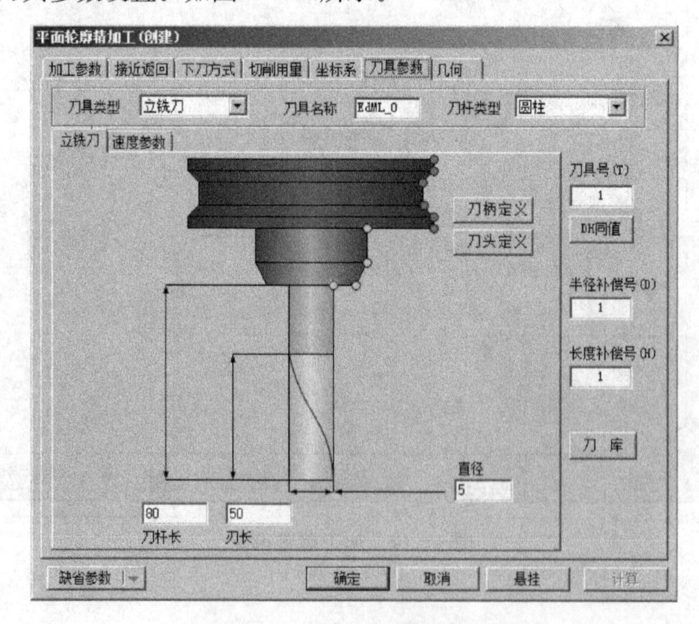

图 4-12 刀具参数设置

(f) 几何设置。如图 4-13 所示。

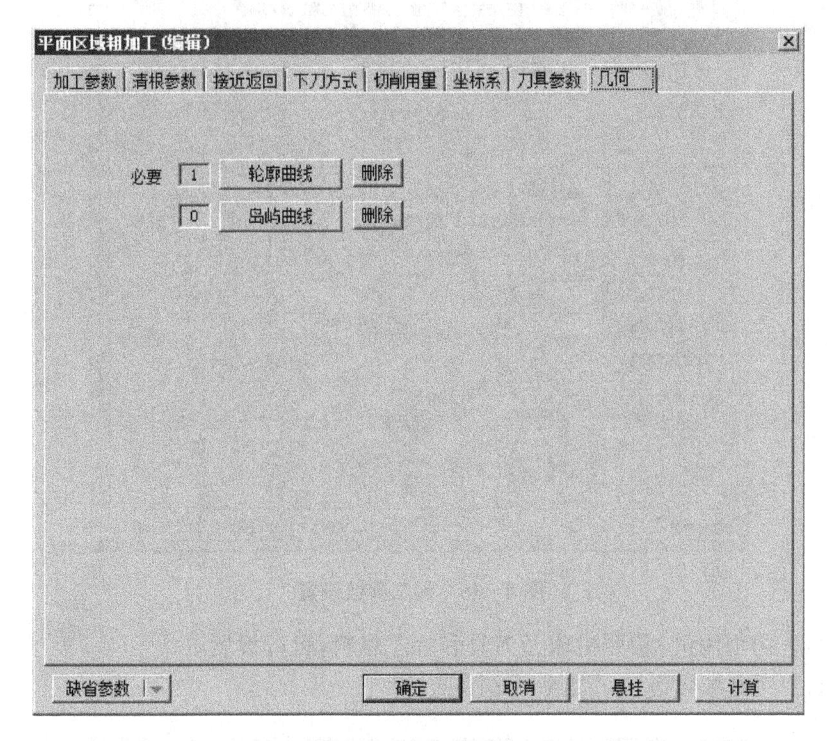

图 4-13　几何设置

(2) 完成后,生成的加工轨迹如图 4-14 所示。

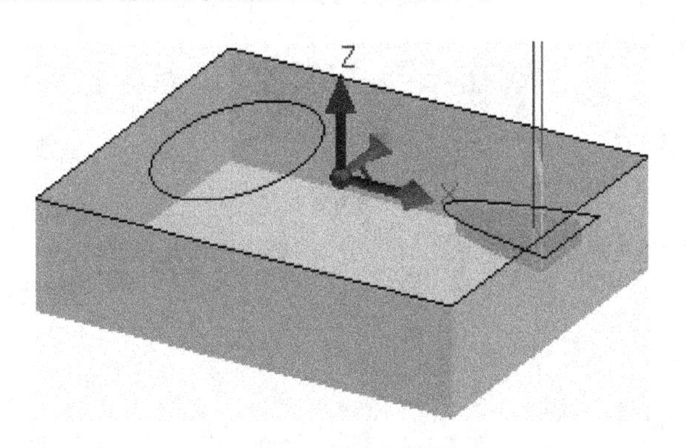

图 4-14　生成加工轨迹

(3) 椭圆的加工。

(a) 加工参数设置。如图 4-15 所示。

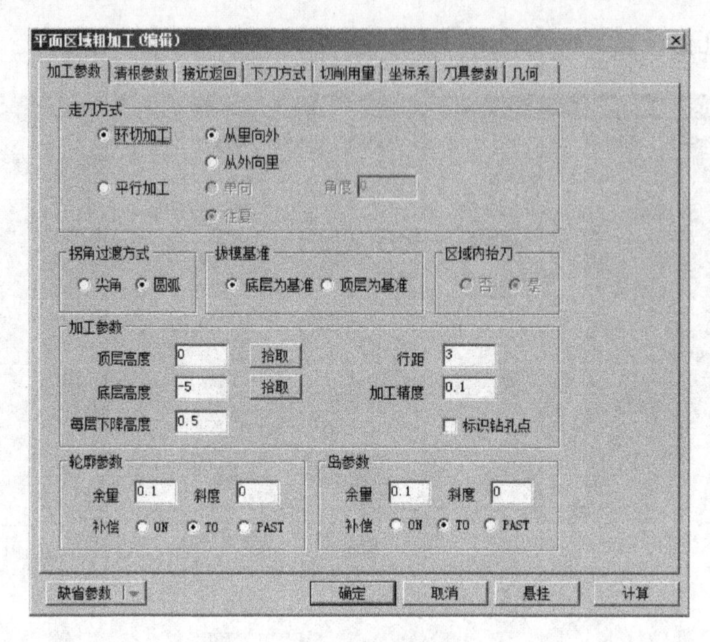

图 4-15 加工参数设置

(b) 切削用量:参照机床及刀具和加工材料,自行设置。

(c) 刀具参数设置。如图 4-16 所示。

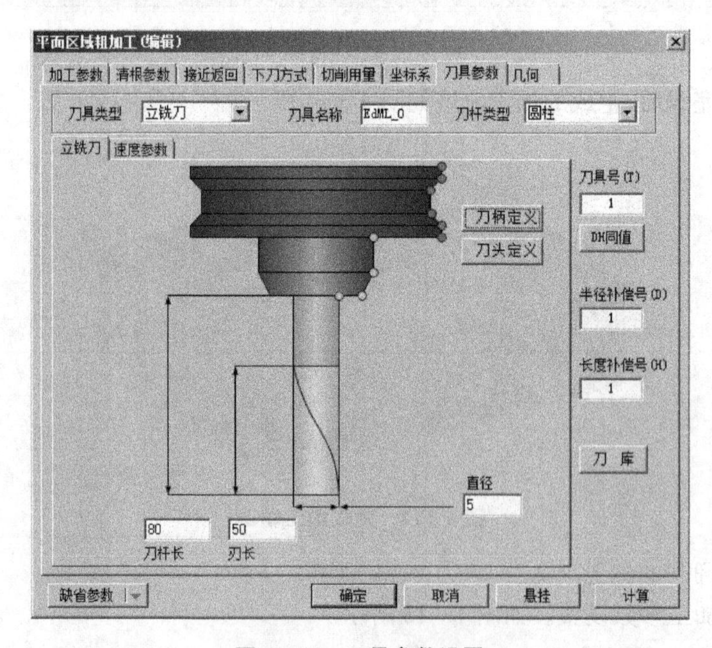

图 4-16 刀具参数设置

(d) 几何设置。如图 4-17 所示。

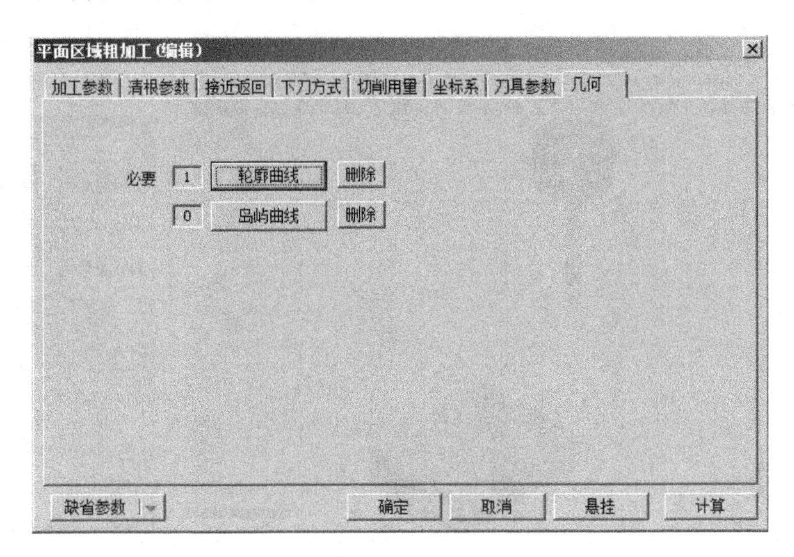

图 4-17　几何设置

(4) 完成后的轨迹如图 4-18 所示。

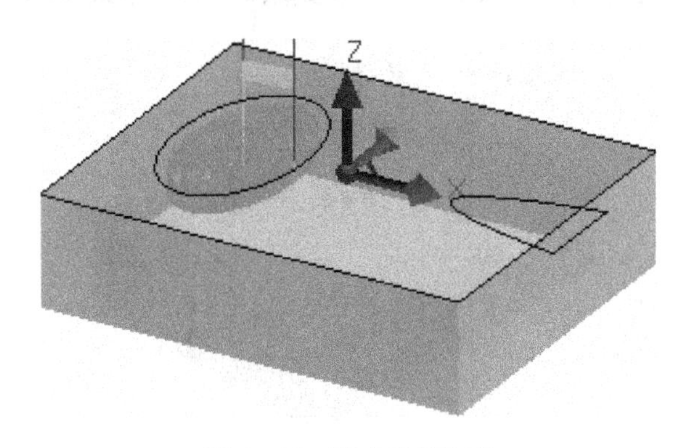

图 4-18　完成后的轨迹

(三) 轨迹仿真加工

1. 点击刀具轨迹,使所有轨迹都处于选中状态。如图 4-19 所示。

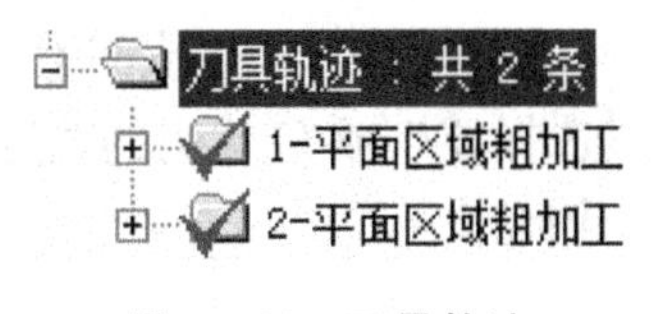

图 4-19　刀具轨迹

2. 菜单命令:"加工"—"实体仿真",进入仿真界面。如图 4-20 所示。

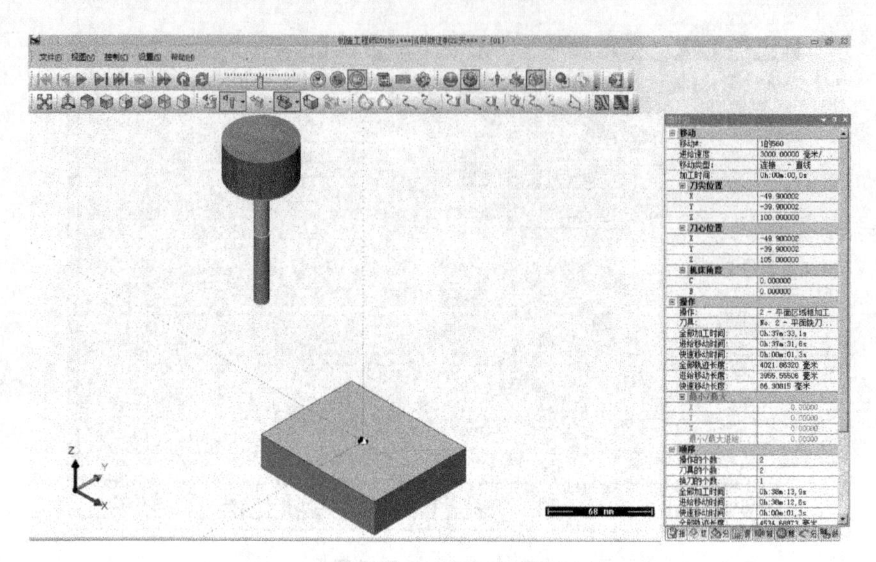

图 4-20　进入仿真界面

3. 菜单命令:"控制"—"运行",仿真结束后,加工结果如图 4-21 所示。

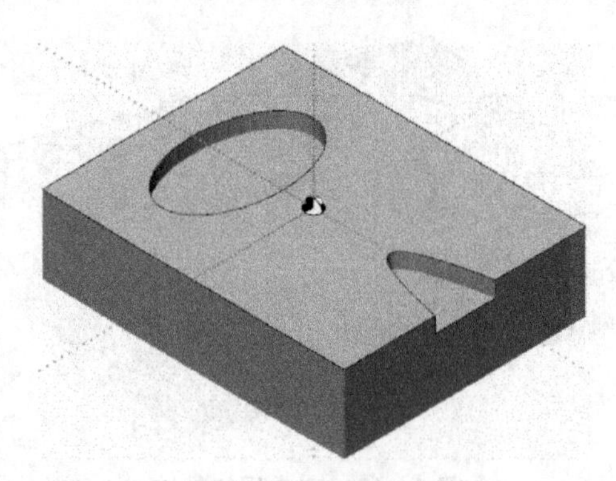

图 4-21　加工结果

4. 完成后,用菜单命令:"文件"—"退出",返回到主界面。

(四) 生成 G 代码

1. 菜单命令:"加工"—"后置处理"—"生成 G 代码"。
2. 按确定后,在绘图区选择要生成 G 代码的轨迹,确定,生成代码。
3. 生成所有轨迹的 G 代码。

(五) 传送加工程序

1. 菜单命令:"通信"—"标准本地通讯"—"设置"。

相关参数需与机床一致，否则无法通信。如图 4-22 所示。

参数设置
发送设置 接收设置
参数类型 Fanuc Gsk983Ma Gsk983M-h Siemens
XON_DC 17 波特率 9600 奇偶校验 偶校验
XOFF_DC 19 数据位 七位 停止位 二位
数据口 COM1
握手方式 XON/XOFF 发送前等待XON信号
换行符 LF
0 十进制 十六进制
结束代码 无 有
20 十进制 十六进制
初始参数
确定 取消

图 4-22　参数设置

2. 发送程序：菜单命令："通信"—"标准本地通讯"—"发送"。如图 4-23 所示。

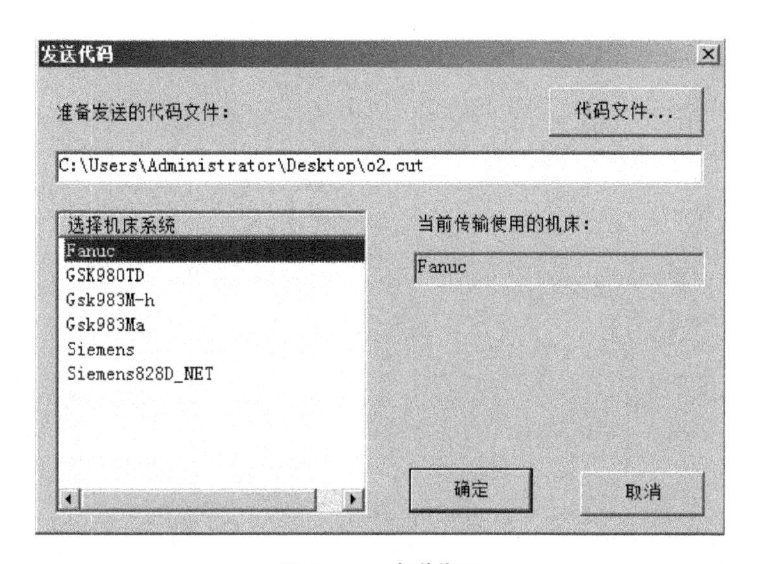

图 4-23　发送代码

选择代码文件，选择机床系统，按确定。

3. 传送。如图 4-24 所示。

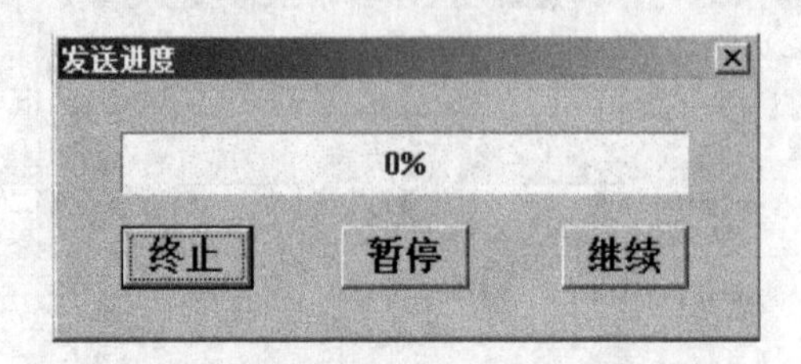

图 4-24 传送

4. 在机床上打开相应的程序，操作机床进行加工。

数控铣削加工工艺卡

<table>
<tr><td colspan="3" rowspan="2">松阳中专
学生实训</td><td colspan="2" rowspan="2">数控铣削加
工工艺卡</td><td colspan="2">零件号</td><td colspan="2">材料</td><td>毛坯尺寸</td></tr>
<tr><td colspan="2"></td><td colspan="2"></td><td></td></tr>
<tr><td>工序号</td><td>工序名称</td><td>工步号</td><td>工序工步内容</td><td>夹具</td><td>刀具</td><td>量具</td><td>程序号</td><td colspan="2">工艺简图
（画草图）</td></tr>
<tr><td></td><td></td><td></td><td></td><td></td><td></td><td></td><td></td><td colspan="2"></td></tr>
<tr><td></td><td></td><td></td><td></td><td></td><td></td><td></td><td></td><td colspan="2"></td></tr>
<tr><td></td><td></td><td></td><td></td><td></td><td></td><td></td><td></td><td colspan="2"></td></tr>
<tr><td></td><td></td><td></td><td></td><td></td><td></td><td></td><td></td><td colspan="2"></td></tr>
<tr><td></td><td></td><td></td><td></td><td></td><td></td><td></td><td></td><td colspan="2"></td></tr>
<tr><td></td><td></td><td></td><td></td><td></td><td></td><td></td><td></td><td colspan="2"></td></tr>
</table>

注：可另附页

学习记录页

一、相关知识记录：

二、操作过程记录：

综合评价表

总得分：________　　师傅：________　　评分教师：______

第______周　　周______　　____午　　第______节

<table>
<tr><td colspan="7">任务名称：</td></tr>
<tr><td>评价项目</td><td colspan="2">评价标准</td><td>分值</td><td>自评</td><td>组评</td><td>师评</td></tr>
<tr><td rowspan="3">态度评价(30)</td><td colspan="2">实训纪律</td><td>10</td><td></td><td></td><td></td></tr>
<tr><td colspan="2">三检查(机器设备,工量具,毛坯)</td><td>10</td><td></td><td></td><td></td></tr>
<tr><td colspan="2">二整理(机器设备,工量具),一清扫</td><td>10</td><td></td><td></td><td></td></tr>
<tr><td rowspan="2">理论评价(30)</td><td colspan="2">工艺卡填写</td><td>20</td><td></td><td></td><td></td></tr>
<tr><td colspan="2">相关知识记录</td><td>10</td><td></td><td></td><td></td></tr>
<tr><td rowspan="10">操作评价
(核算分 40)</td><td rowspan="6">上机操作</td><td>图形绘制</td><td>4</td><td></td><td></td><td></td></tr>
<tr><td>毛坯设置</td><td>3</td><td></td><td></td><td></td></tr>
<tr><td>轨迹设置</td><td>6</td><td></td><td></td><td></td></tr>
<tr><td>仿真</td><td>2</td><td></td><td></td><td></td></tr>
<tr><td>生成 G 代码</td><td>2</td><td></td><td></td><td></td></tr>
<tr><td>程序传送</td><td>2</td><td></td><td></td><td></td></tr>
<tr><td rowspan="4">实际操作</td><td>对刀</td><td>3</td><td></td><td></td><td></td></tr>
<tr><td>调用程序</td><td>3</td><td></td><td></td><td></td></tr>
<tr><td>精度控制</td><td>4</td><td></td><td></td><td></td></tr>
<tr><td>工件测量</td><td>10</td><td></td><td></td><td></td></tr>
<tr><td>合计</td><td colspan="3">100</td><td></td><td></td><td></td></tr>
<tr><td>指导教师评语</td><td colspan="6">

本次实训等级(优良及)________　　指导教师签字</td></tr>
</table>

任务五　梅花凹槽的加工

一、任务内容

1. 零件图如图 5－1 所示。

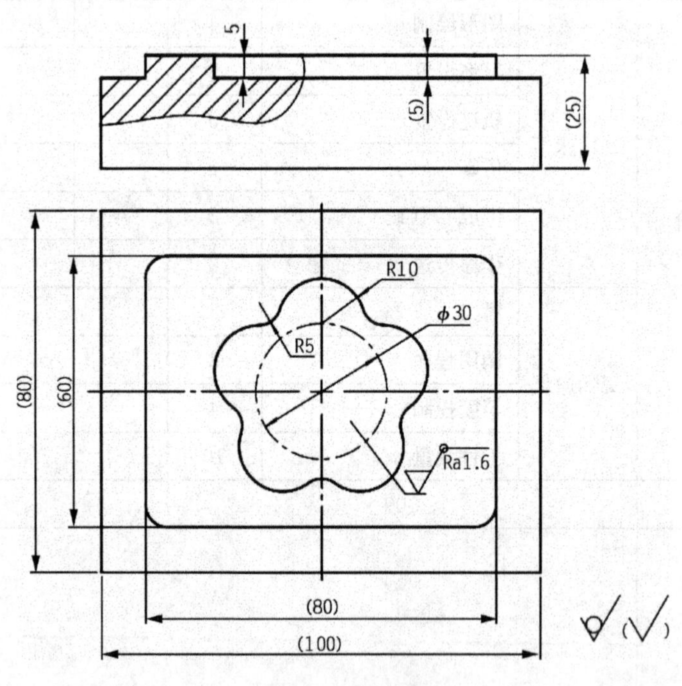

图 5－1　零件图

2. 任务要求：使用 CAXA 制造工程师完成任务对象的加工。

二、任务分析

本工件只加工一个平底凹槽，这种类型的工件，在 CAXA 制造工程师中，不需要造型，使用空间轮廓曲线就可以完成加工。

三、知识要点

1. 圆的绘制
2. 阵列及剪裁
3. 毛坯的设置
4. 平面区域粗加工
5. 平面轮廓精加工
6. 仿真加工
7. 生成 G 代码
8. 传送程序

四、操作过程

(一) 画图

1. 打开 CAXA 制造工程师后，新建一个制造文件。
2. 用圆命令，画一个直径 30 的圆。如图 5-2 所示。

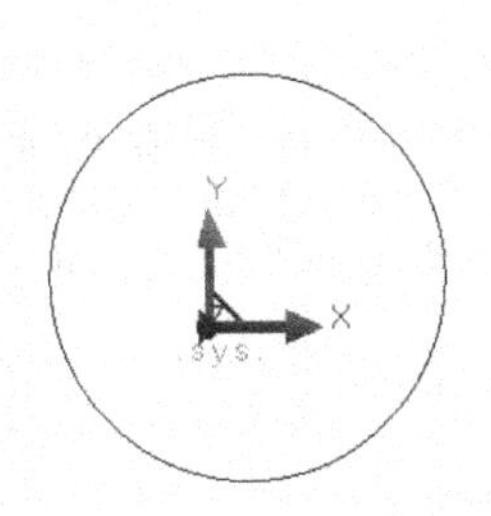

图 5-2　圆命令

3. 再画一个直径 20 的圆。如图 5-3 所示。

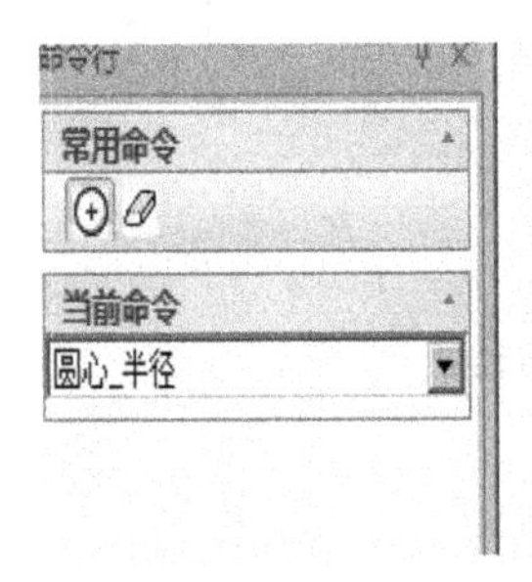

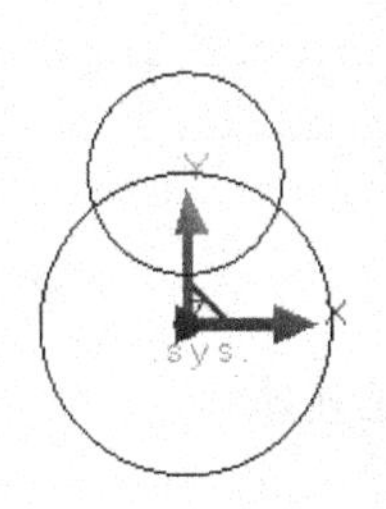

图 5-3　圆命令 2

4. 阵列出 5 个。如图 5－4 所示。

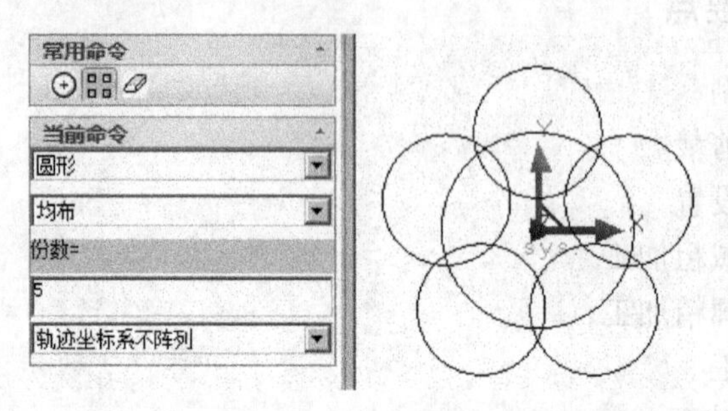

图 5－4　阵列

5. 剪裁与删除后,保留如下图形。如图 5－5 所示。

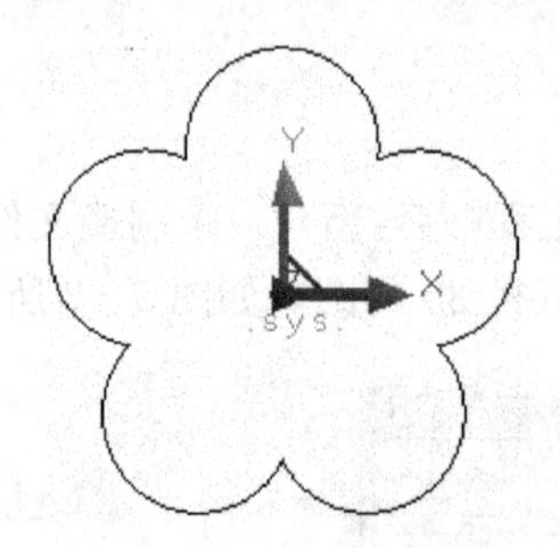

图 5－5　剪裁与删除

6. 圆角过渡 R5。如图 5－6 所示。

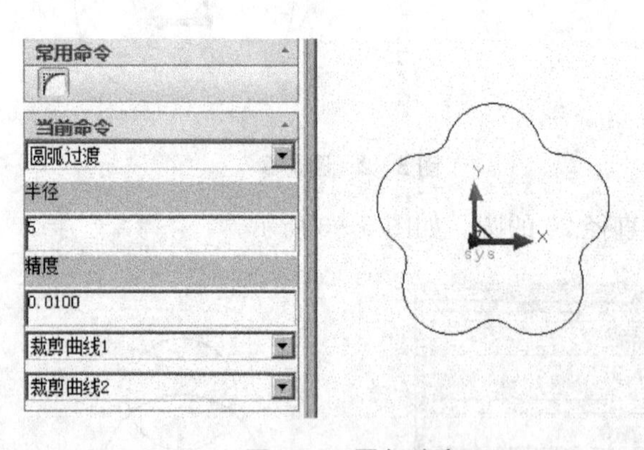

图 5－6　圆角过渡

(二) 创建加工轨迹

1. 设置毛坯

(1) 切换到轨迹管理。如图 5－7 所示。

特征...　轨迹...　属性...　命令行

图 5－7　轨迹管理

（2）双击毛坯，进行设置（类型为三角片，打开真实感，点击打开，找到 02.stl，确定）。如图 5－8 所示。

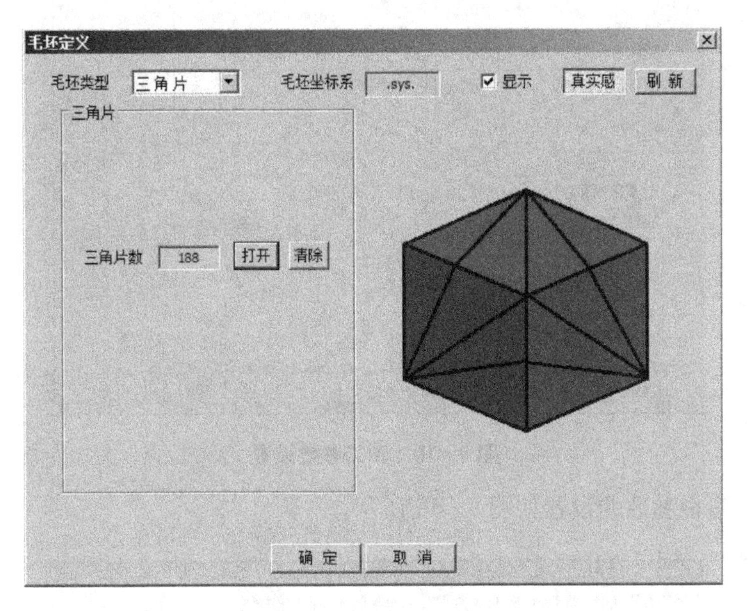

图 5－8　毛坯定义

（3）按 F8 切换到等轴测。如图 5－9 所示。

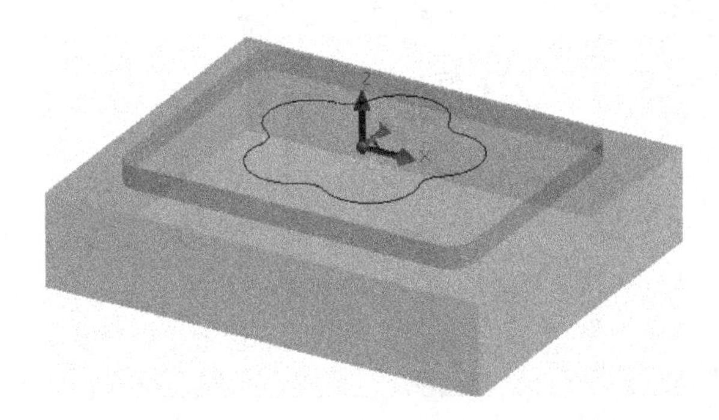

图 5－9　等轴测

2. 创建加工轨迹。

（1）使用菜单命令："加工"—"常用加工"—"平面区域粗加工"。

(a) 加工参数的设置如图 5 - 10 所示。

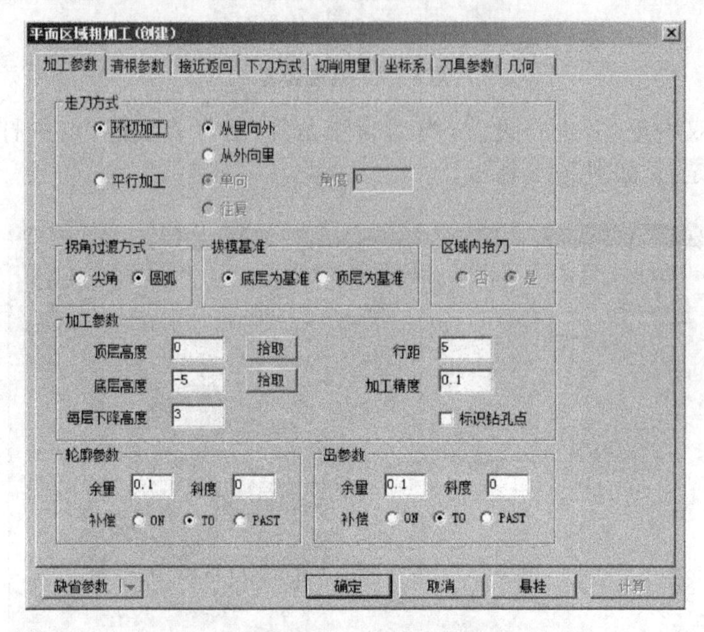

图 5 - 10　加工参数设置

(b) 清根参数的设置如图 5 - 11 所示。

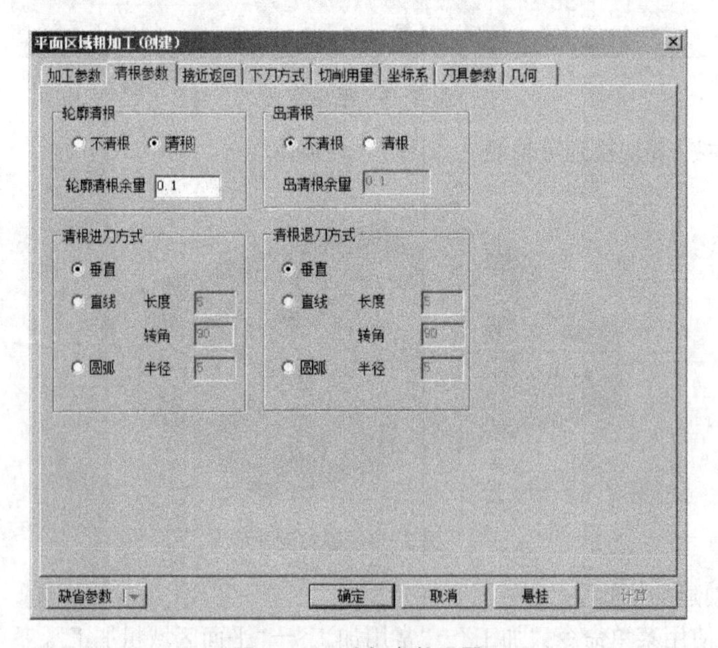

图 5 - 11　消根参数设置

(c) 下刀方式设置如图 5－12 所示。

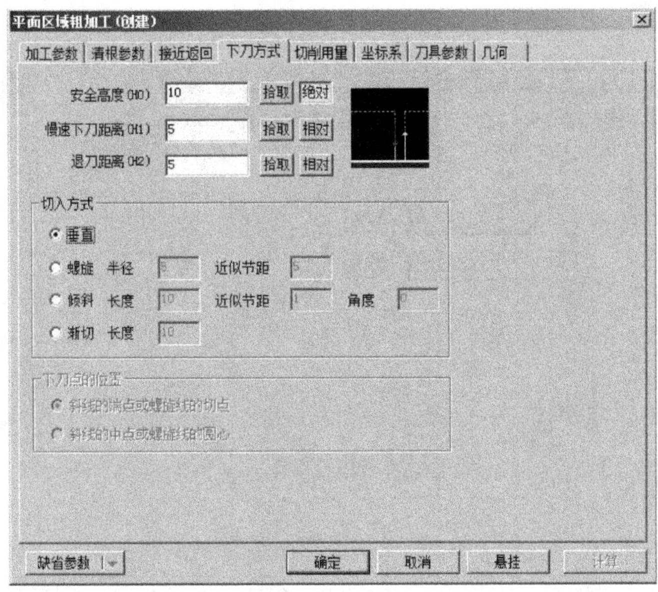

图 5－12　下刀方式设置

(d) 切削用量设置:参照机床及刀具和加工材料,自行设置。

(e) 刀具参数设置如图 5－13 所示。

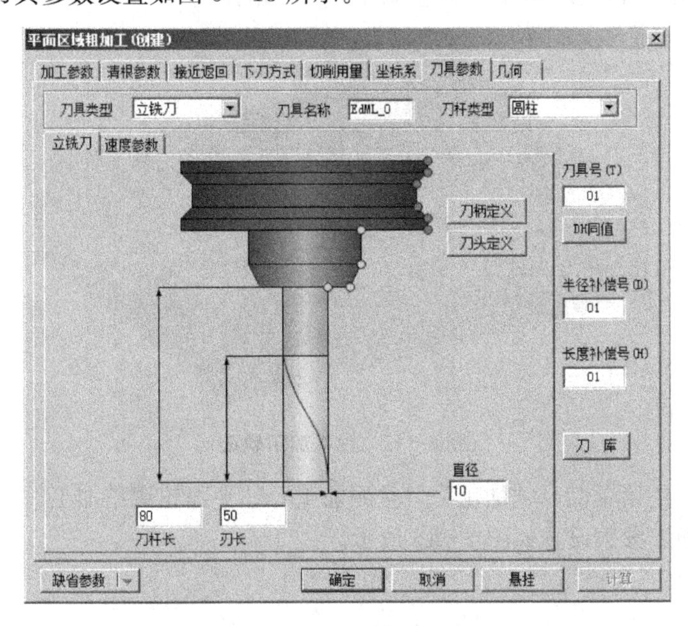

图 5－13　刀具参数设置

(f) 几何设置:轮廓曲线,选择外面的矩形;岛屿曲线,选择里面的矩形。如图 5-14 所示。

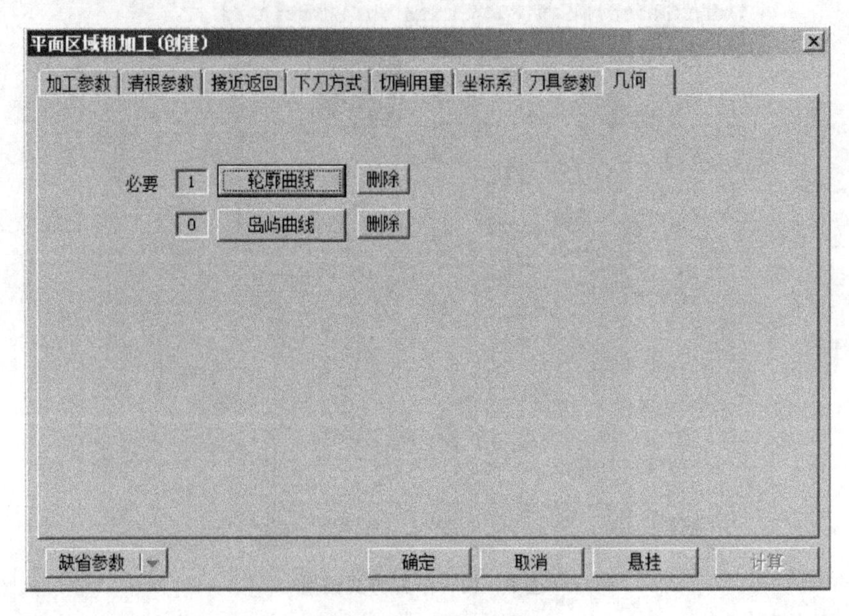

图 5-14　几何设置

(2) 完成后,生成的加工轨迹如图 5-15 所示。

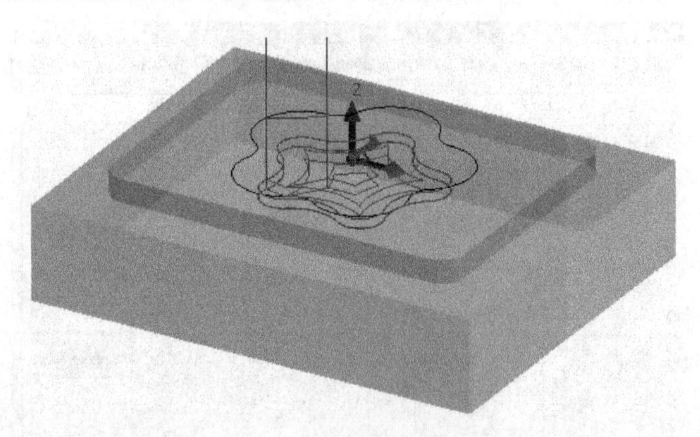

图 5-15　生成加工轨迹

(3) 使用菜单命令:"加工"—"常用加工"—"平面轮廓精加工"。

(a) 加工参数设置如图 5-16 所示。

平面轮廓精加工(创建)
加工参数
接近返回
下刀方式
切削用量
坐标系
刀具参数
几何
加工参数
加工精度
0.01
顶层高度(绝对)
0
拾取
拔模斜度
0
底层高度(绝对)
-5
拾取
刀次
1
每层下降高度
5
偏移方向
左偏
右偏
拐角过渡方式
尖角
圆弧
走刀方式
单向
往复
偏移类型
ON
TO
PAST
行距定义方式
行距方式:
行　距
5
余量方式:
定义余量
加工余量
0
拔模基准
底层为基准
顶层为基准
其他选项
生成刀具补偿轨迹
添加刀具补偿代码(G41/G42)
样条转圆弧
抬刀
否
是
层间走刀
单　向
往　复
螺　旋
首层水平输出
缺省参数
确定
取消
悬挂
计算

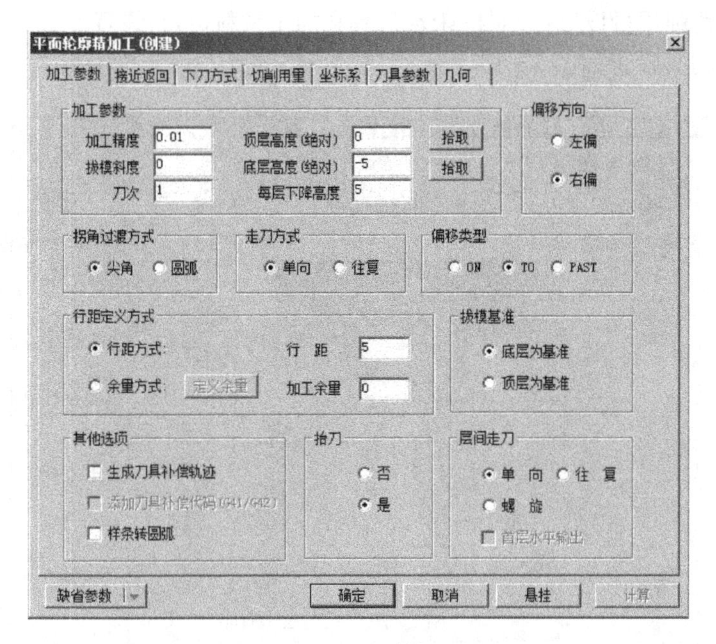

图 5-16　加工参数设置

(b) 下刀方式设置如图 5-17 所示。

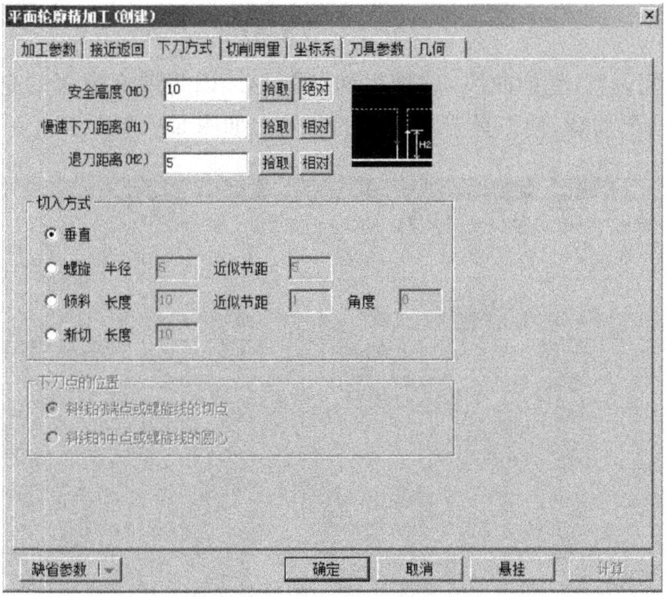

平面轮廓精加工(创建)
加工参数
接近返回
下刀方式
切削用量
坐标系
刀具参数
几何
安全高度(H0)
10
拾取
绝对
慢速下刀距离(H1)
5
拾取
相对
退刀距离(H2)
5
拾取
相对
H2
切入方式
垂直
螺旋
半径
5
近似节距
5
倾斜
长度
10
近似节距
1
角度
0
渐切
长度
10
下刀点的位置
斜线的端点或螺旋线的切点
斜线的中点或螺旋线的圆心
缺省参数
确定
取消
悬挂
计算

图 5-17　下刀方式设置

(c) 切削用量设置:参照机床及刀具和加工材料,自行设置。

(d) 刀具设置如图 5-18 所示。

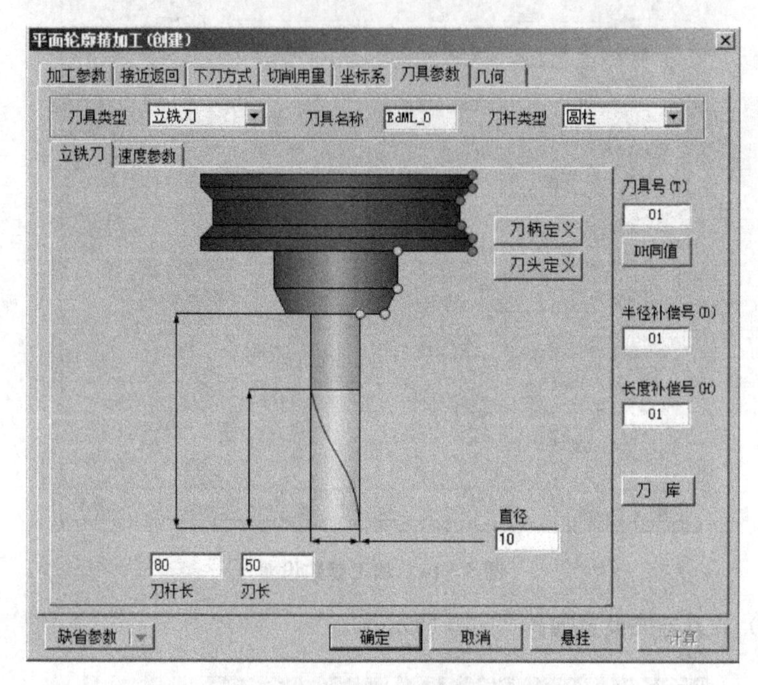

图 5-18 刀具设置

(e) 几何设置:轮廓曲线,选择里面的矩形。因为前面设置的是右偏,选择轮廓后,方向要注意,使刀具要在轮廓的右侧。如图 5-19 所示。

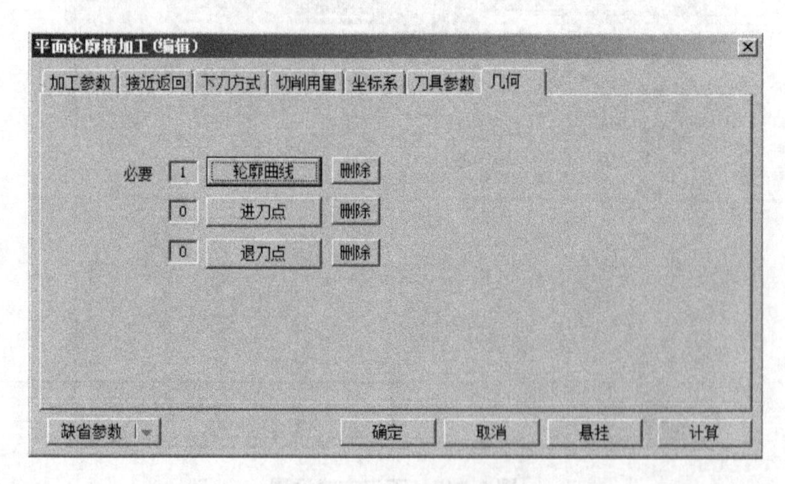

图 5-19 几何设置

(4) 完成后,生成的轨迹如下(隐藏了粗加工轨迹)。如图 5-20 所示。

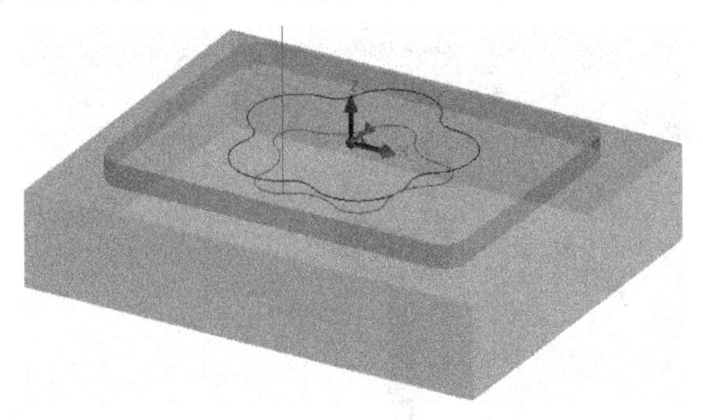

图 5-20　生成轨迹

(三) 轨迹仿真加工

1. 显示所有轨迹:在轨迹上按右键,在弹出的菜单中选择显示。选择隐藏就可以隐藏轨迹。如图 5-21 所示。

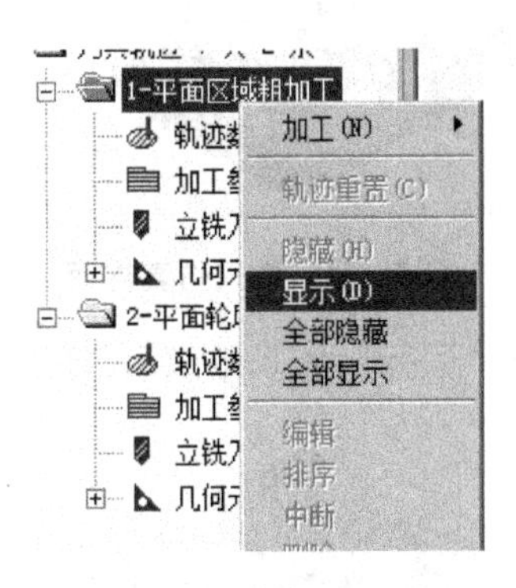

图 5-21　显示所有轨迹

2. 点击刀具轨迹,使所有轨迹都处于选中状态。如图 5-22 所示。

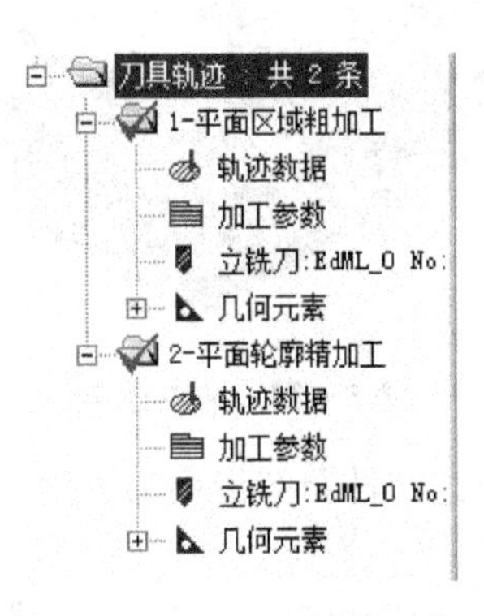

图 5-22　刀具轨迹

3. 菜单命令:“加工”—“实体仿真”,进入仿真界面。如图 5-23 所示。

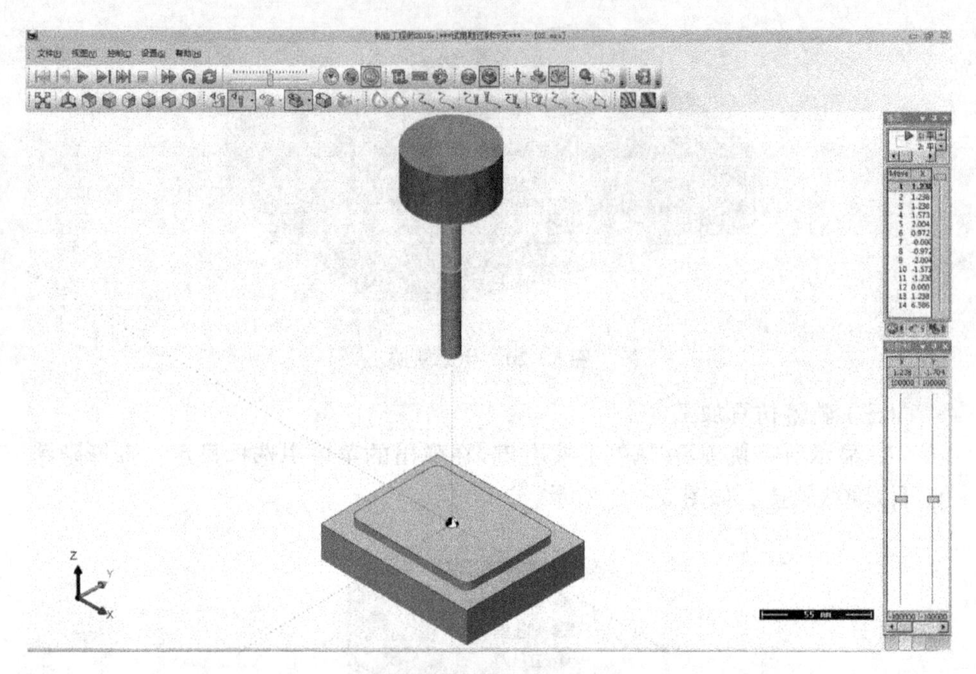

图 5-23 进入仿真界面

4. 菜单命令:“控制”—“运行”,仿真结束后,加工结果如图 5-24 所示。

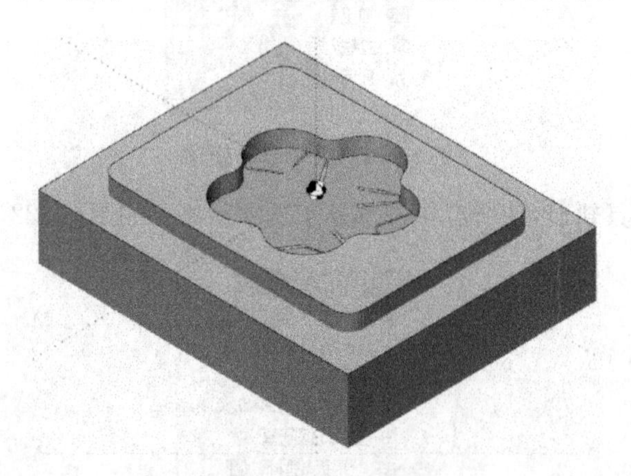

图 5-24 加工结果

5. 完成后,用菜单命令:“文件”—“退出”,返回到主界面。

(四) 生成 G 代码

1. 菜单命令:“加工”—“后置处理”—“生成 G 代码”。如图 5-25 所示。

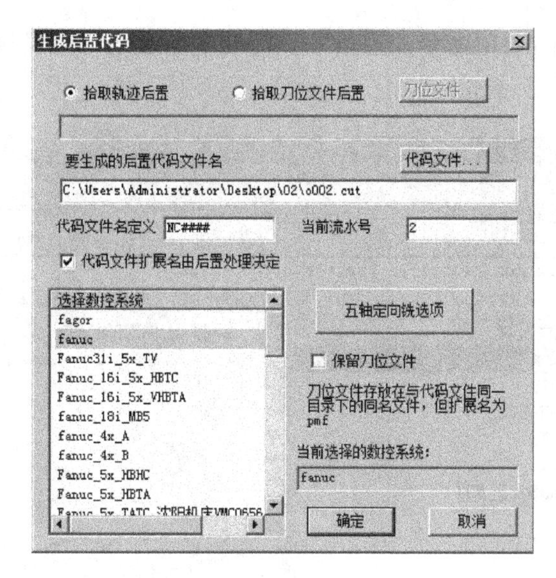

图 5-25　生成 G 代码

2. 按确定后，在绘图区选择要生成 G 代码的轨迹，确定，生成 G 代码。

3. 用同样的方法，生成另一个轨迹的 G 代码。

(五) 传送加工程序

1. 菜单命令："通信"—"标准本地通讯"—"设置"。

相关参数需与机床一致，否则无法通信。如图 5-26 所示。

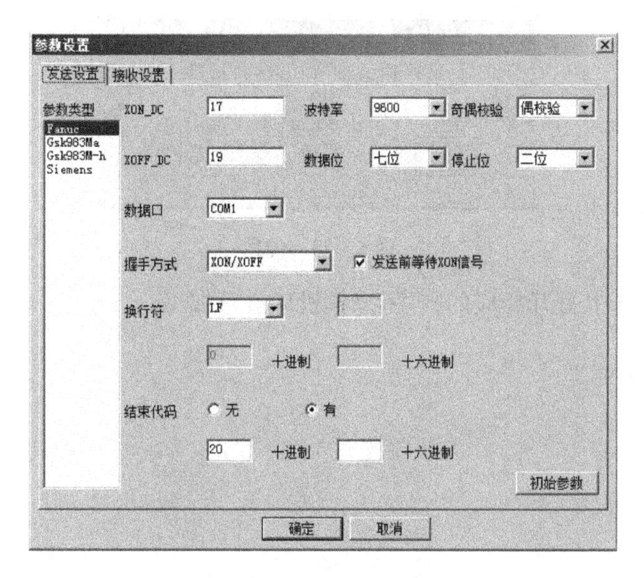

图 5-26　参数设置

2. 发送程序:菜单命令:“通信”—“标准本地通讯”—“发送”。如图 5 - 27 所示。

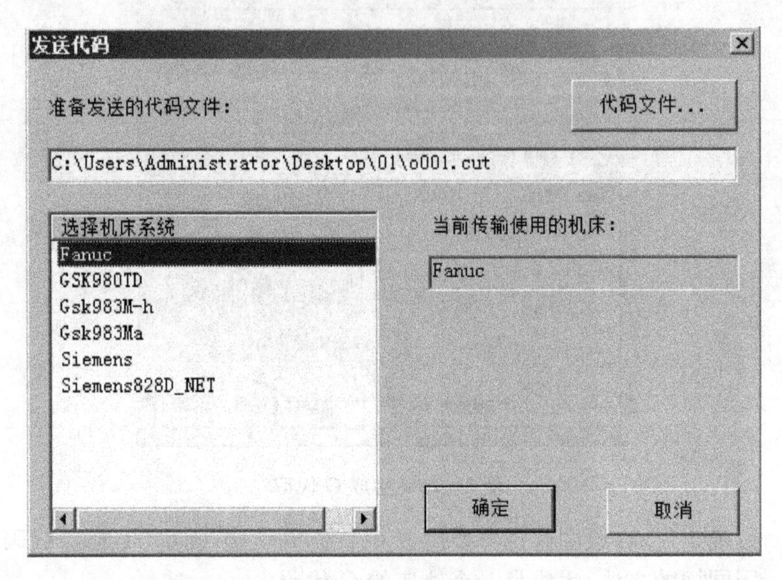

图 5 - 27　发送代码

选择代码文件,选择机床系统,按确定。

3. 传送。如图 5 - 28 所示。

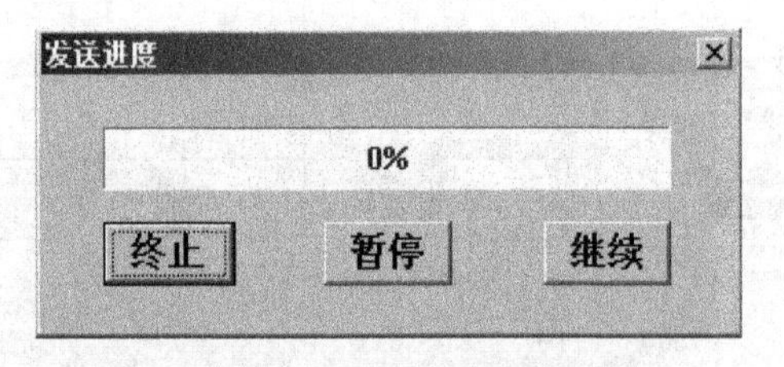

图 5 - 28　传送

4. 在机床上打开相应的程序,操作机床进行加工。

数控铣削加工工艺卡

<table>
<tr><td colspan="3" rowspan="2">松阳中专
学生实训</td><td colspan="2" rowspan="2">数控铣削加
工工艺卡</td><td colspan="2">零件号</td><td>材料</td><td>毛坯尺寸</td></tr>
<tr><td colspan="2"></td><td></td><td></td></tr>
<tr><td>工序号</td><td>工序名称</td><td>工步号</td><td>工序工步内容</td><td>夹具</td><td>刀具</td><td>量具</td><td>程序号</td><td>工艺简图
（画草图）</td></tr>
<tr><td></td><td></td><td></td><td></td><td></td><td></td><td></td><td></td><td></td></tr>
<tr><td></td><td></td><td></td><td></td><td></td><td></td><td></td><td></td><td></td></tr>
<tr><td></td><td></td><td></td><td></td><td></td><td></td><td></td><td></td><td></td></tr>
<tr><td></td><td></td><td></td><td></td><td></td><td></td><td></td><td></td><td></td></tr>
<tr><td></td><td></td><td></td><td></td><td></td><td></td><td></td><td></td><td></td></tr>
<tr><td></td><td></td><td></td><td></td><td></td><td></td><td></td><td></td><td></td></tr>
</table>

注：可另附页

学习记录页

一、相关知识记录：

二、操作过程记录：

综合评价表

总得分：________　　师傅：________　　评分教师：______

第______周　　周______　____午　　第______节

<table>
<tr><td colspan="7">任务名称：</td></tr>
<tr><td>评价项目</td><td colspan="2">评价标准</td><td>分值</td><td>自评</td><td>组评</td><td>师评</td></tr>
<tr><td rowspan="3">态度评价(30)</td><td colspan="2">实训纪律</td><td>10</td><td></td><td></td><td></td></tr>
<tr><td colspan="2">三检查(机器设备,工量具,毛坯)</td><td>10</td><td></td><td></td><td></td></tr>
<tr><td colspan="2">二整理(机器设备,工量具),一清扫</td><td>10</td><td></td><td></td><td></td></tr>
<tr><td rowspan="2">理论评价(30)</td><td colspan="2">工艺卡填写</td><td>20</td><td></td><td></td><td></td></tr>
<tr><td colspan="2">相关知识记录</td><td>10</td><td></td><td></td><td></td></tr>
<tr><td rowspan="10">操作评价
(核算分 40)</td><td rowspan="6">上机操作</td><td>图形绘制</td><td>4</td><td></td><td></td><td></td></tr>
<tr><td>毛坯设置</td><td>3</td><td></td><td></td><td></td></tr>
<tr><td>轨迹设置</td><td>6</td><td></td><td></td><td></td></tr>
<tr><td>仿真</td><td>2</td><td></td><td></td><td></td></tr>
<tr><td>生成 G 代码</td><td>2</td><td></td><td></td><td></td></tr>
<tr><td>程序传送</td><td>2</td><td></td><td></td><td></td></tr>
<tr><td rowspan="4">实际操作</td><td>对刀</td><td>3</td><td></td><td></td><td></td></tr>
<tr><td>调用程序</td><td>3</td><td></td><td></td><td></td></tr>
<tr><td>精度控制</td><td>4</td><td></td><td></td><td></td></tr>
<tr><td>工件测量</td><td>10</td><td></td><td></td><td></td></tr>
<tr><td>合计</td><td colspan="3">100</td><td></td><td></td><td></td></tr>
<tr><td>指导教师评语</td><td colspan="6">

本次实训等级(优良及)________　　指导教师签字</td></tr>
</table>

任务六　岛屿的加工

一、任务内容

1. 零件图如图 6－1 所示。

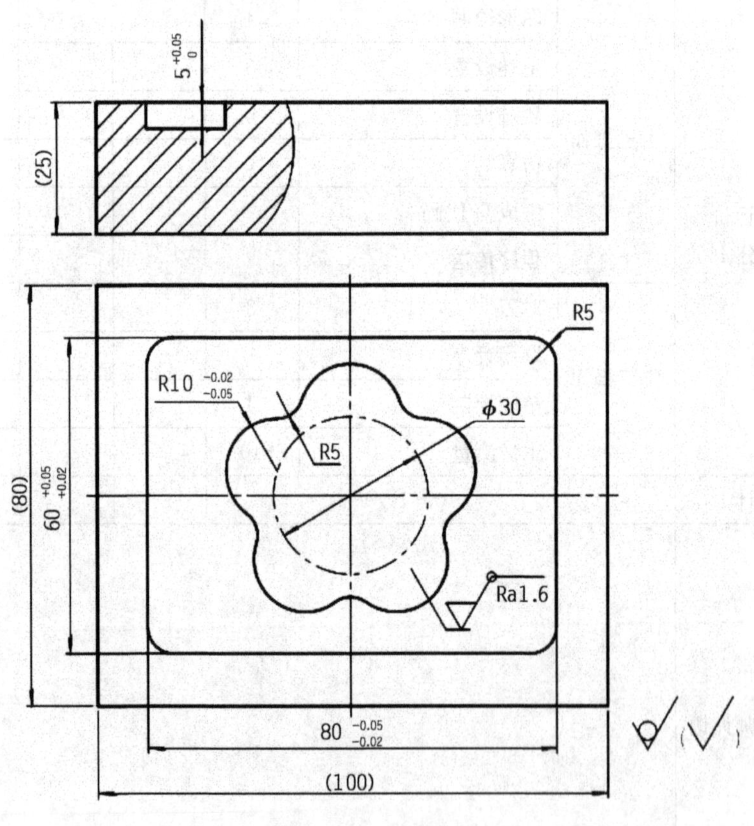

图 6－1　零件图

2. 任务要求：使用 CAXA 制造工程师完成任务对象的加工。

二、任务分析

本工件只加工一个凹槽，这种类型的工件，在 CAXA 制造工程师中，不需要造型，使用空间轮廓曲线就可以完成加工。

三、知识要点

1. 图形的绘制
2. 毛坯的设置
3. 平面区域粗加工
4. 平面轮廓精加工
5. 仿真加工
6. 生成 G 代码
7. 传送程序

四、操作过程

(一) 画图

1. 打开 CAXA 制造工程师后，新建一个制造文件。
2. 结合前两次课的内容，根据图纸要求，画出加工轮廓。如图 6－2 所示。

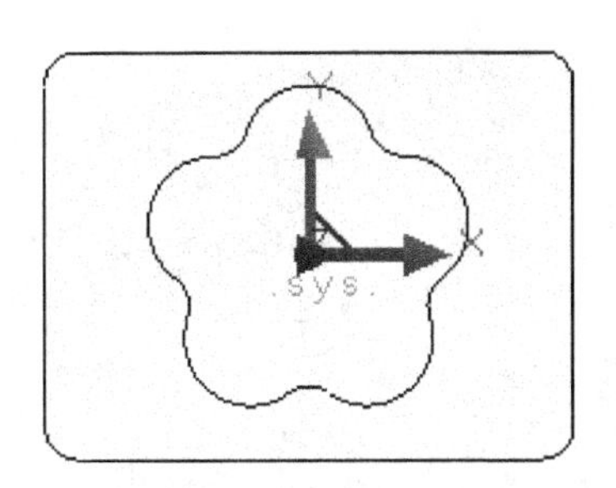

图 6－2　画出加工轮廓

(二) 创建加工轨迹

1. 设置毛坯

(1) 切换到轨迹管理。如图 6－3 所示。

图 6－3　轨迹管理

(2) 双击毛坯，进行设置。如图 6－4 所示。

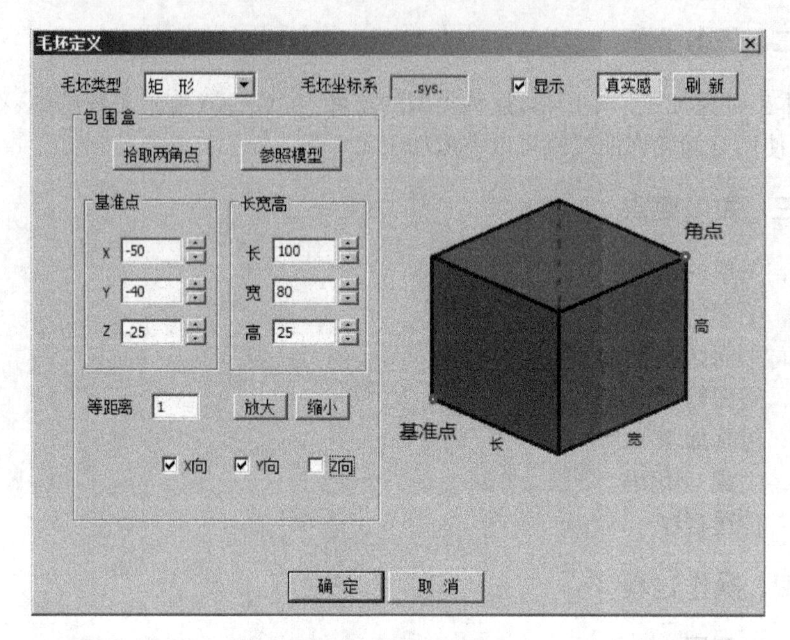

图 6-4 毛坯定义

(3) 按 F8 切换到等轴测。如图 6-5 所示。

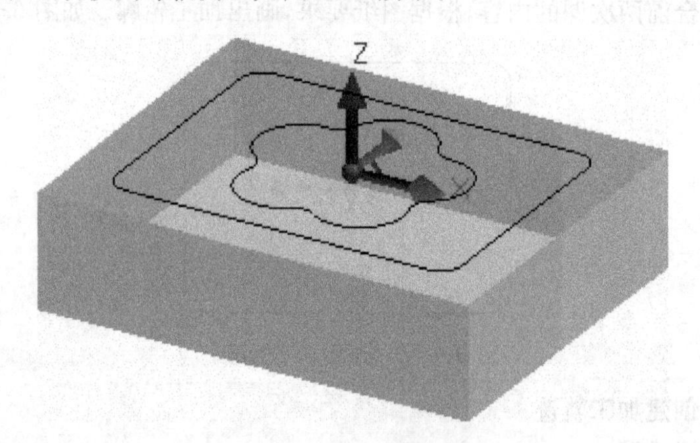

图 6-5 等轴测

2. 创建加工轨迹。

(1) 使用菜单命令:“加工”—“常用加工”—“平面区域粗加工”。

(a) 加工参数的设置。如图 6-6 所示。

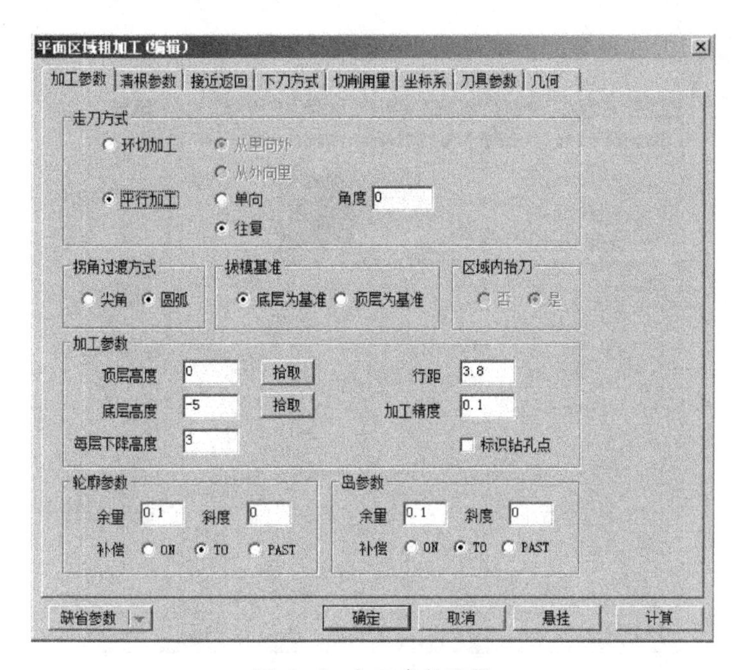

图 6－6　加工参数设置

(b) 清根参数的设置。如图 6－7 所示。

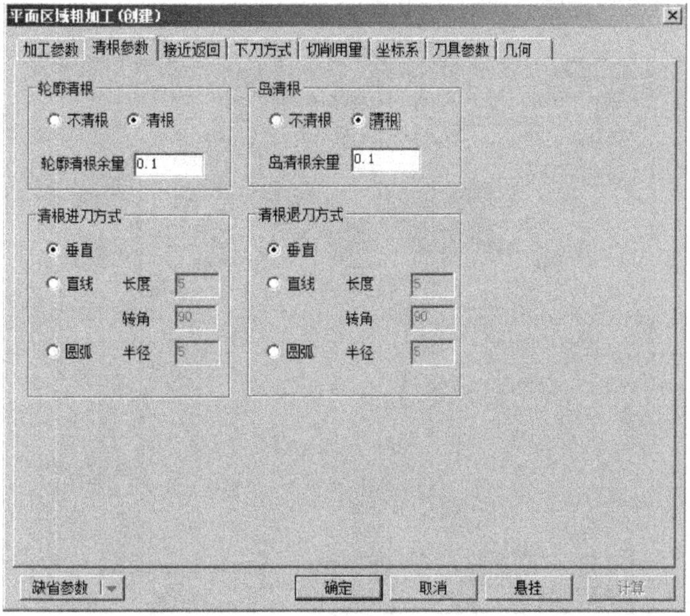

图 6－7　清根参数设置

(c) 下刀方式设置。如图 6-8 所示。

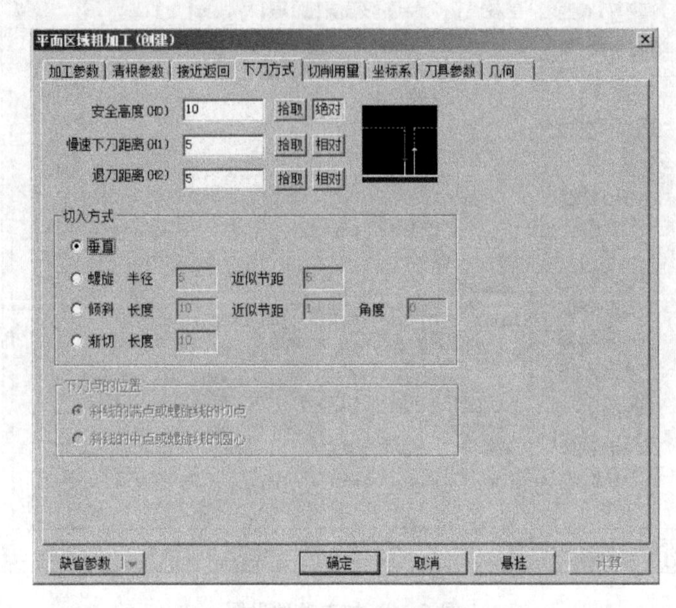

图 6-8 下刀方式设置

(d) 切削用量设置:参照机床及刀具和加工材料,自行设置。

(e) 刀具参数设置。如图 6-9 所示。

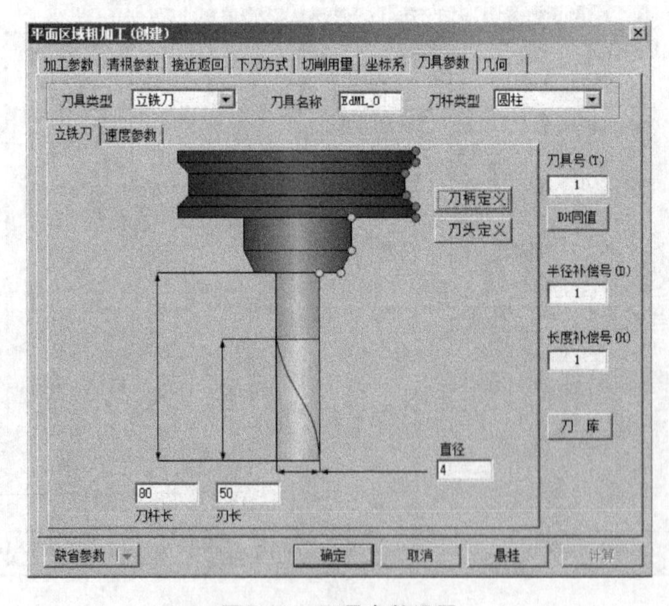

图 6-9 刀具参数设置

(f) 几何设置:轮廓曲线,选择外面的矩形;岛屿曲线,选择里面的矩形。如图 6-10 所示。

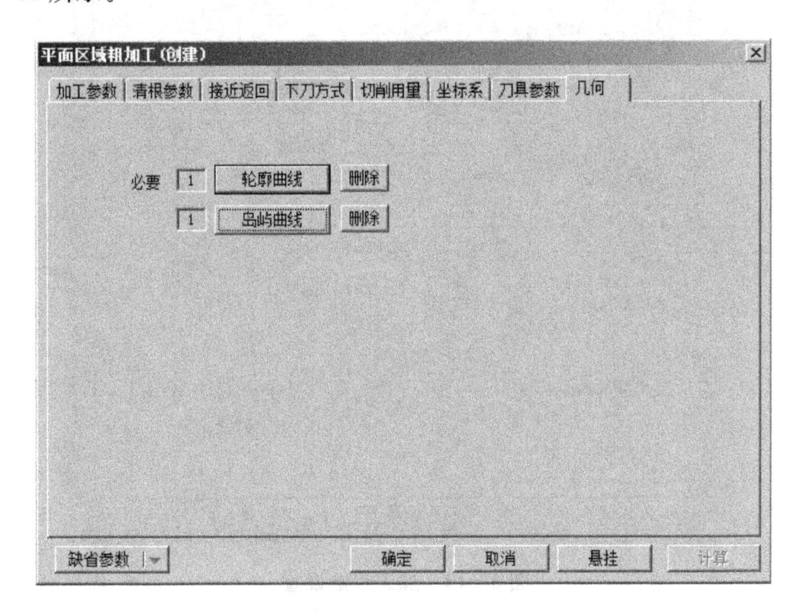

图 6-10　几何设置

(2) 完成后,生成的加工轨迹如下。如图 6-11 所示。

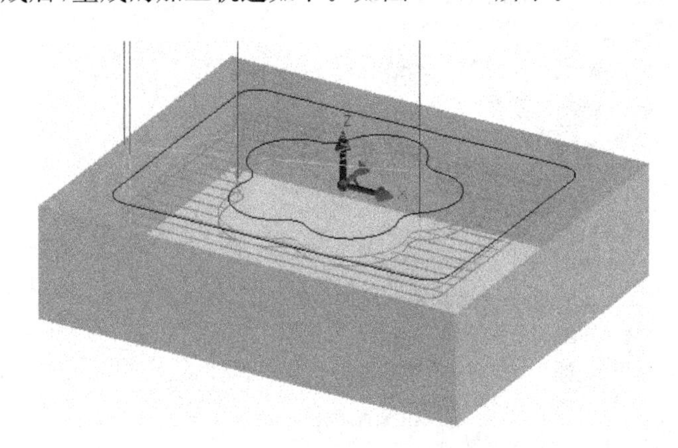

图 6-11　生成加工轨迹

(3) 使用菜单命令:"加工"—"常用加工"—"平面轮廓精加工"。

(a) 加工参数设置。如图 6-12 所示。

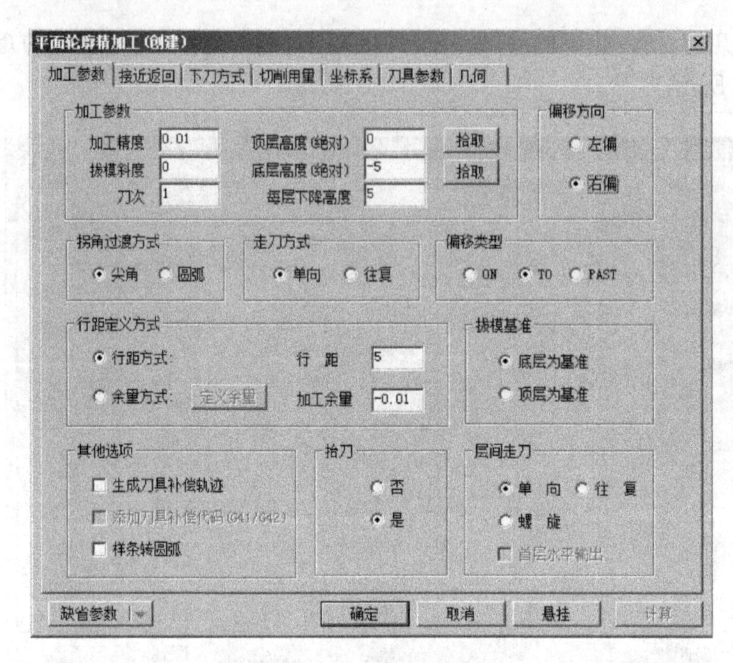

图 6－12　加工参数设置

(b) 下刀方式设置。如图 6－13 所示。

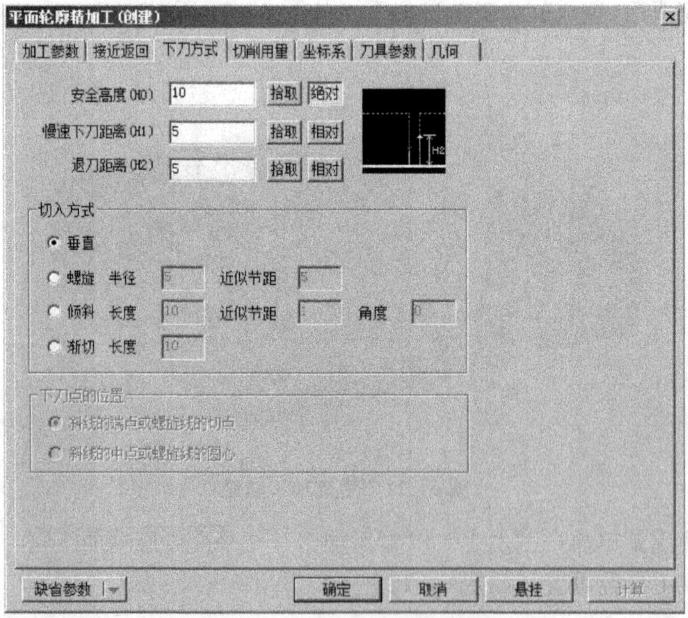

图 6－13　下刀方式设置

(c) 切削用量设置:参照机床及刀具和加工材料,自行设置。

(d) 刀具参数设置。如图 6 - 14 所示。

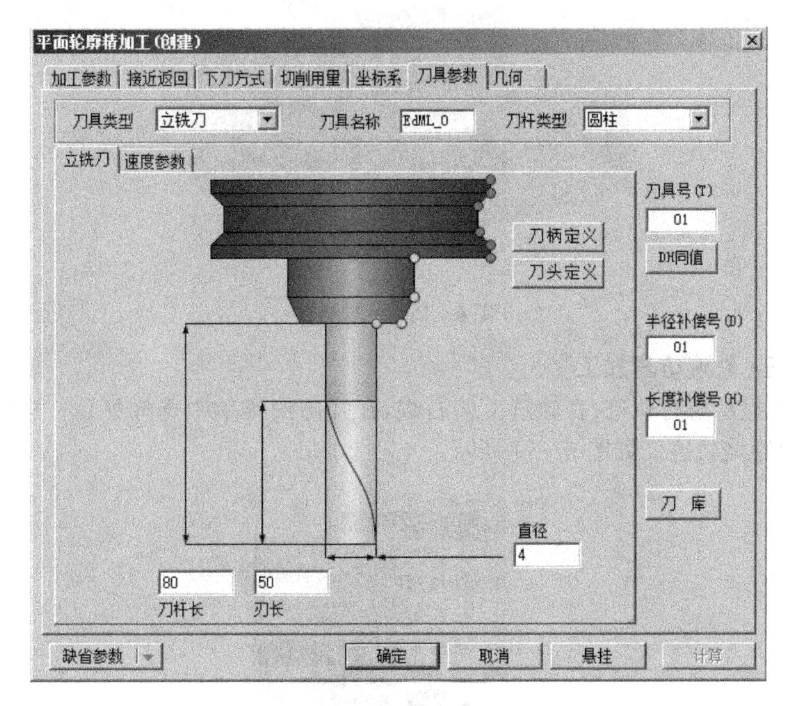

图 6 - 14　刀具参数设置

(e) 几何设置:轮廓曲线,选择里面的矩形。因为前面设置的是右偏,选择轮廓后,方向要注意,要使刀具在轮廓的右侧。如图 6 - 15 所示。

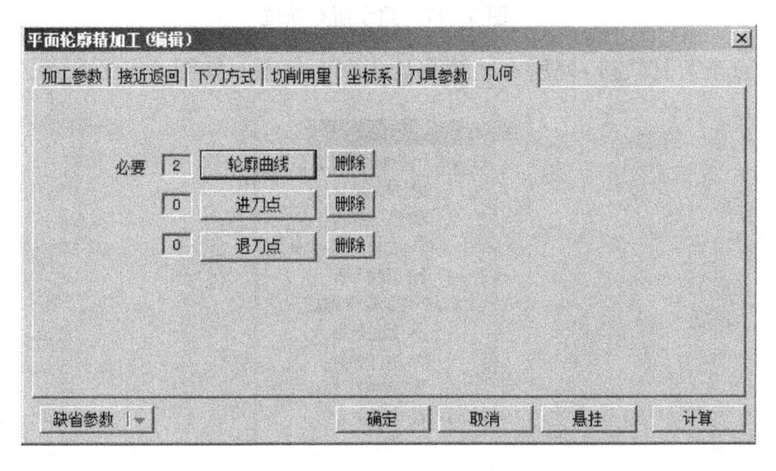

图 6 - 15　几何设置

(4) 完成后,生成的轨迹如图 6-16 所示(隐藏了粗加工轨迹)。

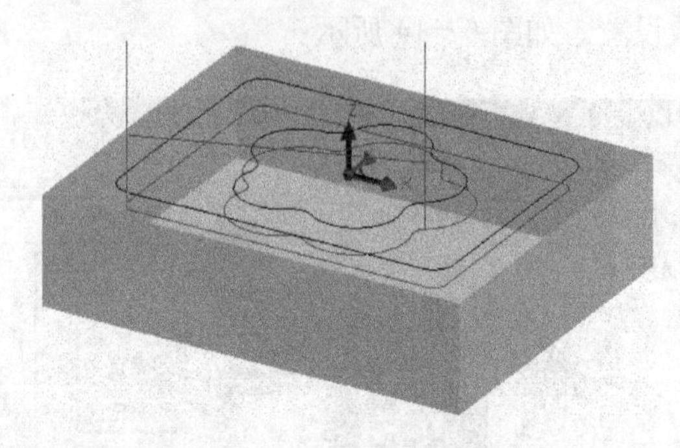

图 6-16　生成轨迹

(三) 轨迹仿真加工

1. 显示所有轨迹:在轨迹上按右键,在弹出的菜单中选择显示。选择隐藏就可以隐藏轨迹。如图 6-17 所示。

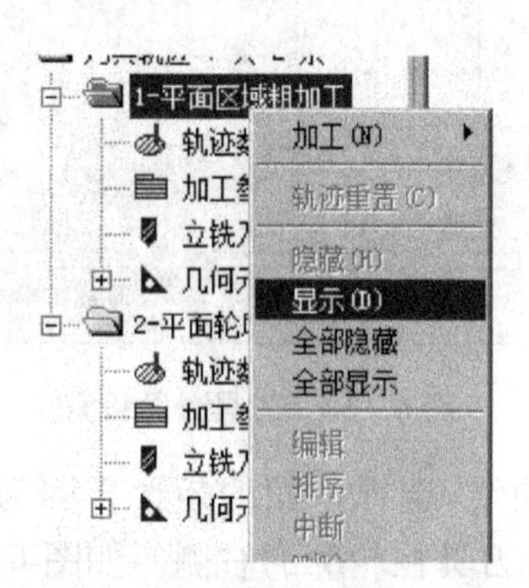

图 6-17　显示所有轨迹

2. 点击刀具轨迹,使所有轨迹都处于选中状态。如图 6-18 所示。

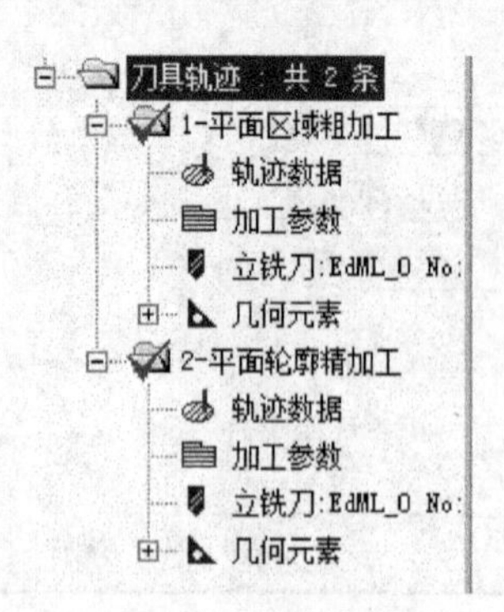

图 6-18　刀具轨迹

3. 菜单命令:“加工”—“实体仿真”,进入仿真界面。

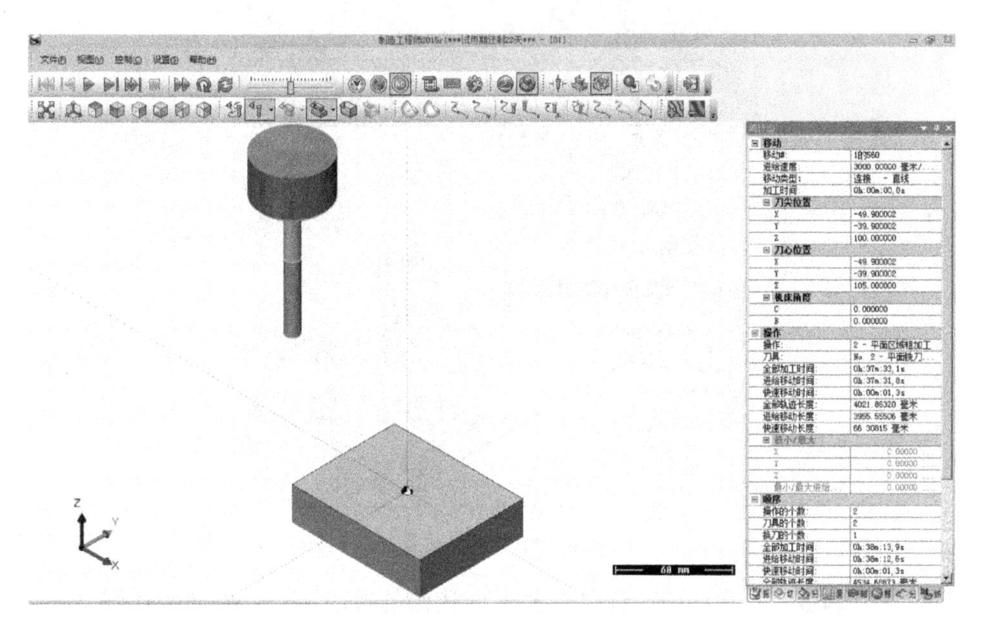

图 6-19　进入仿真界面

4. 菜单命令:“控制”—“运行”,仿真结束后,加工结果如图 6-20 所示。

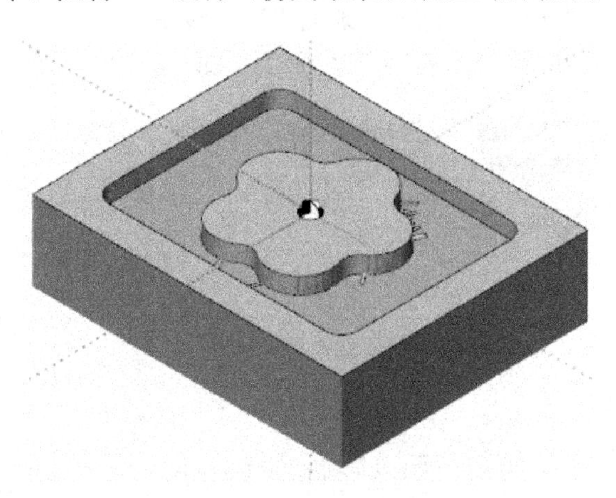

图 6-20　加工结果

5. 完成后,用菜单命令:“文件”—“退出”,返回到主界面。

(四) 生成 G 代码

1. 菜单命令:“加工”—“后置处理”—“生成 G 代码”。如图 6-21 所示。

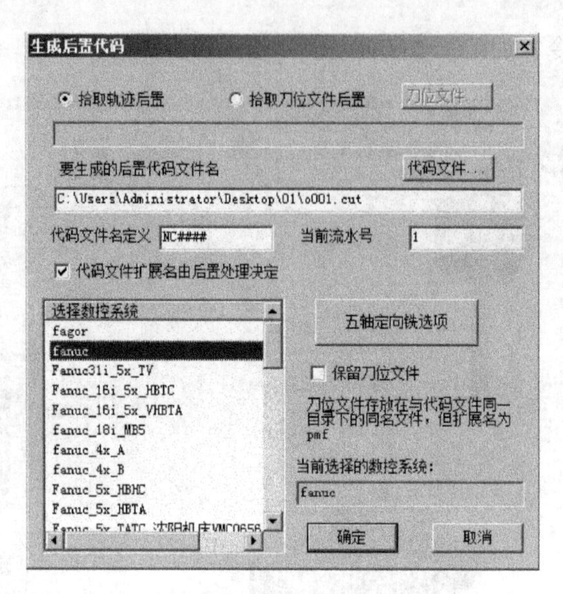

图 6-21　生成 G 代码

2. 按确定后，在绘图区选择要生成 G 代码的轨迹，确定，生成 G 代码。

3. 用同样的方法，生成另一个轨迹的 G 代码。

(五) 传送加工程序

1. 菜单命令："通信"—"标准本地通讯"—"设置"。

相关参数需与机床一致，否则无法通信。如图 6-22 所示。

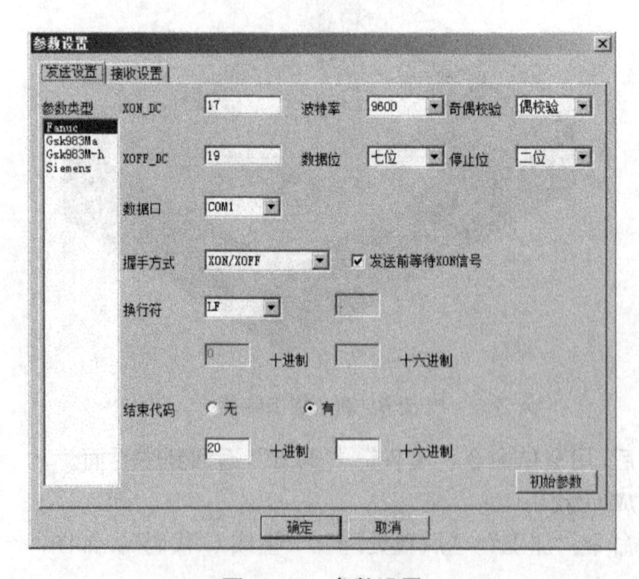

图 6-22　参数设置

2. 发送程序:菜单命令:“通信”—“标准本地通讯”—“发送”。如图 6－23 所示。

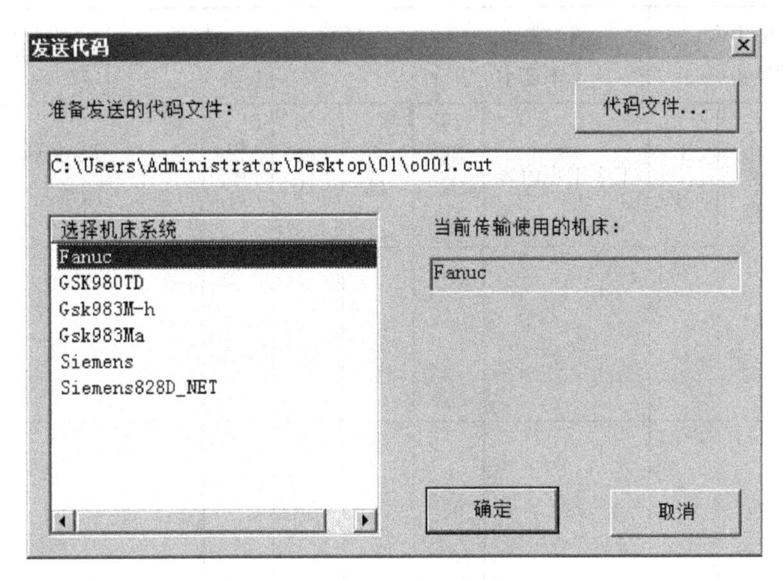

图 6－23　发送代码

选择代码文件,选择机床系统,按确定。

3. 传送。如图 6－24 所示。

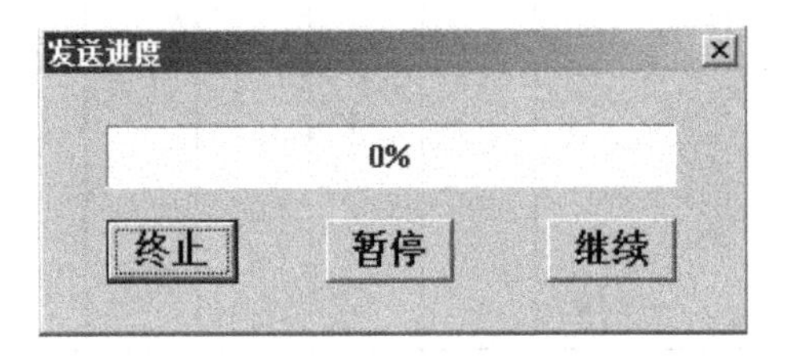

图 6－24　传送

4. 在机床上打开相应的程序,操作机床进行加工。

数控铣削加工工艺卡

<table>
<tr><td colspan="3" rowspan="2">松阳中专
学生实训</td><td colspan="2" rowspan="2">数控铣削加
工工艺卡</td><td colspan="2">零件号</td><td colspan="2">材料</td><td>毛坯尺寸</td></tr>
<tr><td colspan="2"></td><td colspan="2"></td><td></td></tr>
<tr><td>工序号</td><td>工序名称</td><td>工步号</td><td>工序工步内容</td><td>夹具</td><td>刀具</td><td>量具</td><td>程序号</td><td colspan="2">工艺简图
（画草图）</td></tr>
<tr><td></td><td></td><td></td><td></td><td></td><td></td><td></td><td></td><td colspan="2"></td></tr>
<tr><td></td><td></td><td></td><td></td><td></td><td></td><td></td><td></td><td colspan="2"></td></tr>
<tr><td></td><td></td><td></td><td></td><td></td><td></td><td></td><td></td><td colspan="2"></td></tr>
<tr><td></td><td></td><td></td><td></td><td></td><td></td><td></td><td></td><td colspan="2"></td></tr>
<tr><td></td><td></td><td></td><td></td><td></td><td></td><td></td><td></td><td colspan="2"></td></tr>
<tr><td></td><td></td><td></td><td></td><td></td><td></td><td></td><td></td><td colspan="2"></td></tr>
</table>

注：可另附页

学习记录页

一、相关知识记录：

二、操作过程记录：

综合评价表

总得分：________　　师傅：________　　评分教师：______

第______周　　周______　____午　　第______节

<table>
<tr><td colspan="7">任务名称：</td></tr>
<tr><td>评价项目</td><td colspan="2">评价标准</td><td>分值</td><td>自评</td><td>组评</td><td>师评</td></tr>
<tr><td rowspan="3">态度评价(30)</td><td colspan="2">实训纪律</td><td>10</td><td></td><td></td><td></td></tr>
<tr><td colspan="2">三检查(机器设备,工量具,毛坯)</td><td>10</td><td></td><td></td><td></td></tr>
<tr><td colspan="2">二整理(机器设备,工量具),一清扫</td><td>10</td><td></td><td></td><td></td></tr>
<tr><td rowspan="2">理论评价(30)</td><td colspan="2">工艺卡填写</td><td>20</td><td></td><td></td><td></td></tr>
<tr><td colspan="2">相关知识记录</td><td>10</td><td></td><td></td><td></td></tr>
<tr><td rowspan="10">操作评价
(核算分 40)</td><td rowspan="6">上机操作</td><td>图形绘制</td><td>4</td><td></td><td></td><td></td></tr>
<tr><td>毛坯设置</td><td>3</td><td></td><td></td><td></td></tr>
<tr><td>轨迹设置</td><td>6</td><td></td><td></td><td></td></tr>
<tr><td>仿真</td><td>2</td><td></td><td></td><td></td></tr>
<tr><td>生成 G 代码</td><td>2</td><td></td><td></td><td></td></tr>
<tr><td>程序传送</td><td>2</td><td></td><td></td><td></td></tr>
<tr><td rowspan="4">实际操作</td><td>对刀</td><td>3</td><td></td><td></td><td></td></tr>
<tr><td>调用程序</td><td>3</td><td></td><td></td><td></td></tr>
<tr><td>精度控制</td><td>4</td><td></td><td></td><td></td></tr>
<tr><td>工件测量</td><td>10</td><td></td><td></td><td></td></tr>
<tr><td>合计</td><td colspan="3">100</td><td></td><td></td><td></td></tr>
<tr><td>指导教师评语</td><td colspan="6">

本次实训等级(优良及)________　　指导教师签字</td></tr>
</table>

任务七　十字槽加工

一、任务内容

1. 零件图如图 7－1 所示。

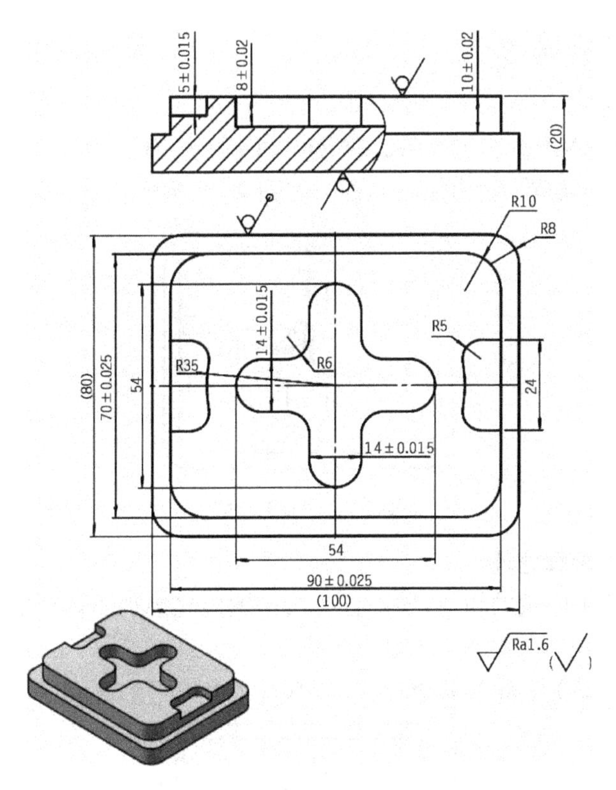

图 7－1　零件图

2. 任务要求：使用 CAXA 制造工程师完成任务对象的加工。

二、任务分析

本工件加工的是平底直壁的结构，这种类型的工件，在 CAXA 制造工程师中，不需要造型，使用空间轮廓曲线就可以完成加工。

三、知识要点

1. 图形的绘制
2. 毛坯的设置
3. 平面区域粗加工
4. 平面轮廓精加工
5. 仿真加工
6. 生成 G 代码
7. 传送程序

四、操作过程

(一) 画图

1. 打开 CAXA 制造工程师后,新建一个制造文件。
2. 根据图纸要求,画出加工轮廓。如图 7-2 所示。

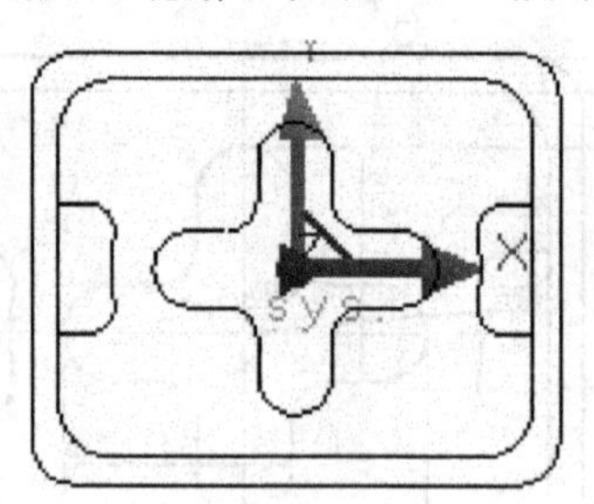

图 7-2　加工轮廓

(二) 加工轮廓处理

1. 右图所示区域的加工,如果直接按照图纸轮廓加工,则加工不完整,因此,需要进行适当的处理。
2. 处理后的加工轮廓如下图 7-3 所示。

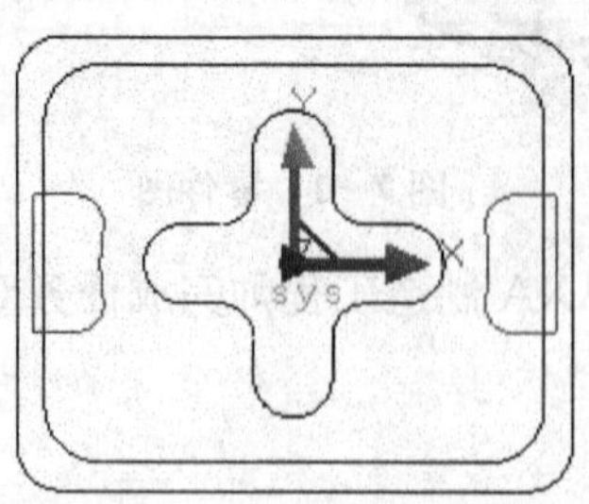

图 7-3　处理后的加工轮廓

(三) 创建加工轨迹

1. 设置毛坯。

(1) 切换到轨迹管理。如图 7 - 4 所示。

图 7 - 4　轨迹管理

(2) 双击毛坯,进行设置。如图 7 - 5 所示。

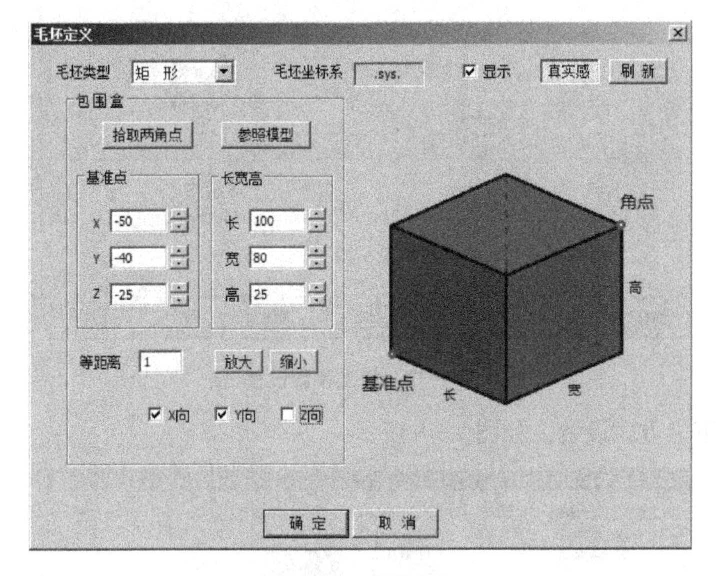

图 7 - 5　毛坯定义

(3) 按 F8 切换到等轴测。如图 7 - 6 所示。

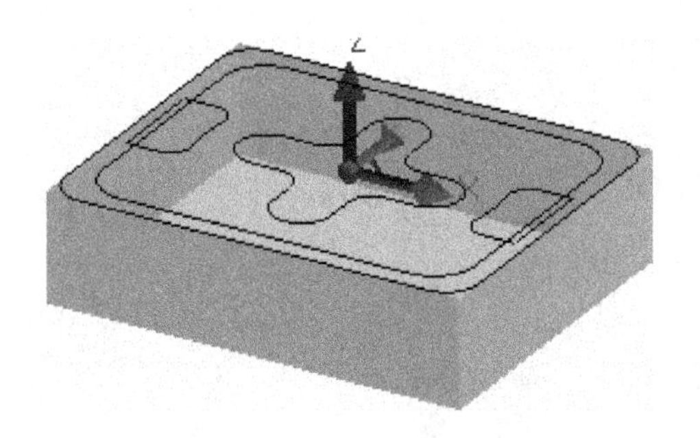

图 7 - 6　等轴测

2. 创建加工轨迹。

(1) 使用菜单命令:“加工”—“常用加工”—“平面轮廓精加工”。

(a) 加工参数的设置。如图 7-7 所示。

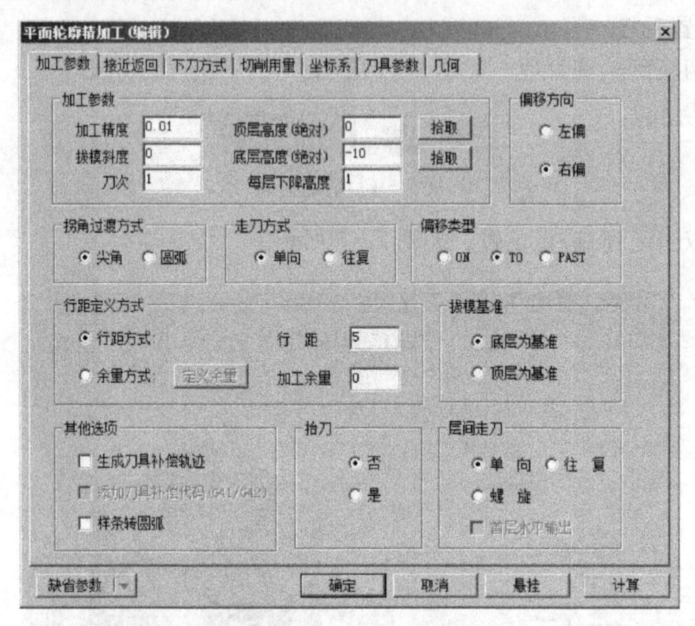

图 7-7　加工参数设置

(b) 下刀方式设置。如图 7-8 所示。

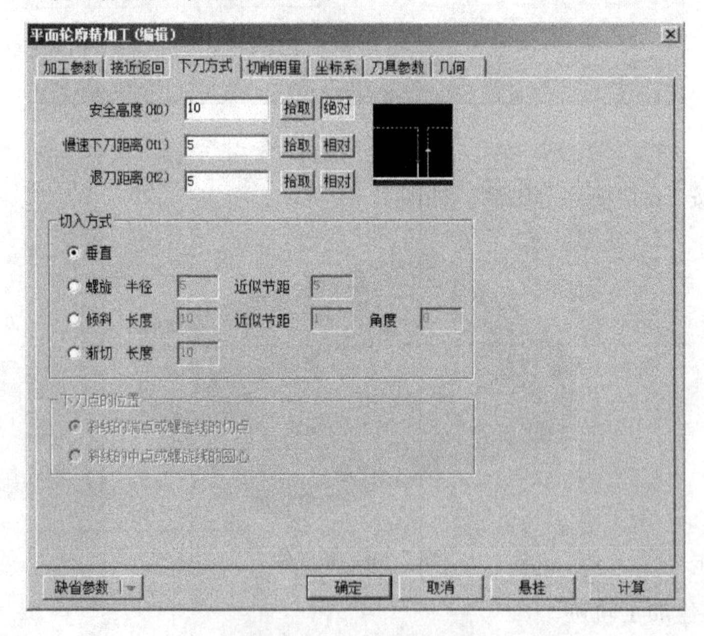

图 7-8　下刀方式设置

(c) 切削用量设置:参照机床及刀具和加工材料,自行设置。

(d) 刀具参数设置。如图 7 - 9 所示。

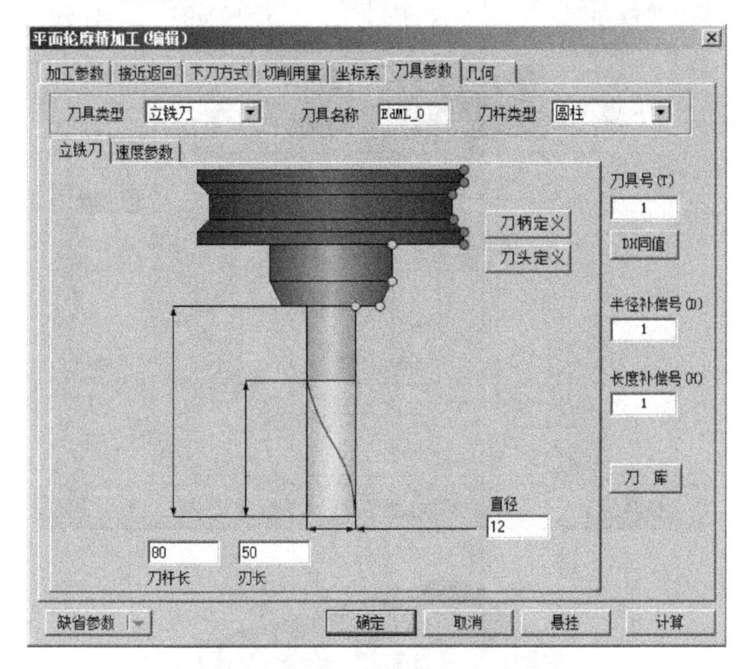

图 7 - 9　刀具参数设置

(e) 几何设置:轮廓曲线,选择 90×70 的矩形。注意轮廓的方向。

(2) 完成后,生成的加工轨迹如图 7 - 10 所示。

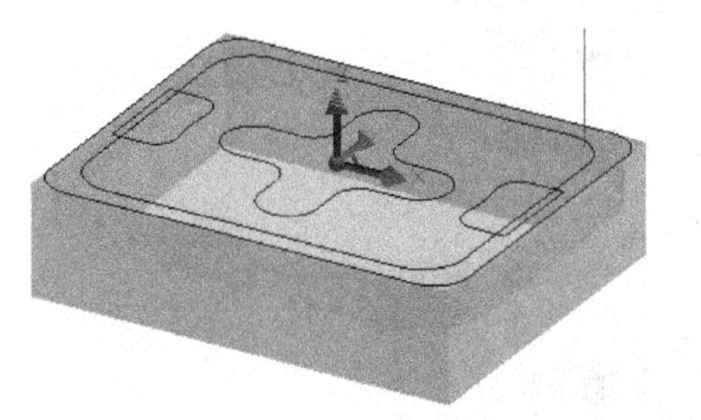

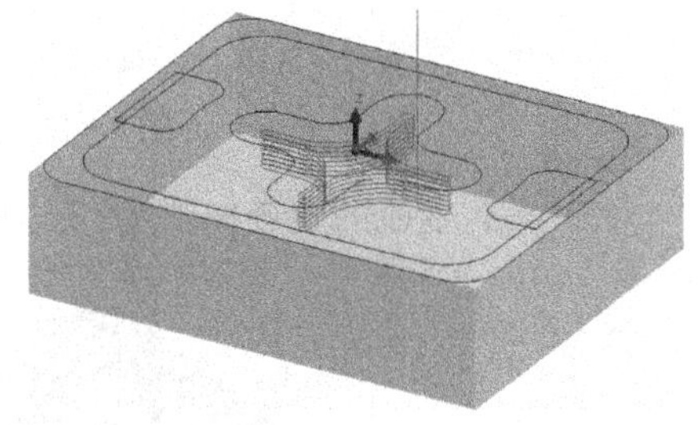

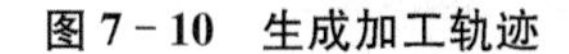

图 7 - 10　生成加工轨迹

图 7 - 11　加工十字凹槽

(3) 用同样的方法加工中间的十字凹槽(注意加工的深度)。如图 7 - 11 所示。

(4) 用同样的方法加工两侧的凹槽(使用 D10 以内的刀具,注意加工的深度)。如图 7 - 12 所示。

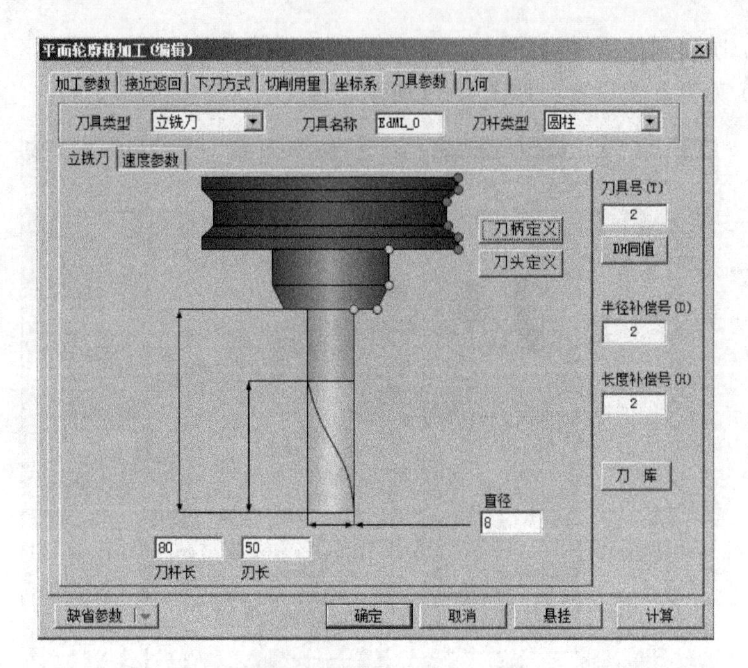

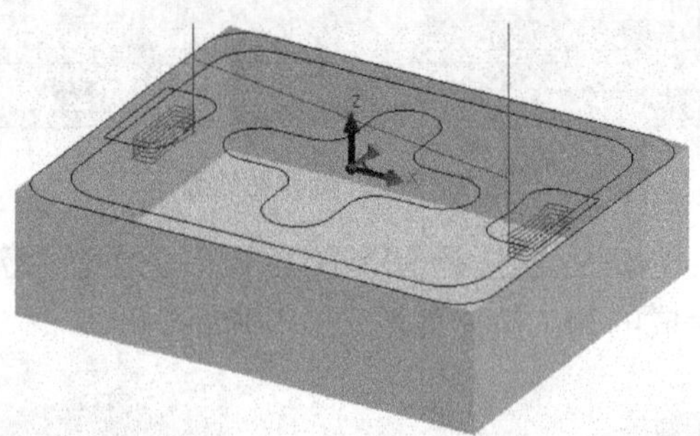

图 7-12 加工两侧凹槽

(5) 所有生成的轨迹如图 7-13 所示。

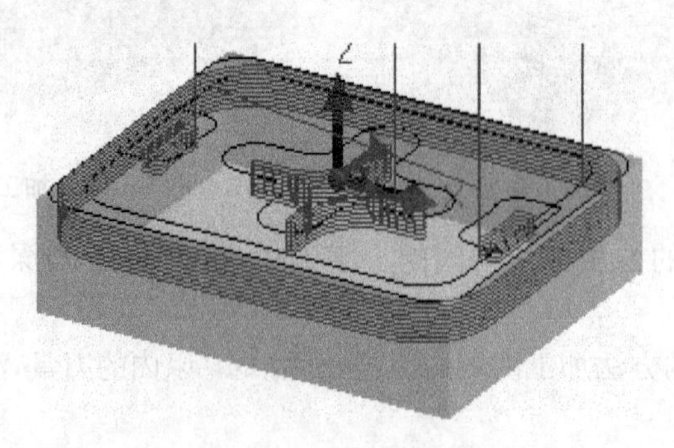

图 7-13 生成轨迹

(四) 轨迹仿真加工

1. 显示所有轨迹:在轨迹上按右键,在弹出的菜单中选择显示。选择隐藏就可以隐藏轨迹。如图 7 - 14 所示。

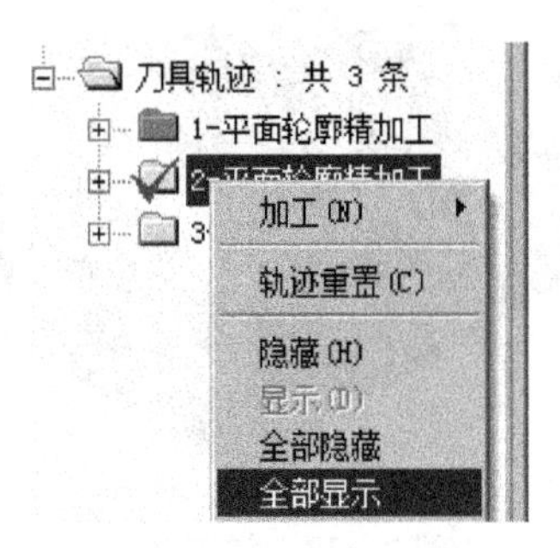

图 7 - 14　显示所有轨迹

2. 点击刀具轨迹,使所有轨迹都处于选中状态。如图 7 - 15 所示。

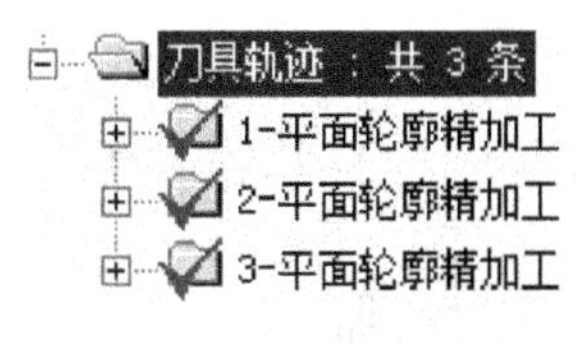

图 7 - 15　刀具轨迹

3. 菜单命令:"加工"—"实体仿真",进入仿真界面。如图 7 - 16 所示。

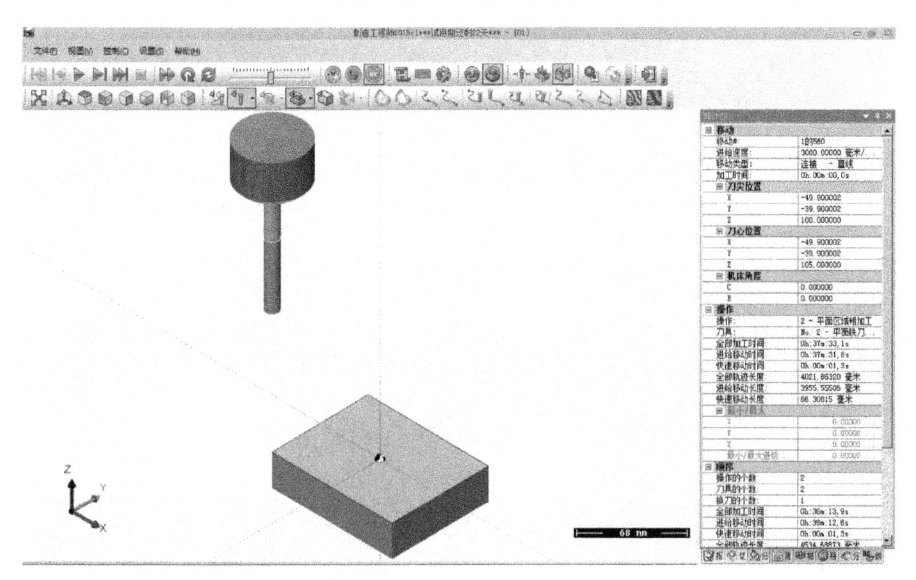

图 7 - 16　进入仿真界面

4. 菜单命令:“控制”—“运行”,仿真结束后,加工结果如图 7 - 17 所示。

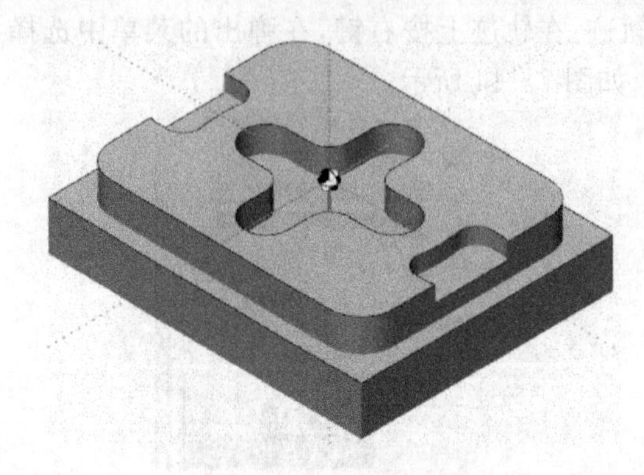

图 7 - 17　加工结果

5. 完成后,用菜单命令:“文件”—“退出”,返回到主界面。

(五) 生成 G 代码

1. 菜单命令:“加工”—“后置处理”—“生成 G 代码”。

2. 为每一个轨迹分别生成一个 G 代码文件。

(六) 传送加工程序

把 G 代码文件传送到机床进行加工。

数控铣削加工工艺卡

<table>
<tr><td rowspan="2">松阳中专
学生实训</td><td rowspan="2">数控铣削加
工工艺卡</td><td>零件号</td><td>材料</td><td>毛坯尺寸</td></tr>
<tr><td></td><td></td><td></td></tr>
</table>

工序号	工序名称	工步号	工序工步内容	夹具	刀具	量具	程序号	工艺简图（画草图）

注：可另附页

学习记录页

一、相关知识记录：

二、操作过程记录：

综合评价表

总得分:________　　师傅:________　　评分教师:______

第______周　　周______　____午　　第______节

任务名称:						
评价项目	评价标准		分值	自评	组评	师评
态度评价(30)	实训纪律		10			
	三检查(机器设备,工量具,毛坯)		10			
	二整理(机器设备,工量具),一清扫		10			
理论评价(30)	工艺卡填写		20			
	相关知识记录		10			
操作评价(核算分40)	上机操作	图形绘制	4			
		毛坯设置	3			
		轨迹设置	6			
		仿真	2			
		生成G代码	2			
		程序传送	2			
	实际操作	对刀	3			
		调用程序	3			
		精度控制	4			
		工件测量	10			
合计	100					
指导教师评语	本次实训等级(优良及)________　　指导教师签字					

任务八　五角星加工

一、任务内容

1. 零件图如图 8－1 所示。

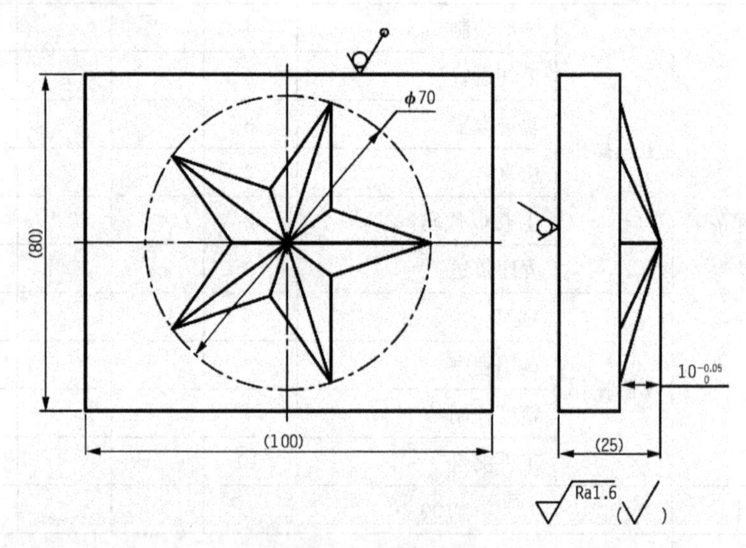

图 8－1　零件图

2. 任务要求:使用 CAXA 制造工程师完成任务对象的加工。

二、任务分析

本工件的加工带有斜面,这种类型的工件,在 CAXA 制造工程师中,需要做出零件的三维模型,才可以加工。为了节省时间,我们已经做好了模型,大家可以直接导入模型进行加工。

三、知识要点

1. 导入模型

2. 毛坯的设置
3. 扫描线加工
4. 等高线精加工
5. 仿真加工
6. 生成G代码
7. 传送程序

四、操作过程

(一) 画图

1. 打开CAXA制造工程师后,新建一个制造文件。
2. 导入零件。如图8-2所示。

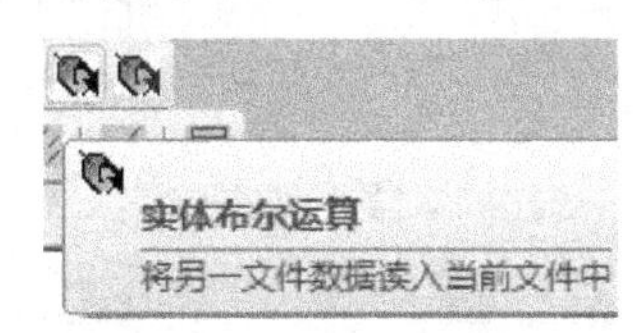

图8-2 导入零件

3. 弹出窗口,选择文件(支持 *.X_T, *.X_B, *.IGS等格式)。如图8-3所示。

图8-3 选择文件

4. 布尔运算方式为并集,然后再点击坐标原点。如图 8－4 所示。

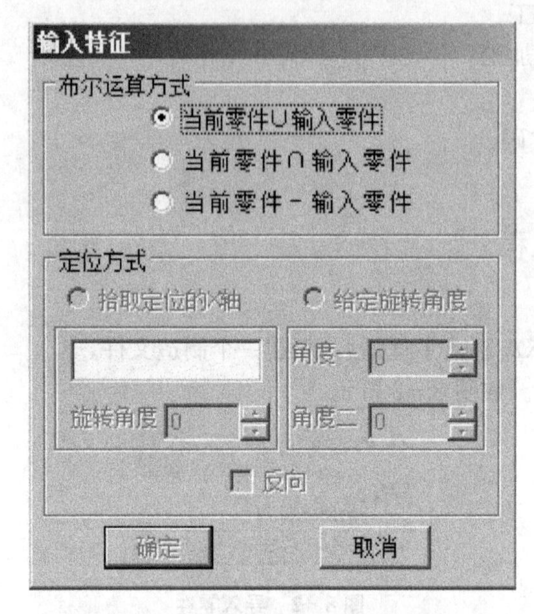

图 8－4 输入特征—布尔运算方式

5. 设定定位方式,然后点击确定。如图 8－5 所示。

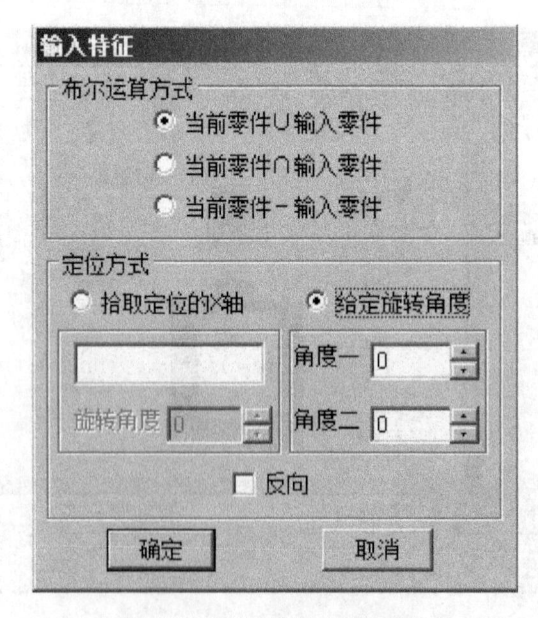

图 8－5 输入特征—定位方式

6. 导入的模型如图 8 - 6 所示。

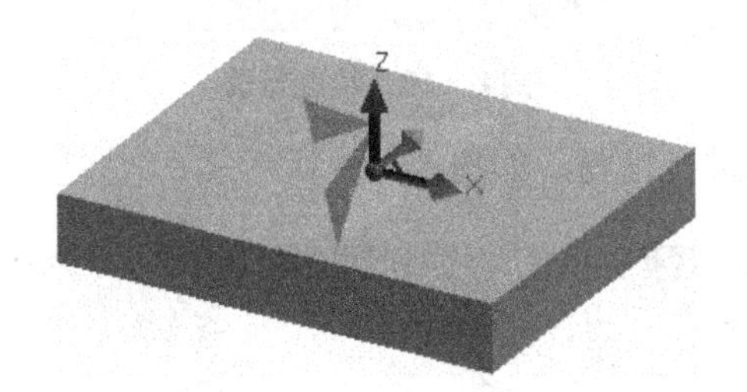

图 8 - 6　导入模型

(二) 加工轮廓处理

1. 提取加工轮廓。如图 8 - 7 所示。

图 8 - 7　提取加工轮廓

2. 设置为实体边界。如图 8 - 8 所示。

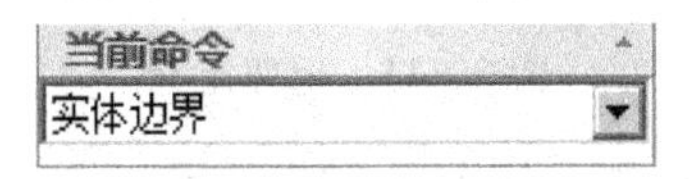

图 8 - 8　设置实体边界

3. 把零件的加工边界提取出来。如图 8 - 9 所示。

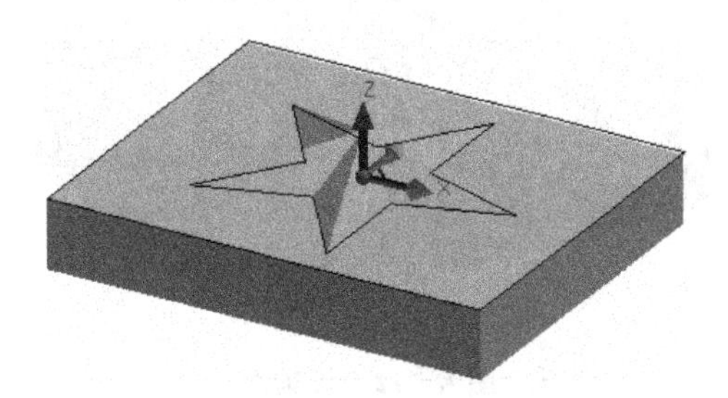

图 8 - 9　提取加工边界

(三) 创建加工轨迹

1. 设置毛坯。

(1) 切换到轨迹管理。如图 8 - 10 所示。

特征… 轨迹… 属性… 命令行

图 8-10　轨迹管理

(2) 双击毛坯,进行设置。如图 8-11 所示。

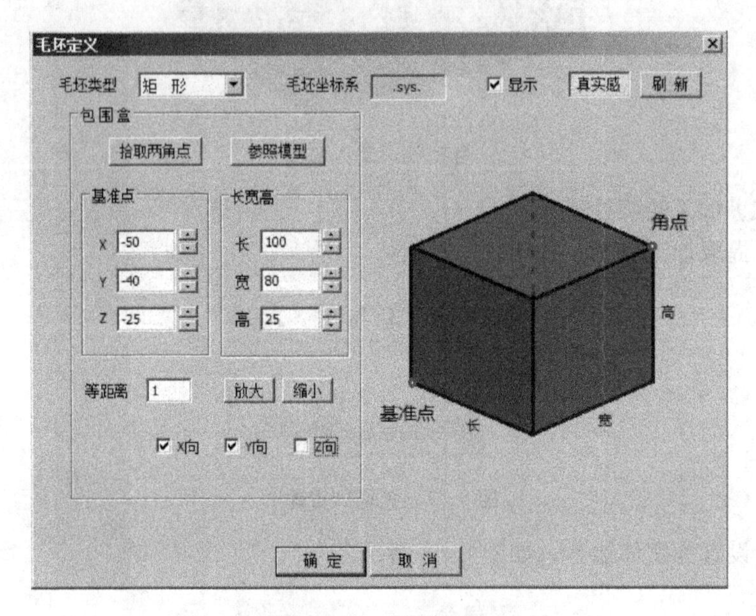

图 8-11　毛坯定义

(3) 按 F8 切换到等轴测。如图 8-12 所示。

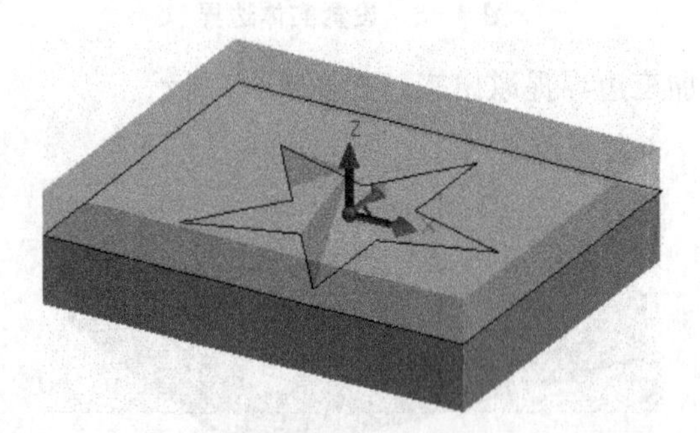

图 8-12　等轴测

2. 创建加工轨迹。

(1) 外形的加工。

(a) 使用菜单命令:“加工”—“常用加工”—“平面区域粗加工”。

(b) 加工参数的设置。如图 8-13 所示。

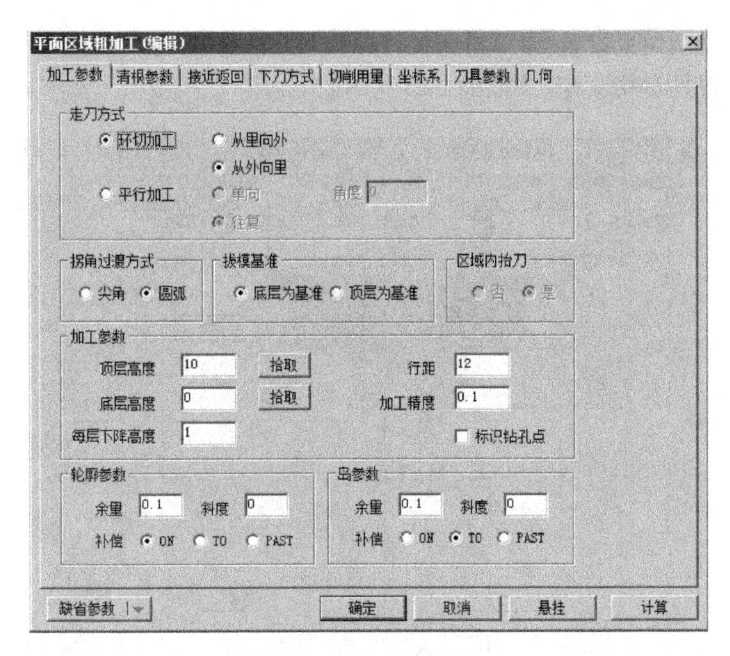

图 8-13　加工参数设置

(c) 清根参数设置。如图 8-14 所示。

图 8-14　清根参数设置

(d) 切削用量设置:参照机床及刀具和加工材料,自行设置。

(e) 刀具参数设置。如图 8-15 所示。

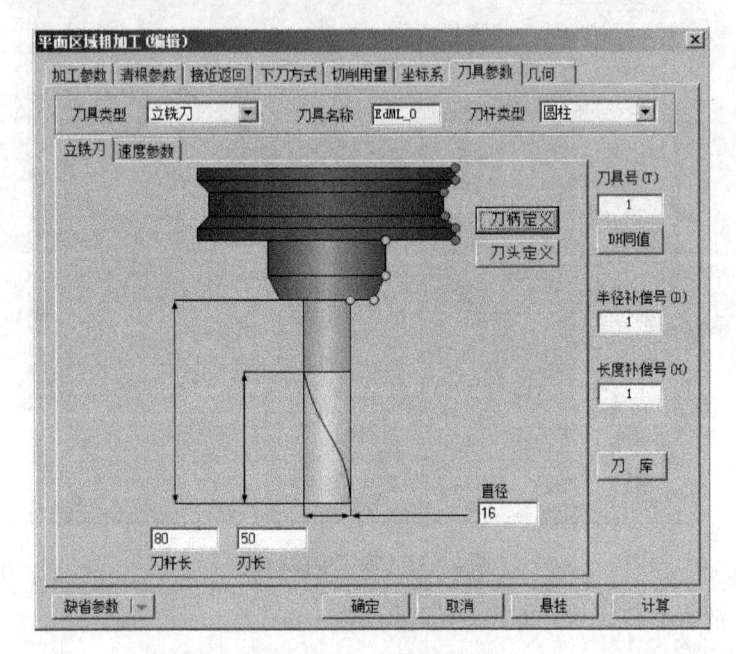

图 8-15 刀具参数设置

(f) 几何设置:轮廓曲线,选择外面的矩形;岛屿曲线,选择五角星轮廓。

(g) 完成后,生成的加工轨迹如图 8-16 所示。

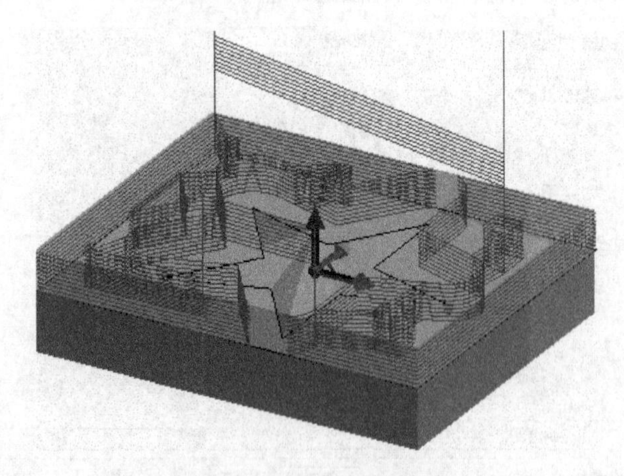

图 8-16 生成加工轨迹

(2) 五角星表面粗加工。

(a) 使用菜单命令:“加工”—“常用加工”—“扫描线精加工”。

(b) 加工参数设置。如图 8－17 所示。

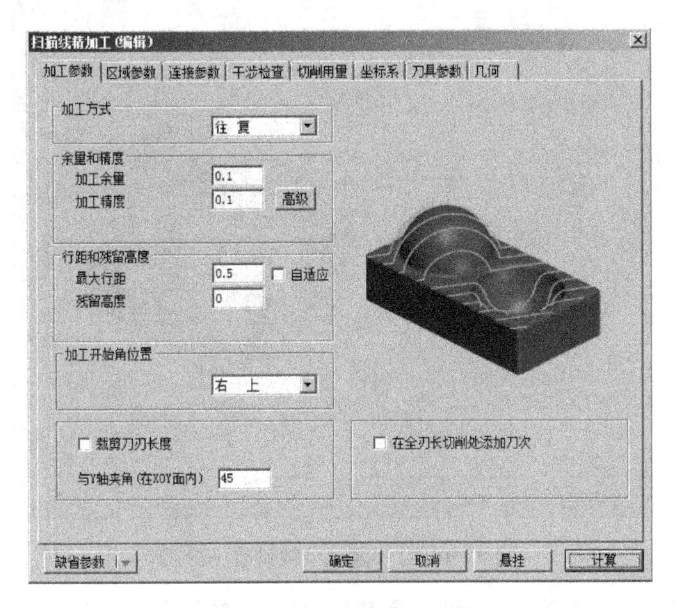

图 8－17　加工参数设置

(c) 区域参数设置。如图 8－18 所示。

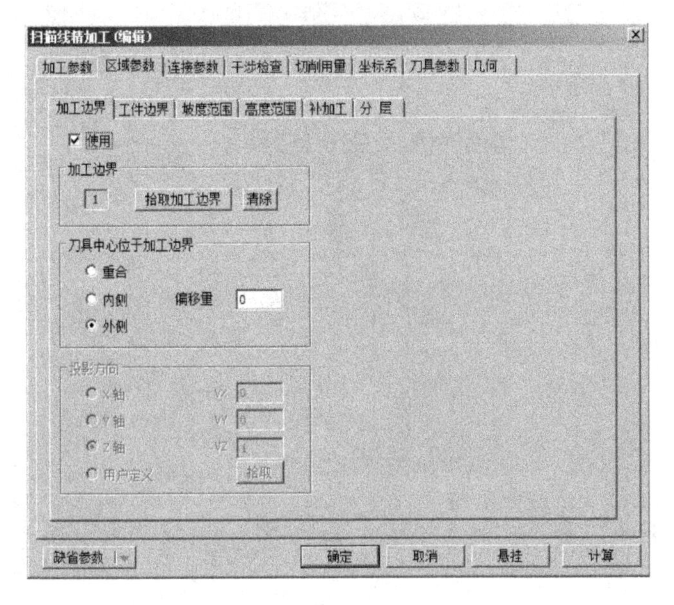

图 8－18(a)　区域参数设置—加工边界

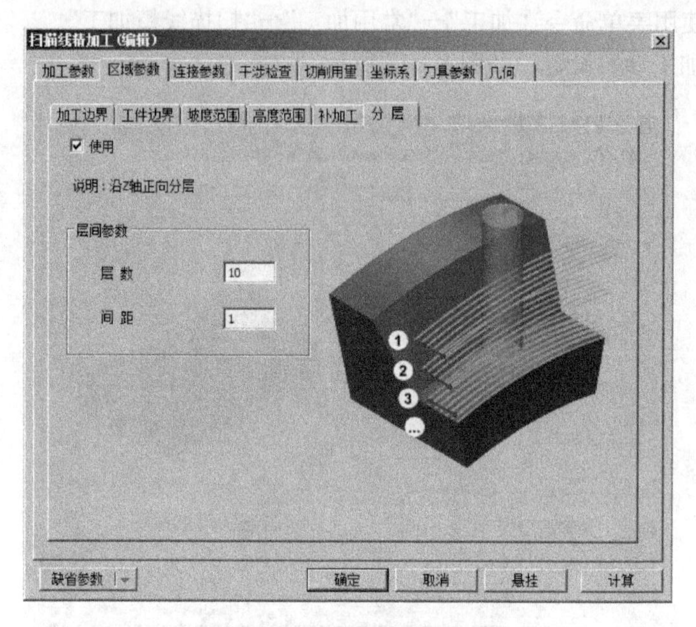

图 8-18(b) 区域参数设置—分层

(d) 切削用量设置:参照机床及刀具和加工材料,自行设置。

(e) 刀具参数设置。如图 8-19 所示。

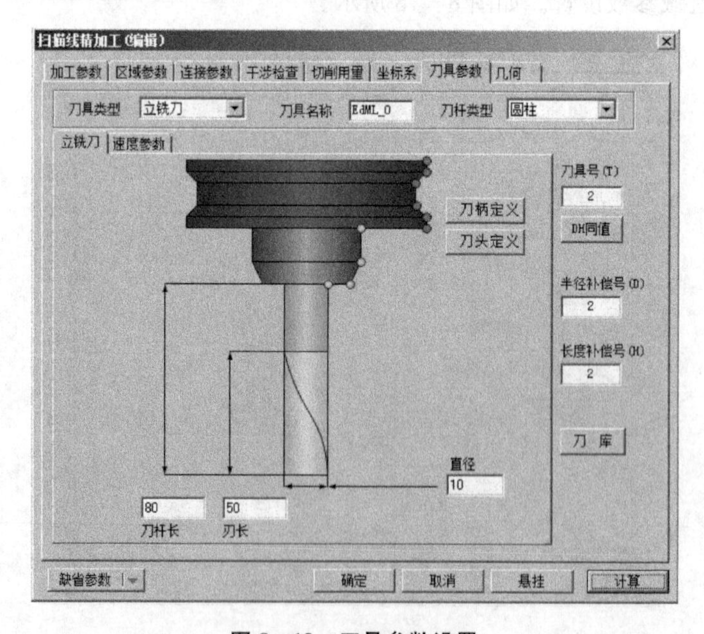

图 8-19 刀具参数设置

(f) 几何设置 选择五角星的表面。

(g) 完成后,生成的加工轨迹如图 8－20 所示。

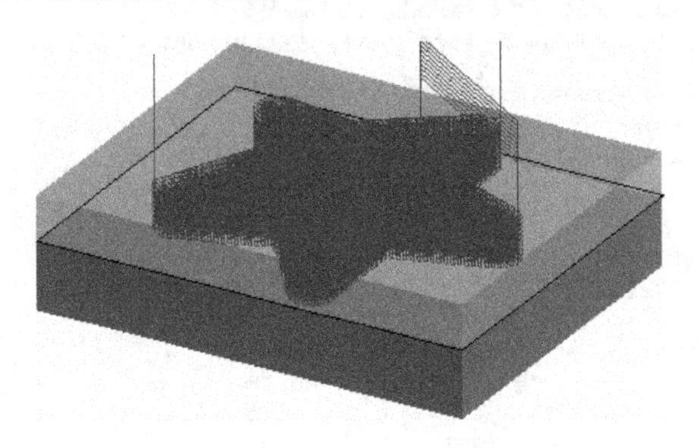

图 8－20　生成加工轨迹

(3) 五角星表面精加工。

(a) 使用菜单命令:“加工”—“常用加工”—“等高线精加工”。

(b) 加工参数设置。如图 8－21 所示。

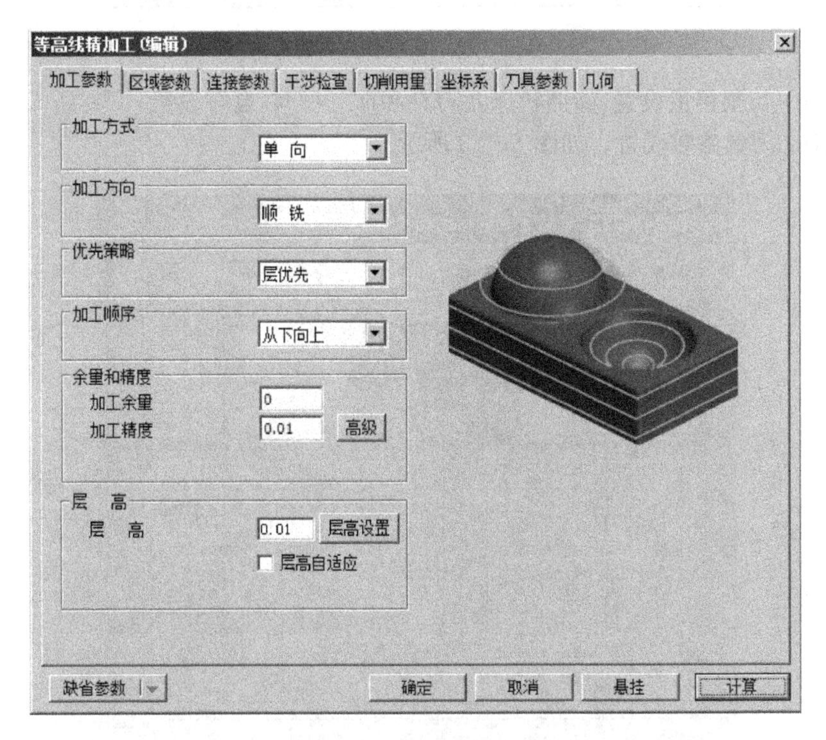

图 8－21　加工参数设置

(c) 区域参数设置。如图 8-22 所示。

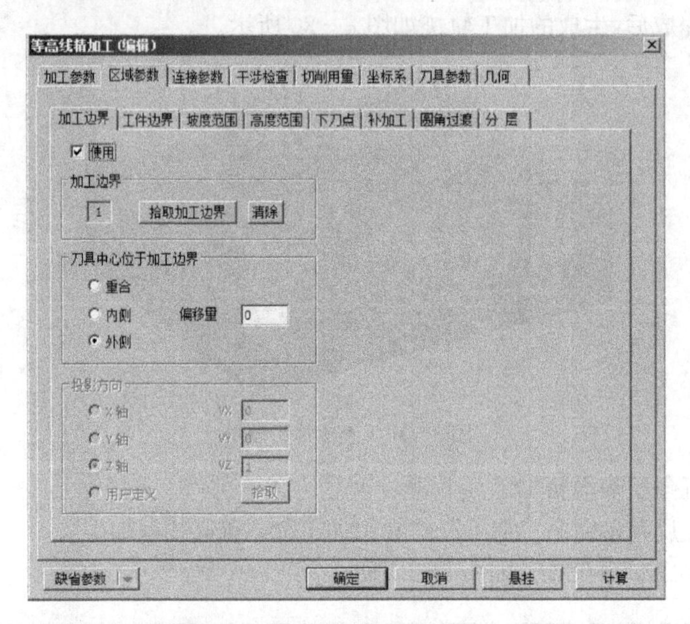

图 8-22 区域参数设置

(d) 切削用量设置:参照机床及刀具和加工材料,自行设置。

(e) 刀具参数设置。如图 8-23 所示。

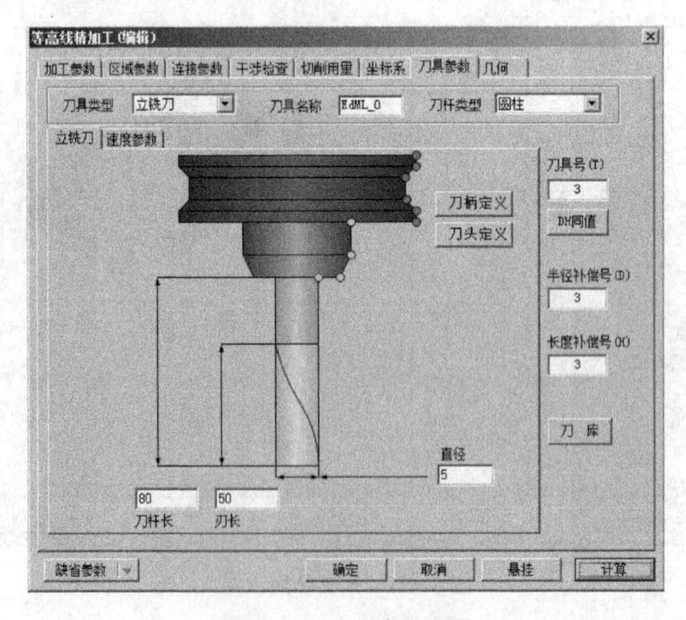

图 8-23 刀具参数设置

(f) 几何设置。

加工曲面为五角星的表面。

(g) 完成后,生成的加工轨迹如图 8－24 所示。

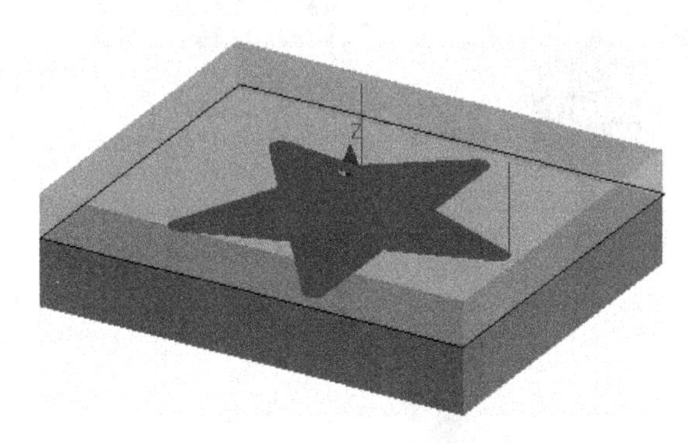

图 8－24　生成加工轨迹

(4) 所有生成的轨迹如图 8－25 所示。

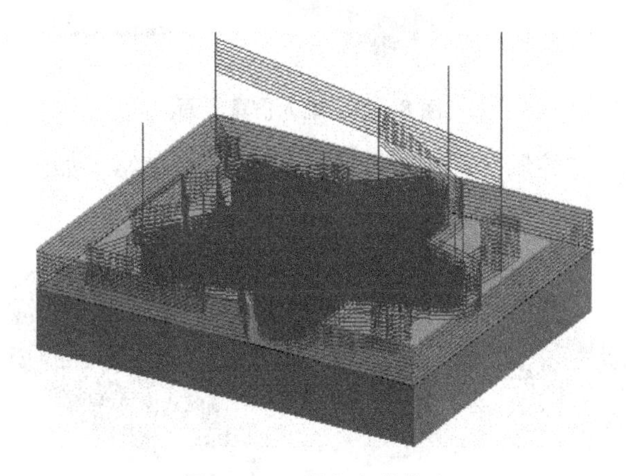

图 8－25　所有生成轨迹

(四) 轨迹仿真加工

1. 点击刀具轨迹,使所有轨迹都处于选中状态。如图 8－26 所示。

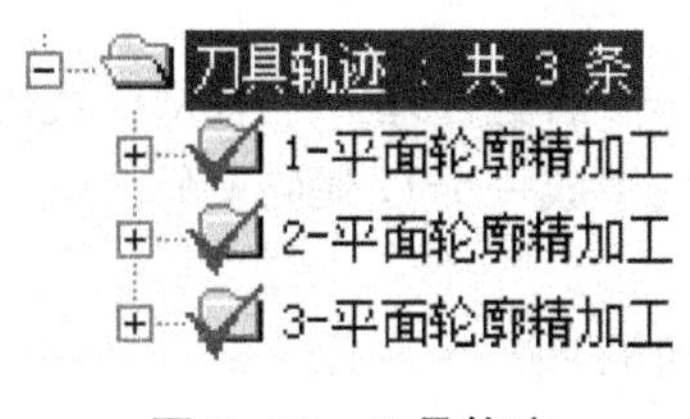

图 8－26　刀具轨迹

2. 菜单命令:"加工"—"实体仿真",进入仿真界面。如图 8-27 所示。

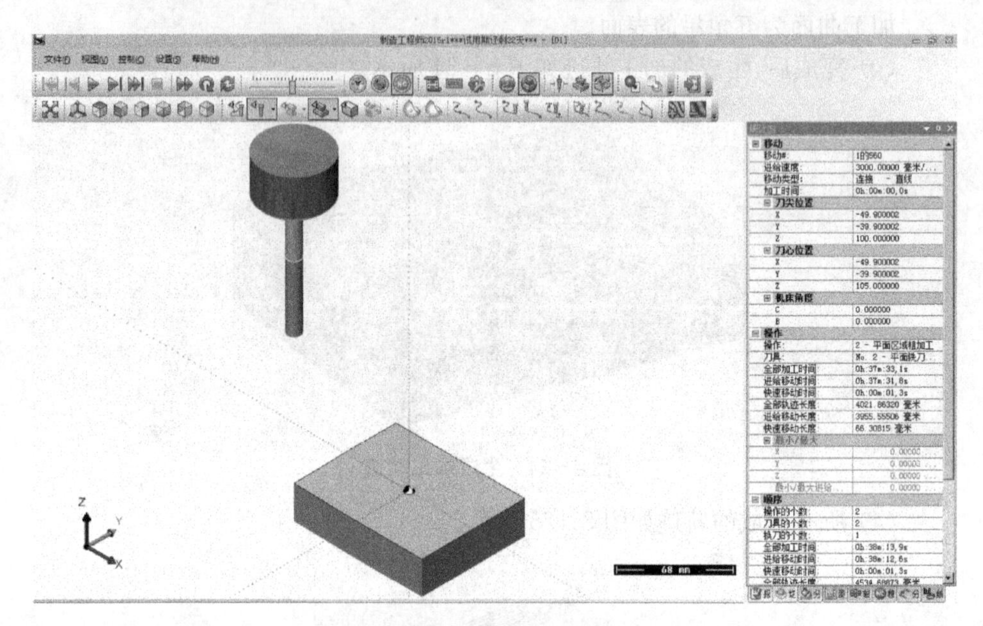

图 8-27　进入仿真界面

3. 菜单命令:"控制"—"运行",仿真结束后,加工结果如图 8-28 所示。

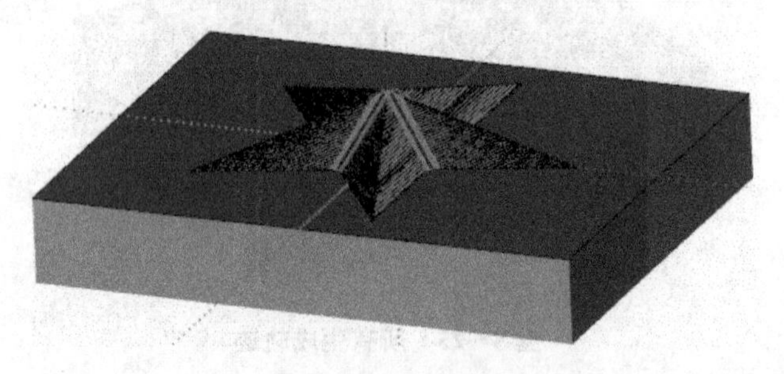

图 8-28　加工结果

4. 完成后,用菜单命令:"文件"—"退出",返回到主界面。

(五) 生成 G 代码

1. 菜单命令:"加工"—"后置处理"—"生成 G 代码"。

2. 为每一个轨迹分别生成一个 G 代码文件。

(六) 传送加工程序

把 G 代码文件传送到机床进行加工。

数控铣削加工工艺卡

<table>
<tr><td rowspan="2">松阳中专
学生实训</td><td rowspan="2">数控铣削加
工工艺卡</td><td>零件号</td><td>材料</td><td>毛坯尺寸</td></tr>
<tr><td></td><td></td><td></td></tr>
</table>

工序号	工序名称	工步号	工序工步内容	夹具	刀具	量具	程序号	工艺简图（画草图）

注：可另附页

学习记录页

一、相关知识记录：

二、操作过程记录：

综合评价表

总得分:________　　师傅:________　　评分教师:______

第______周　　周______　____午　　第______节

<table>
<tr><td colspan="7">任务名称:</td></tr>
<tr><td>评价项目</td><td colspan="2">评价标准</td><td>分值</td><td>自评</td><td>组评</td><td>师评</td></tr>
<tr><td rowspan="3">态度评价(30)</td><td colspan="2">实训纪律</td><td>10</td><td></td><td></td><td></td></tr>
<tr><td colspan="2">三检查(机器设备,工量具,毛坯)</td><td>10</td><td></td><td></td><td></td></tr>
<tr><td colspan="2">二整理(机器设备,工量具),一清扫</td><td>10</td><td></td><td></td><td></td></tr>
<tr><td rowspan="2">理论评价(30)</td><td colspan="2">工艺卡填写</td><td>20</td><td></td><td></td><td></td></tr>
<tr><td colspan="2">相关知识记录</td><td>10</td><td></td><td></td><td></td></tr>
<tr><td rowspan="10">操作评价
(核算分 40)</td><td rowspan="6">上机操作</td><td>图形绘制</td><td>4</td><td></td><td></td><td></td></tr>
<tr><td>毛坯设置</td><td>3</td><td></td><td></td><td></td></tr>
<tr><td>轨迹设置</td><td>6</td><td></td><td></td><td></td></tr>
<tr><td>仿真</td><td>2</td><td></td><td></td><td></td></tr>
<tr><td>生成 G 代码</td><td>2</td><td></td><td></td><td></td></tr>
<tr><td>程序传送</td><td>2</td><td></td><td></td><td></td></tr>
<tr><td rowspan="4">实际操作</td><td>对刀</td><td>3</td><td></td><td></td><td></td></tr>
<tr><td>调用程序</td><td>3</td><td></td><td></td><td></td></tr>
<tr><td>精度控制</td><td>4</td><td></td><td></td><td></td></tr>
<tr><td>工件测量</td><td>10</td><td></td><td></td><td></td></tr>
<tr><td>合计</td><td colspan="3">100</td><td></td><td></td><td></td></tr>
<tr><td>指导教师评语</td><td colspan="6">本次实训等级(优良及)________　指导教师签字</td></tr>
</table>

任务九　曲面槽加工

一、任务内容

1. 零件图如图 9-1 所示。

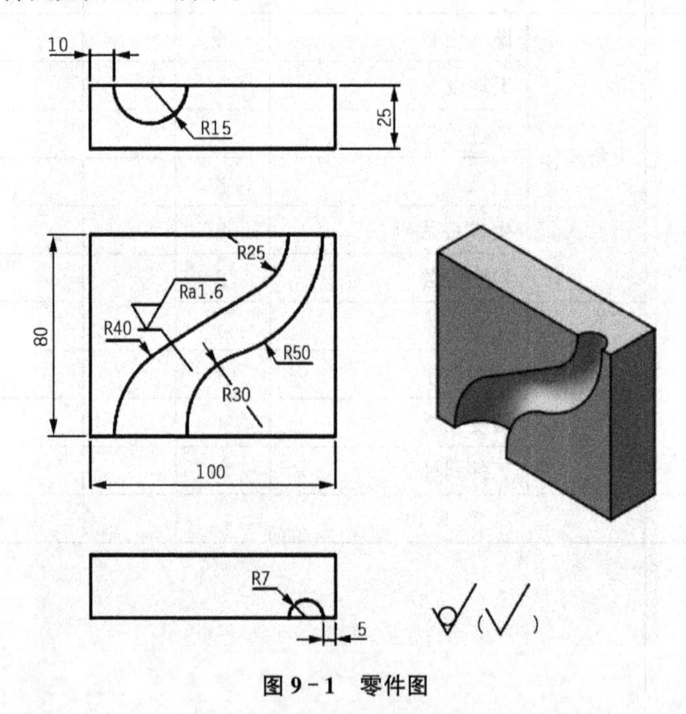

图 9-1　零件图

2. 任务要求：使用 CAXA 制造工程师完成任务对象的加工。

二、任务分析

本工件加工的是曲面，这种类型的工件，在 CAXA 制造工程师中，需要做出零件的三维模型，才可以加工。为了节省时间，我们已经做好了模型，大家可以直接导入模型进行加工。

三、知识要点

1. 导入模型
2. 参数线加工

四、操作过程

(一) 画图

1. 打开 CAXA 制造工程师后,新建一个制造文件。
2. 导入零件。如图 9-2 所示。

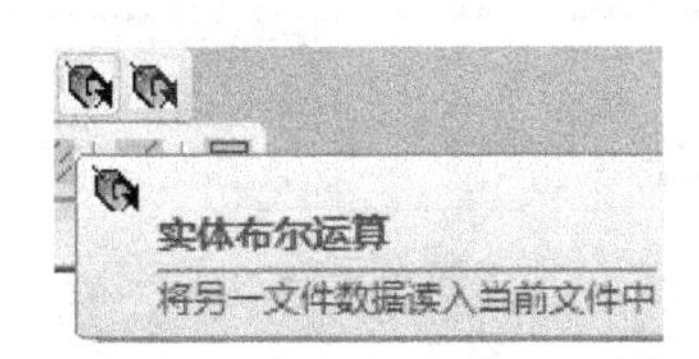

图 9-2 导入零件

3. 弹出窗口,选择文件(支持 *.X_T, *.X_B, *.IGS 等格式)。如图9-3所示。

图 9-3 选择文件

4. 布尔运算方式为并集,然后再点击坐标原点。如图 9-4 所示。

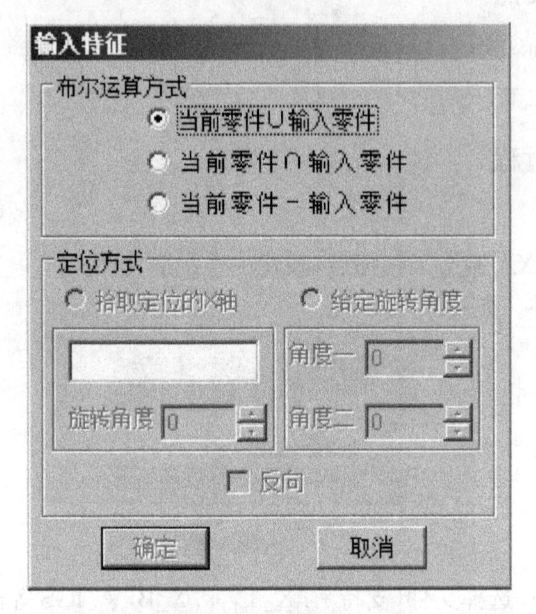

图 9-4 设置布尔运算方式

5. 设定定位方式,然后点击确定。如图 9-5 所示。

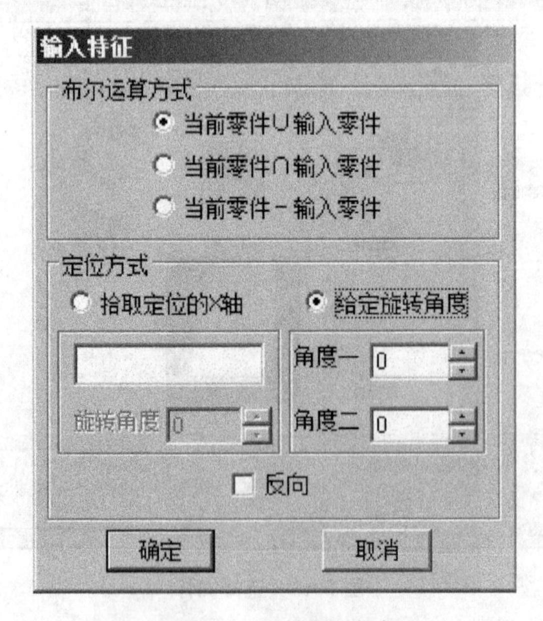

图 9-5 设定定位方式

6. 导入的模型。如图 9 - 6 所示。

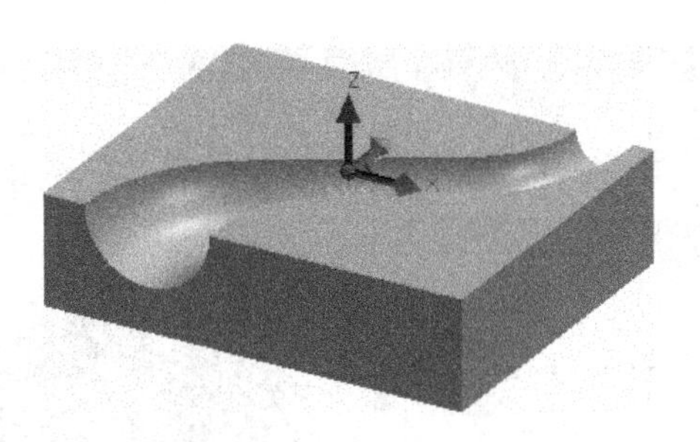

图 9 - 6　导入的模型

(二) 加工轮廓处理

1. 提取加工轮廓。如图 9 - 7 所示。
2. 设置为实体边界。如图 9 - 8 所示。

图 9 - 7　提取加工轮廓

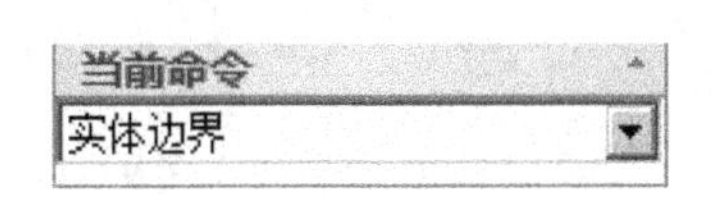

图 9 - 8　设置为实体边界

3. 把零件的加工边界提取出来。如图 9 - 9 所示。

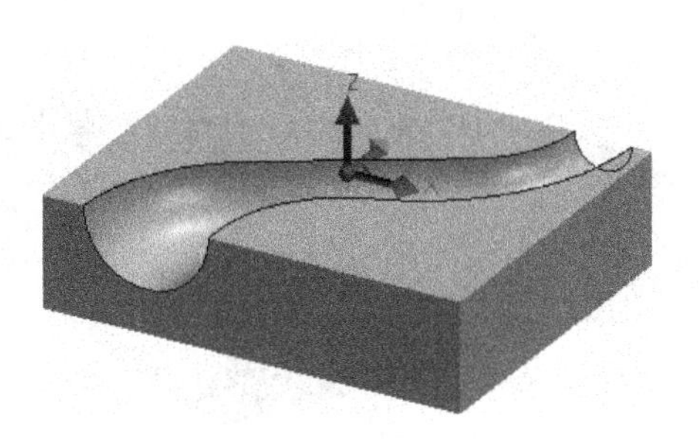

图 9 - 9　提取加工边界

(三) 创建加工轨迹

1. 设置毛坯。

(1) 切换到轨迹管理。如图 9 - 10 所示。

图 9 - 10　轨迹管理

(2) 双击毛坯,进行设置。如图 9－11 所示。

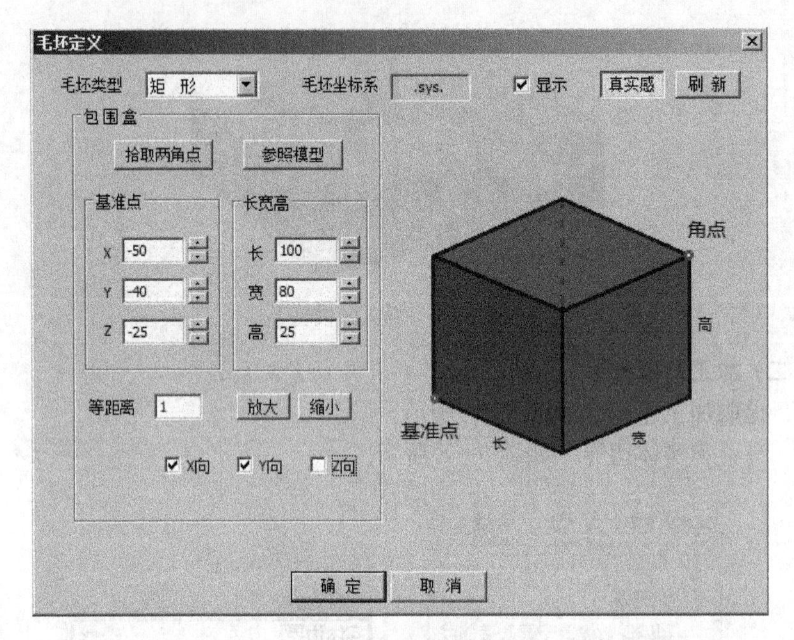

图 9－11　毛坯定义

(3) 按 F8 切换到等轴测。如图 9－12 所示。

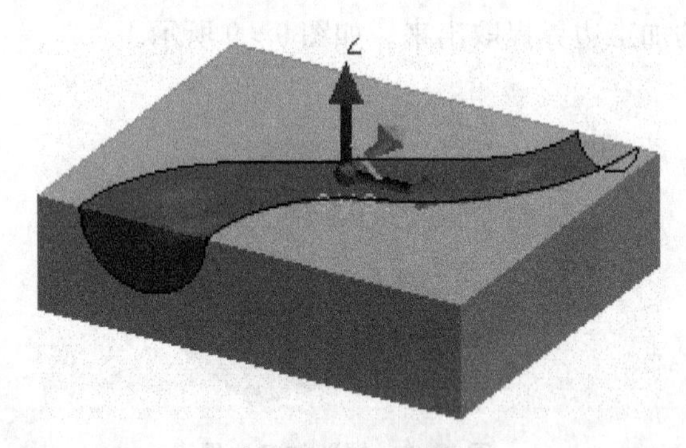

图 9－12　等轴测

2. 创建加工轨迹。

(1) 扫描线粗加工。

(a) 使用菜单命令:“加工”—“常用加工”—“扫描线精加工”。

(b) 加工参数的设置。如图 9－13 所示。

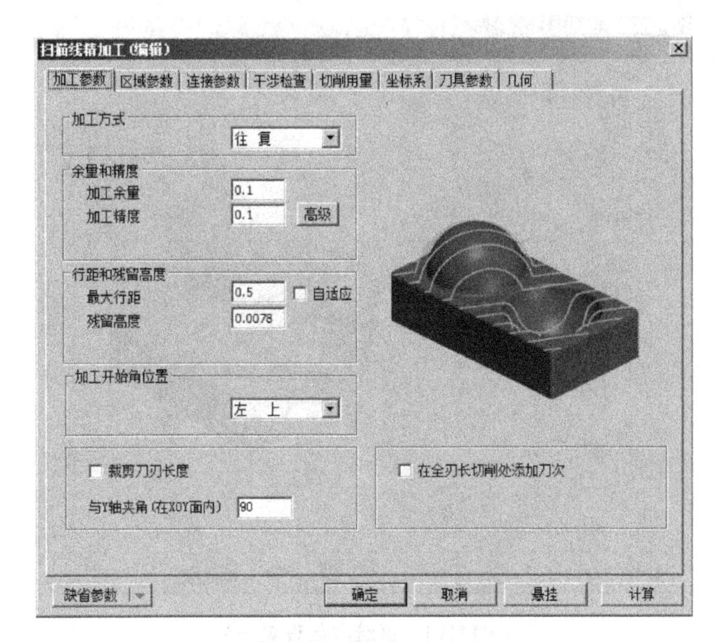

图 9－13　加工参数设置

(c) 区域参数的设置。如图 9－14 所示。

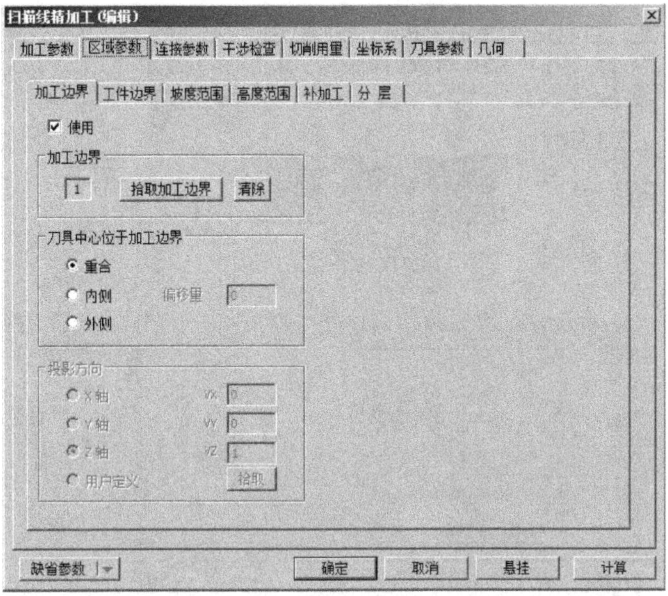

图 9－14(a)　**区域参数设置—加工边界**

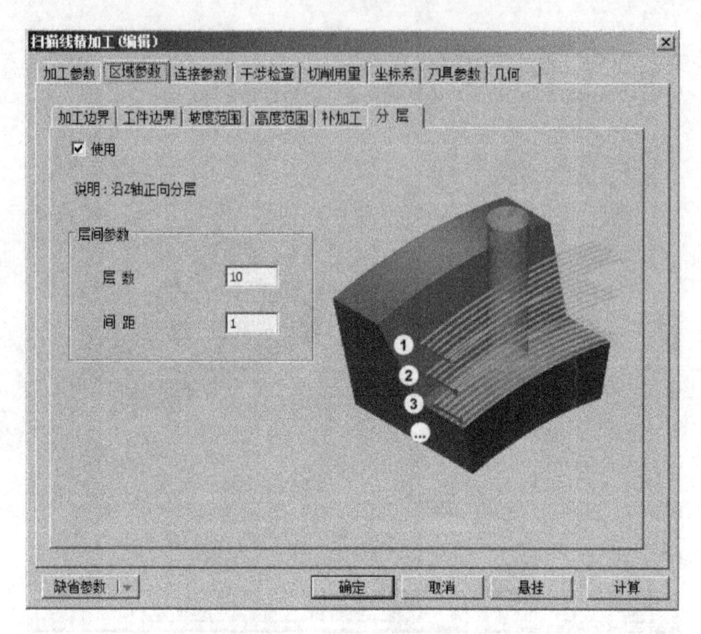

图 9－14(b)　区域参数设置—分层

(d) 切削用量设置:参照机床及刀具和加工材料,自行设置。

(e) 刀具参数设置。如图 9－15 所示。

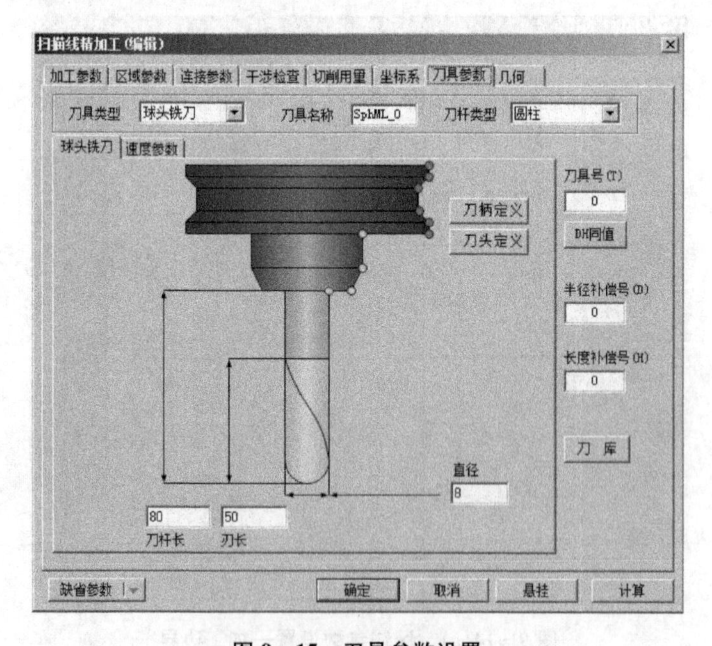

图 9－15　刀具参数设置

(f) 几何设置:选择加工的曲面。如图 9-16 所示。

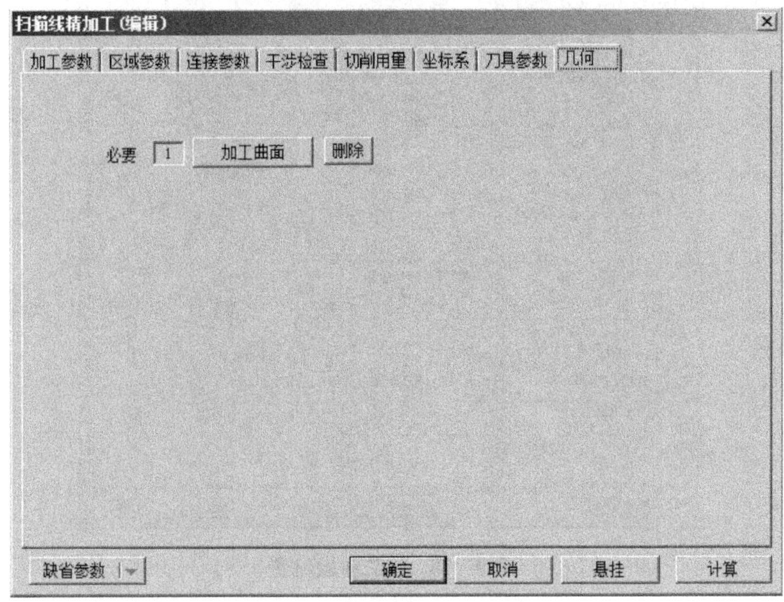

图 9-16　几何设置

(2) 完成后,生成的加工轨迹如图 9-17 所示。

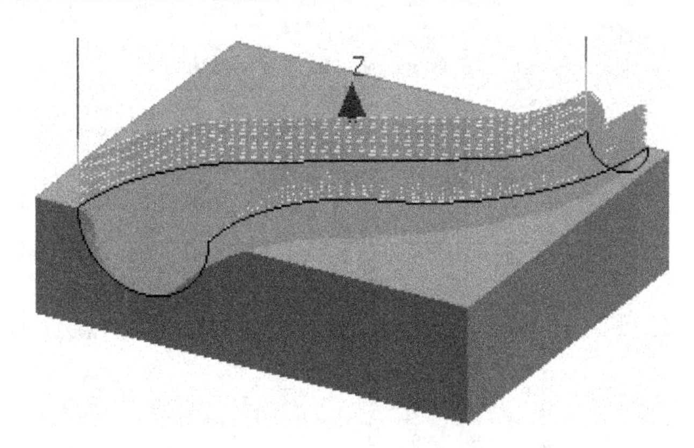

图 9-17　生成加工轨迹

(3) 参数线精加工。

(a) 使用菜单命令:“加工”—“常用加工”—“参数线精加工”。

(b) 加工参数设置。如图 9-18 所示。

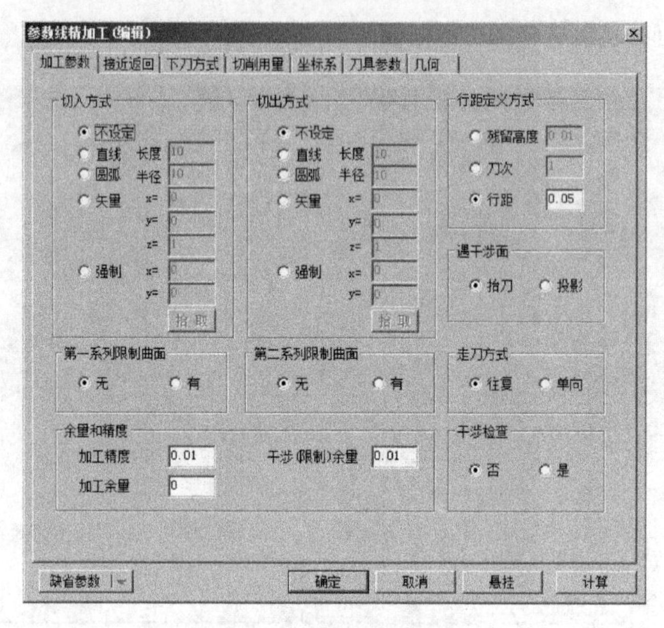

图 9-18 加工参数设置

(c) 切削用量设置:参照机床及刀具和加工材料,自行设置。

(d) 刀具参数设置。如图 9-19 所示。

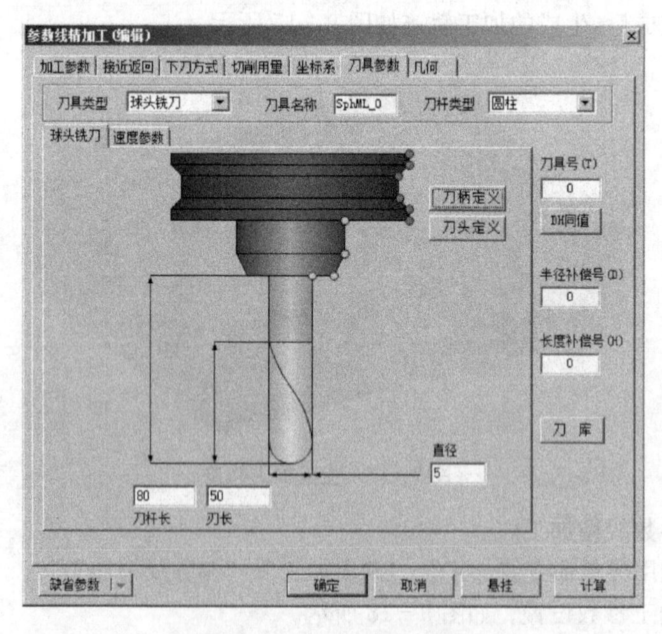

图 9-19 刀具参数设置

(e) 几何设置:选择加工的曲面。如图 9－20 所示。

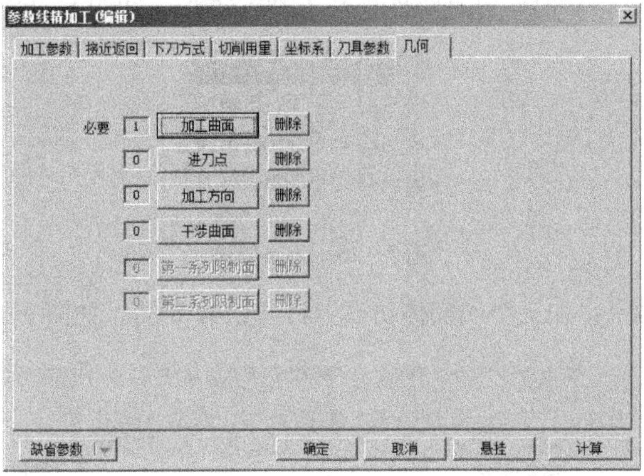

参数线精加工(编辑)

加工参数 | 接近返回 | 下刀方式 | 切削用量 | 坐标系 | 刀具参数 | 几何

必要 1 加工曲面 删除

0 进刀点 删除

0 加工方向 删除

0 干涉曲面 删除

0 第一系列限制面 删除

0 第二系列限制面 删除

缺省参数　确定　取消　悬挂　计算

图 9－20　几何设置

(4) 完成后生成的轨迹如图 9－21 所示。

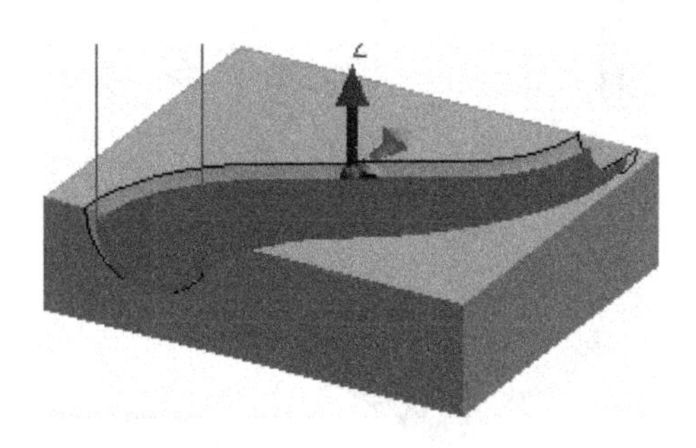

图 9－21　生成轨迹

(5) 所有生成的轨迹如图 9－22 所示。

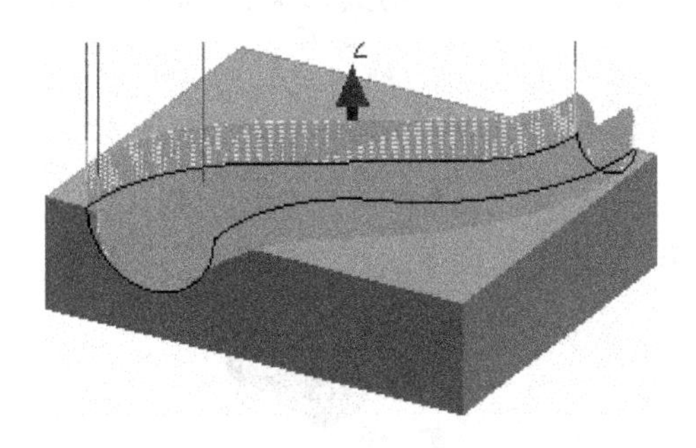

图 9－22　全部生成轨迹

(四) 轨迹仿真加工

1. 点击刀具轨迹，使所有轨迹都处于选中状态。如图 9－23 所示。

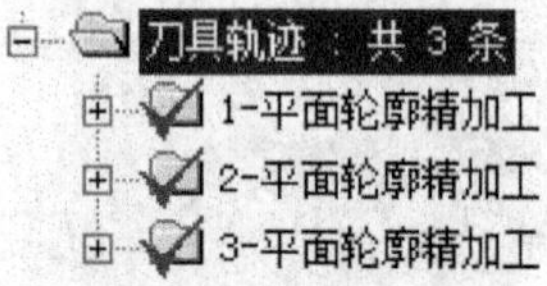

刀具轨迹：共 3 条
1-平面轮廓精加工
2-平面轮廓精加工
3-平面轮廓精加工

图 9－23　刀具轨迹

2. 菜单命令："加工"—"实体仿真"，进入仿真界面。如图 9－24 所示。

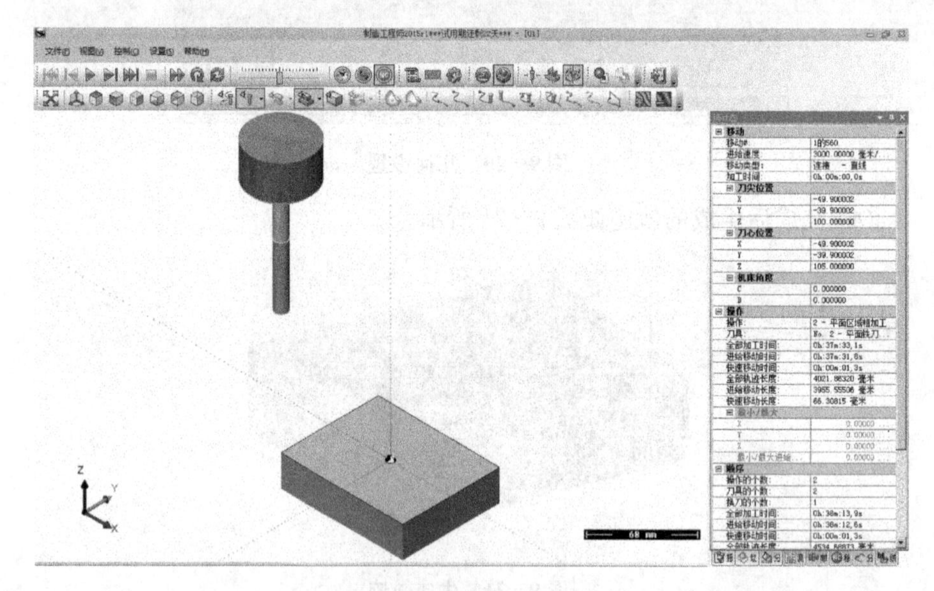

图 9－24　进入仿真界面

3. 菜单命令："控制"—"运行"，仿真结束后，加工结果如图 9－25 所示。

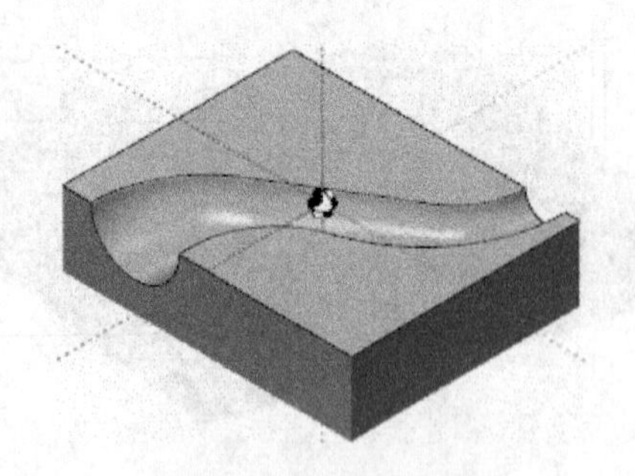

图 9－25　加工结果

4. 完成后，用菜单命令："文件"—"退出"，返回到主界面。

(四) 生成 G 代码

1. 菜单命令："加工"—"后置处理"—"生成 G 代码"。

2. 为每一个轨迹分别生成一个 G 代码文件。

(五) 传送加工程序

把 G 代码文件传送到机床进行加工。

数控铣削加工工艺卡

<table>
<tr><td colspan="3" rowspan="2">松阳中专
学生实训</td><td colspan="2" rowspan="2">数控铣削加
工工艺卡</td><td colspan="2">零件号</td><td>材料</td><td>毛坯尺寸</td></tr>
<tr><td colspan="2"></td><td></td><td></td></tr>
<tr><td>工序号</td><td>工序名称</td><td>工步号</td><td>工序工步内容</td><td>夹具</td><td>刀具</td><td>量具</td><td>程序号</td><td>工艺简图
（画草图）</td></tr>
<tr><td></td><td></td><td></td><td></td><td></td><td></td><td></td><td></td><td></td></tr>
<tr><td></td><td></td><td></td><td></td><td></td><td></td><td></td><td></td><td></td></tr>
<tr><td></td><td></td><td></td><td></td><td></td><td></td><td></td><td></td><td></td></tr>
<tr><td></td><td></td><td></td><td></td><td></td><td></td><td></td><td></td><td></td></tr>
<tr><td></td><td></td><td></td><td></td><td></td><td></td><td></td><td></td><td></td></tr>
<tr><td></td><td></td><td></td><td></td><td></td><td></td><td></td><td></td><td></td></tr>
</table>

注：可另附页

学习记录页

一、相关知识记录：

二、操作过程记录：

综合评价表

总得分：________ 师傅：________ 评分教师：______

第______周 周______ ____午 第______节

<table>
<tr><td colspan="7">任务名称：</td></tr>
<tr><td>评价项目</td><td colspan="2">评价标准</td><td>分值</td><td>自评</td><td>组评</td><td>师评</td></tr>
<tr><td rowspan="3">态度评价(30)</td><td colspan="2">实训纪律</td><td>10</td><td></td><td></td><td></td></tr>
<tr><td colspan="2">三检查(机器设备,工量具,毛坯)</td><td>10</td><td></td><td></td><td></td></tr>
<tr><td colspan="2">二整理(机器设备,工量具),一清扫</td><td>10</td><td></td><td></td><td></td></tr>
<tr><td rowspan="2">理论评价(30)</td><td colspan="2">工艺卡填写</td><td>20</td><td></td><td></td><td></td></tr>
<tr><td colspan="2">相关知识记录</td><td>10</td><td></td><td></td><td></td></tr>
<tr><td rowspan="10">操作评价
(核算分 40)</td><td rowspan="6">上机操作</td><td>图形绘制</td><td>4</td><td></td><td></td><td></td></tr>
<tr><td>毛坯设置</td><td>3</td><td></td><td></td><td></td></tr>
<tr><td>轨迹设置</td><td>6</td><td></td><td></td><td></td></tr>
<tr><td>仿真</td><td>2</td><td></td><td></td><td></td></tr>
<tr><td>生成 G 代码</td><td>2</td><td></td><td></td><td></td></tr>
<tr><td>程序传送</td><td>2</td><td></td><td></td><td></td></tr>
<tr><td rowspan="4">实际操作</td><td>对刀</td><td>3</td><td></td><td></td><td></td></tr>
<tr><td>调用程序</td><td>3</td><td></td><td></td><td></td></tr>
<tr><td>精度控制</td><td>4</td><td></td><td></td><td></td></tr>
<tr><td>工件测量</td><td>10</td><td></td><td></td><td></td></tr>
<tr><td>合计</td><td colspan="3">100</td><td></td><td></td><td></td></tr>
<tr><td>指导教师评语</td><td colspan="6">本次实训等级(优良及)________ 指导教师签字</td></tr>
</table>

任务十　正反面加工-1

一、任务内容

1. 零件图如图 10－1 所示。

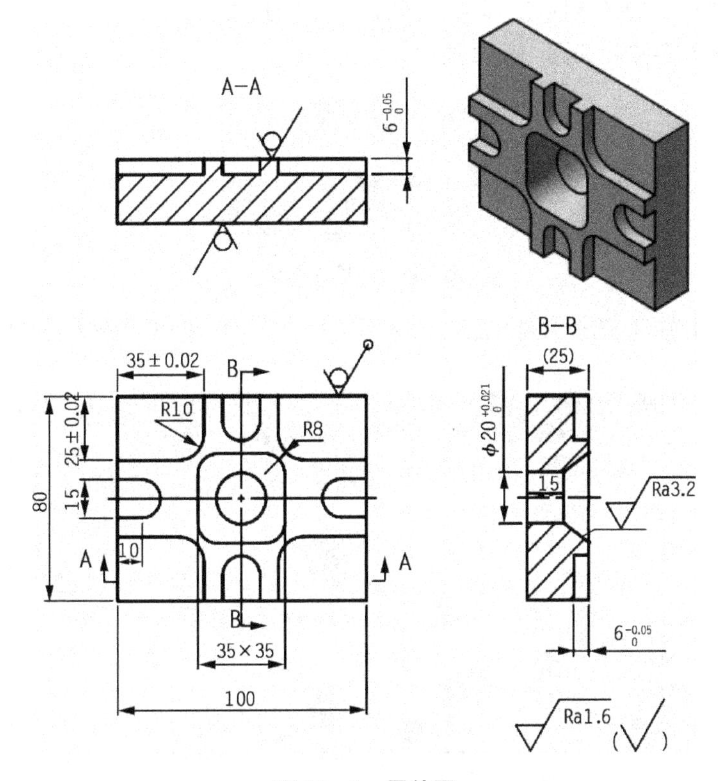

图 10－1　零件图

2. 任务要求：使用 CAXA 制造工程师完成任务对象的加工。

二、任务分析

本工件带有曲面,要先做出三维模型才能加工。为了节省时间,我们已经把模型做好了,大家只要导入模型就可以进行加工。

三、知识要点

1. 导入模型
2. 曲面加工

四、操作过程

(一) 画图

1. 打开 CAXA 制造工程师后,新建一个制造文件。
2. 导入零件。如图 10-2 所示。

图 10-2　导入零件

3. 弹出窗口,选择文件(支持 *.X_T, *.X_B, *.IGS 等格式)。如图 10-3 所示。

图 10-3　选择文件

4. 布尔运算方式为并集,然后再点击坐标原点。如图 10－4 所示。

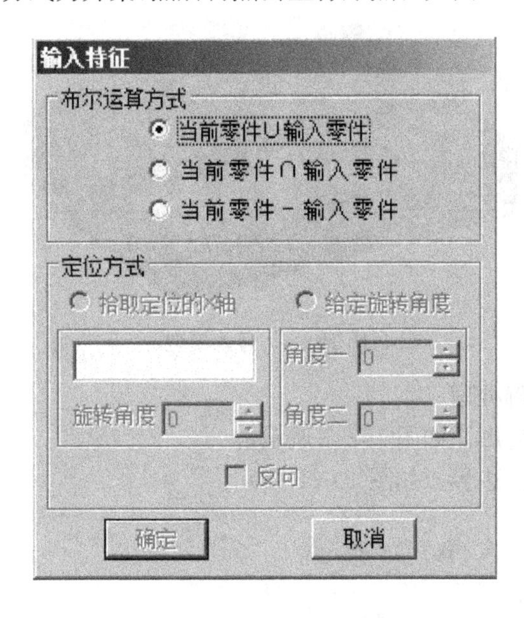

图 10－4　设定布尔运算方式

5. 设定定位方式,然后点击确定。如图 10－5 所示。

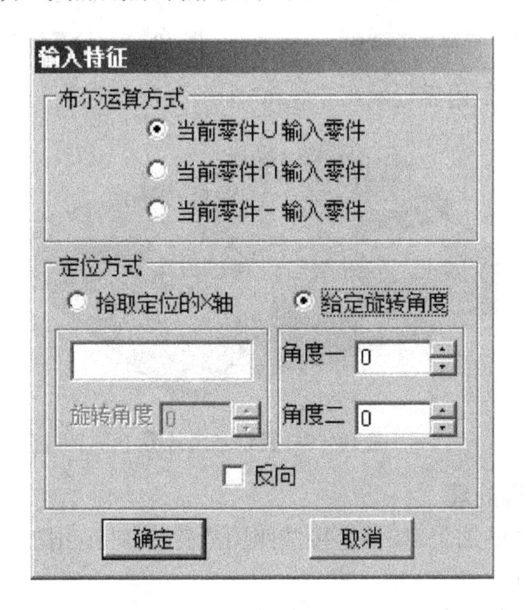

图 10－5　设定定位方式

6. 导入的模型。如图 10－6 所示。

图 10－6　导入模型

(二) 加工轮廓处理

1. 提取加工轮廓。如图 10－7 所示。
2. 设置为实体边界。如图 10－8 所示。

图 10－7　提取加工轮廓

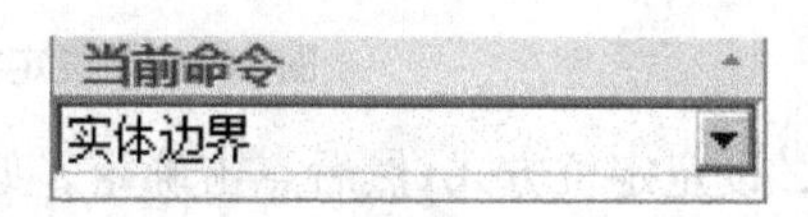

图 10－8　设置为实体边界

3. 把零件的加工边界提取出来。如图 10－9 所示。

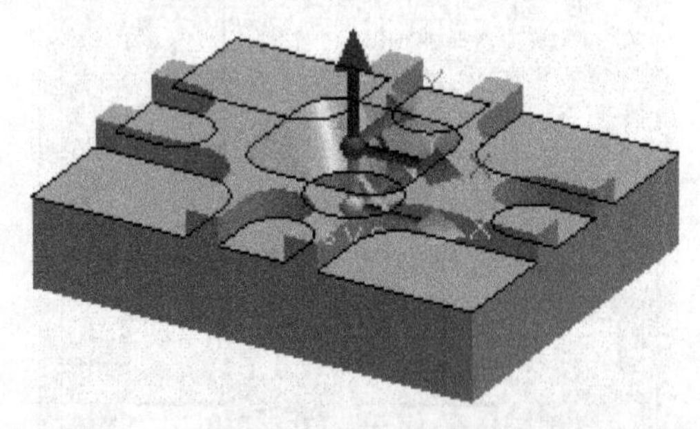

图 10－9　提取加工边界

(三) 加工轮廓处理

工件部分区域的加工，如果直接按照图纸轮廓加工，则加工不完整，因此，需要进行适当的处理。

处理后的加工轮廓如图 10－10 所示。

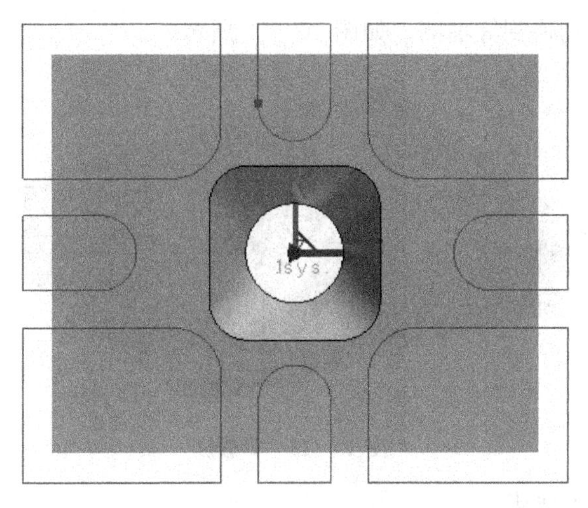

图 10－10　处理后的加工轮廓

(四) 创建加工轨迹

1. 设置毛坯。

(1) 切换到轨迹管理。如图 10－11 所示。

(2) 双击毛坯,进行设置。如图 10－12 所示。

特征...　轨迹...　属性...　命令行

图 10－11　轨迹管理

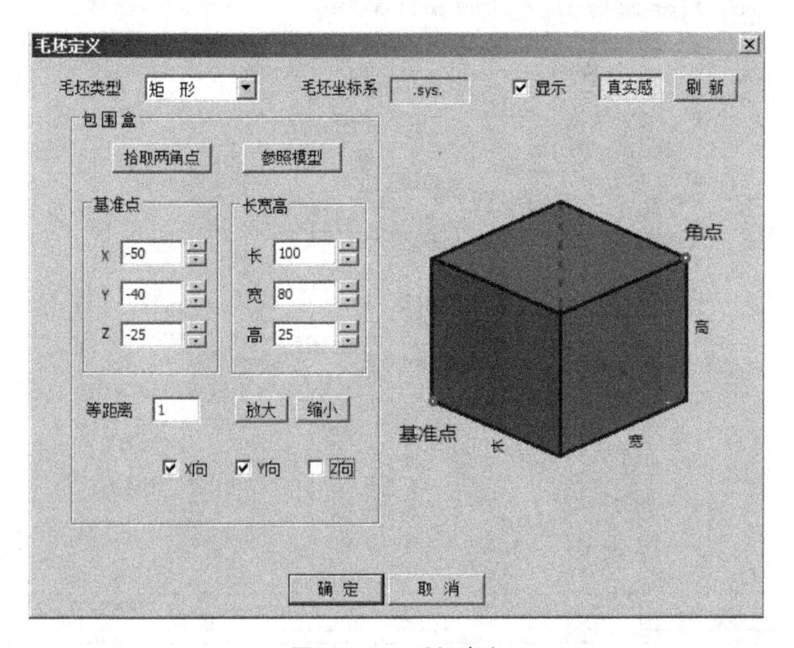

图 10－12　毛坯定义

(3) 按 F8 切换到等轴测。如图 10－13 所示。

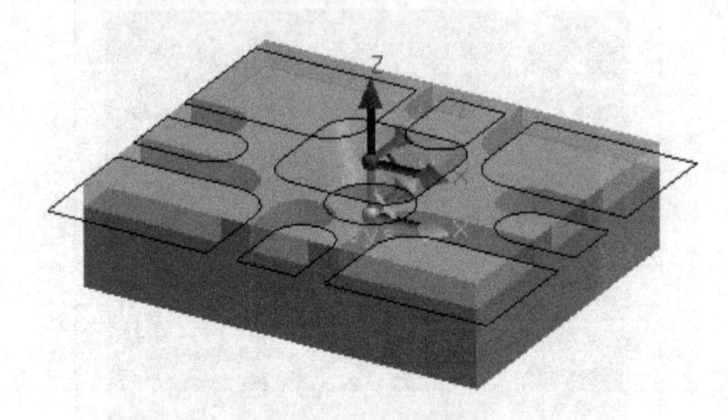

图 10－13　等轴测

2. 创建加工轨迹。

(1) 中间钻底孔。

(a) 使用菜单命令:“加工”—“其它加工”—“孔加工”。

(b) 加工参数设置。如图 10－14 所示。

钻孔(编辑)

加工参数 | 用户自定义参数 | 坐标系 | 刀具参数 | 几何

钻孔

参数

安全高度(绝对)	10	主轴转速	1000
安全间隙	0.5	钻孔速度	100
钻孔深度	30	工件平面	0
暂停时间	1	下刀增量	1

缺省参数　确定　取消　悬挂　计算

图 10－14　加工参数设置

(c) 刀具参数设置。如图 10－15 所示。

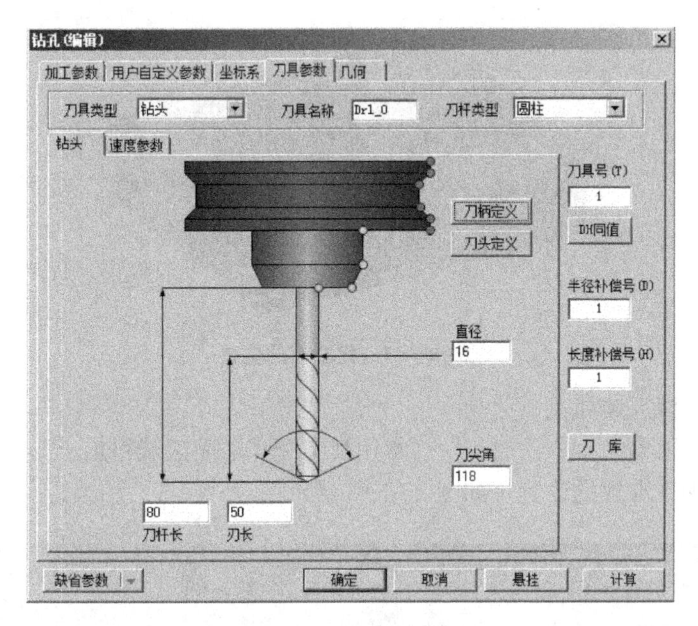

图 10－15　刀具参数设置

(d) 几何设置。如图 10－16 所示。

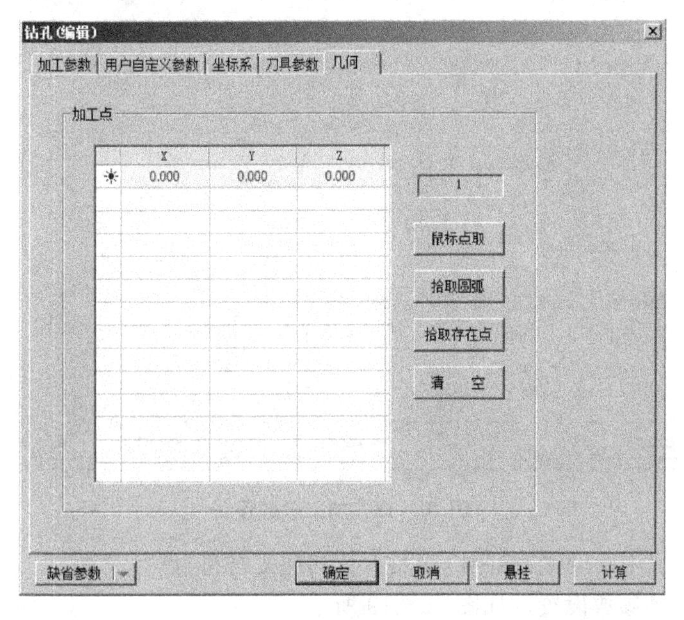

图 10－16　几何设置

(e) 完成后的轨迹。如图 10－17 所示。

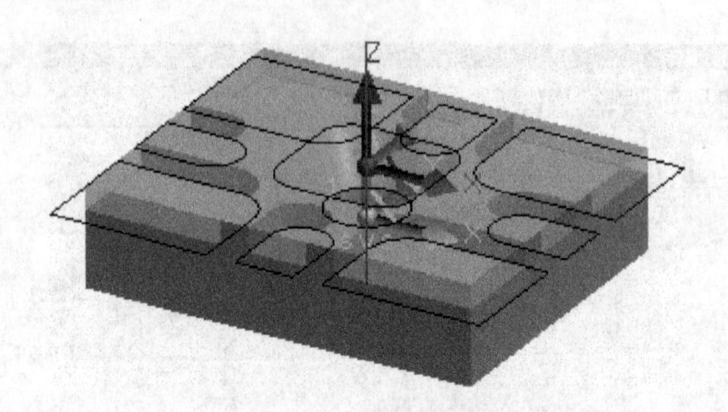

图 10－17　完成后的轨迹

(2) 平面区域加工。

(a) 使用菜单命令:“加工”—“常用加工”—“平面区域粗加工”。

(b) 加工参数的设置。如图 10－18 所示。

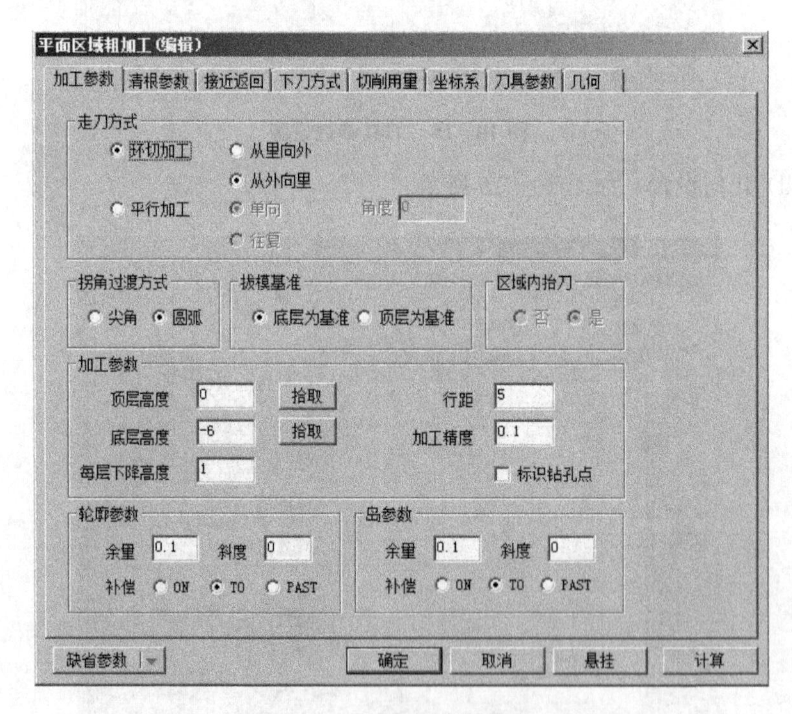

图 10－18　加工参数设置

(c) 切削用量设置:参照机床及刀具和加工材料,自行设置。

(d) 刀具参数设置。如图 10－19 所示。

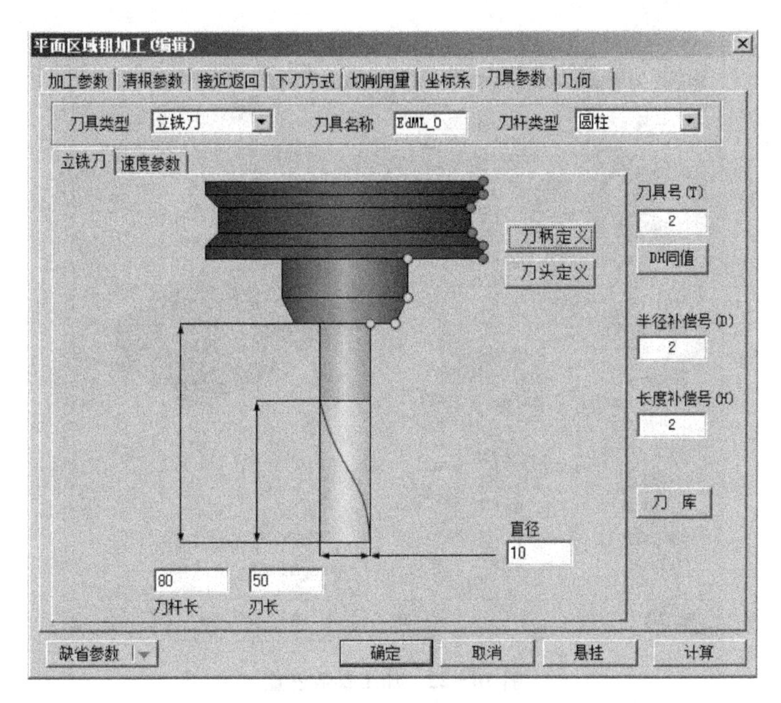

图 10-19　刀具参数设置

(e) 几何设置:轮廓曲线选择一个边角的轮廓;岛屿不选。

(f) 完成后,生成的加工轨迹如图 10-20 所示。

(g) 用同样方法生成四个角落及中间槽的加工。完成后,生成的加工轨迹如图 10-21 所示。

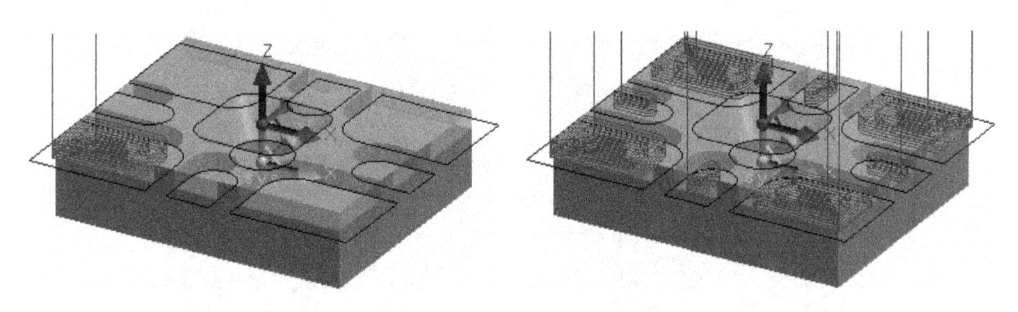

图 10-20　生成加工轨迹　　　　图 10-21　全部加工轨迹

(3) 曲面的粗加工。

(a) 使用菜单命令:"加工"—"常用加工"—"等高线粗加工"。

(b) 加工参数设置。如图 10-22 所示。

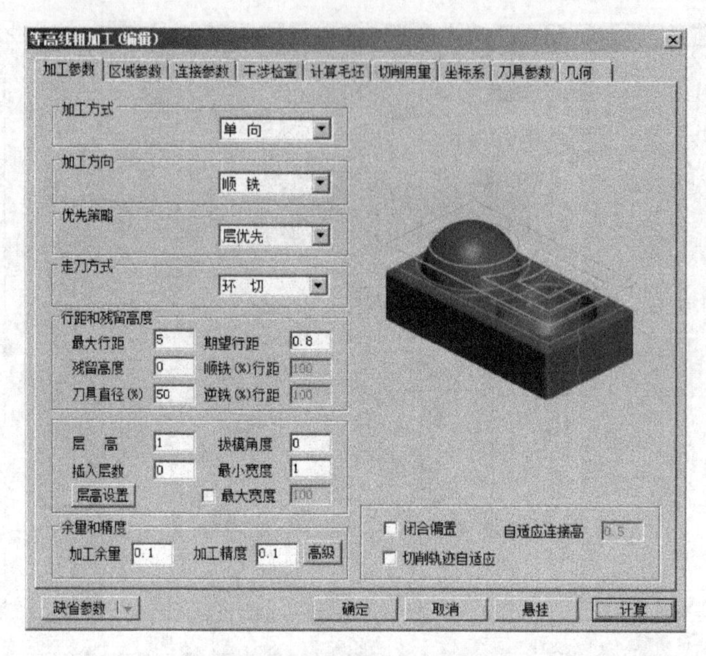

图 10-22 加工参数设置

(c) 区域参数设置。如图 10-23 所示。

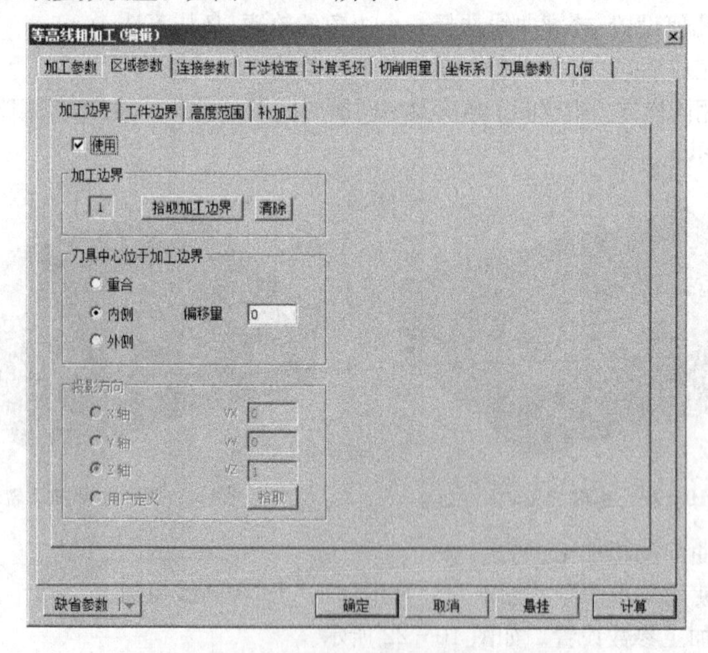

图 10-23(a) 区域参数设置—加工边界

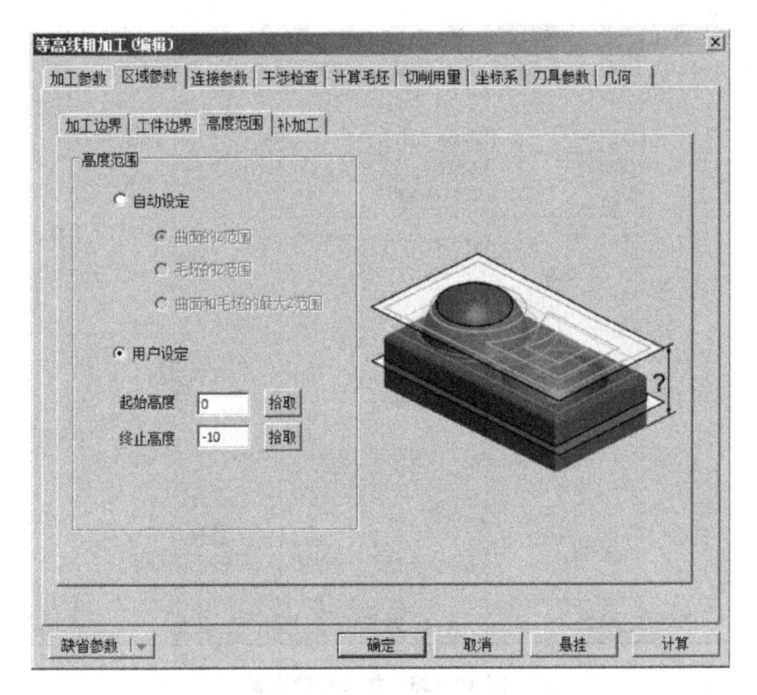

图 10-23(b) 区域参数设置—高度范围

(d) 切削用量设置:参照机床及刀具和加工材料,自行设置。

(e) 刀具参数同上。

(f) 几何,选择中间的曲面。

(g) 完成后,生成的加工轨迹如图 10-24 所示。

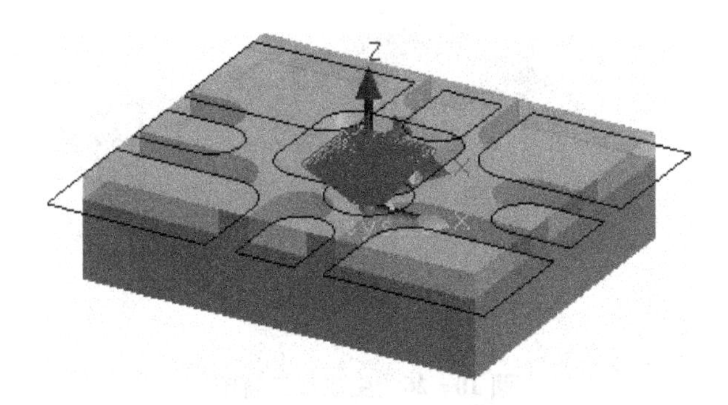

图 10-24 生成加工轨迹

(4) 通孔精加工。

(a) 使用菜单命令:“加工”—“常用加工”—“平面轮廓精加工”。

(b) 加工参数设置。如图 10-25 所示。

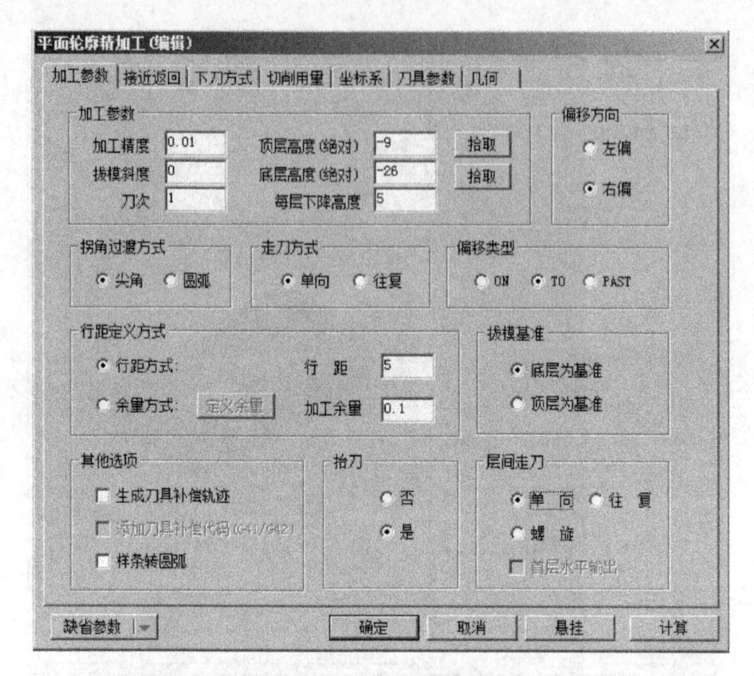

图 10-25 加工参数设置

(c) 切削用量设置:参照机床及刀具和加工材料,自行设置。

(d) 刀具参数同上。

(e) 几何设置:选择通孔的轮廓线,注意方向。

(f) 完成后,生成的加工轨迹如图 10-26 所示。

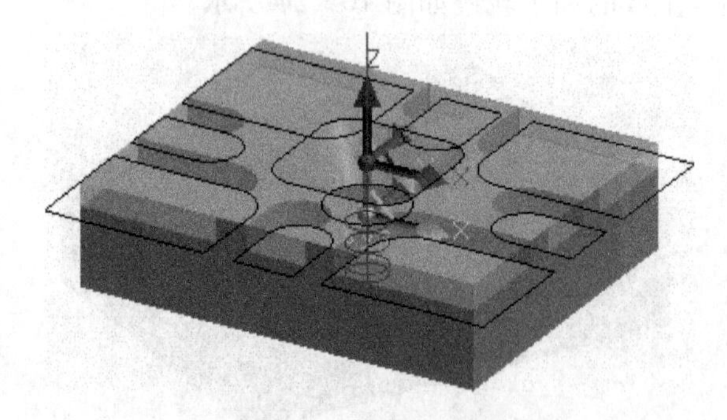

图 10-26 生成加工轨迹

(5) 曲面精加工。

(a) 使用菜单命令:“加工”—“常用加工”—“参数线精加工”。

(b) 加工参数设置。如图 10-27 所示。

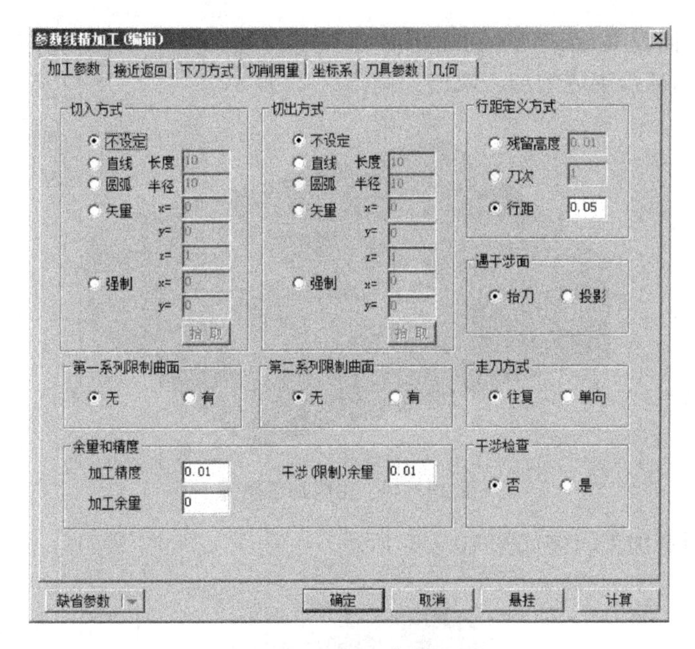

图 10-27　加工参数设置

(c) 切削用量设置:参照机床及刀具和加工材料,自行设置。

(d) 刀具参数设置。如图 10-28 所示。

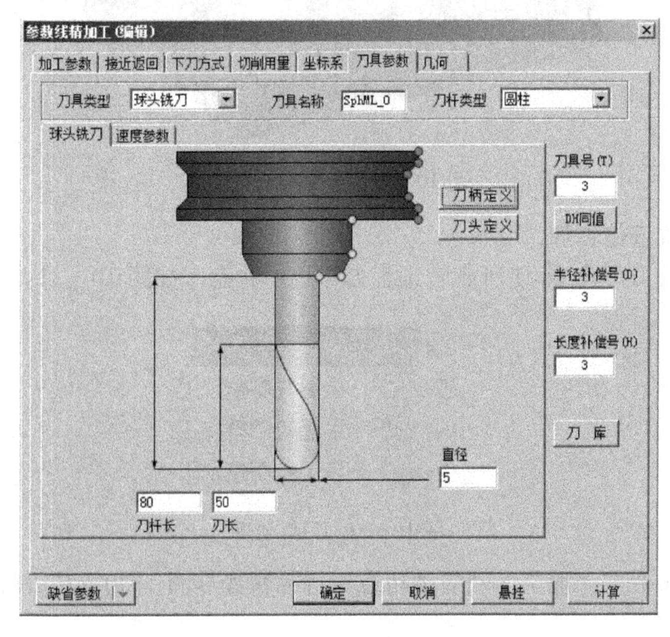

图 10-28　刀具参数设置

(e) 几何设置:选择中间的曲面。

(f) 完成后,生成的加工轨迹如图 10 - 29 所示。

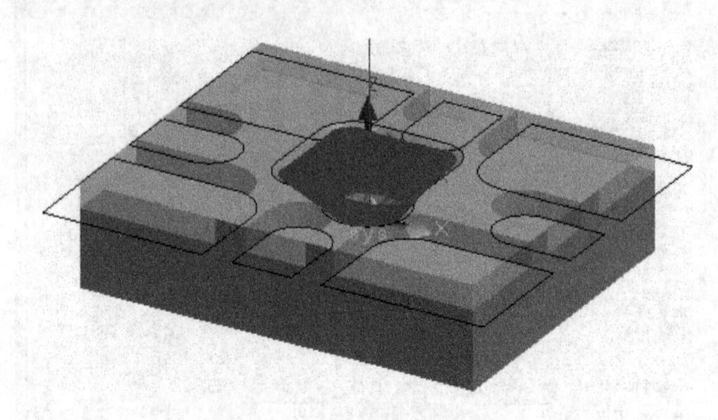

图 10 - 29 生成加工轨迹

(6) 所有加工轨迹如图 10 - 30 所示。

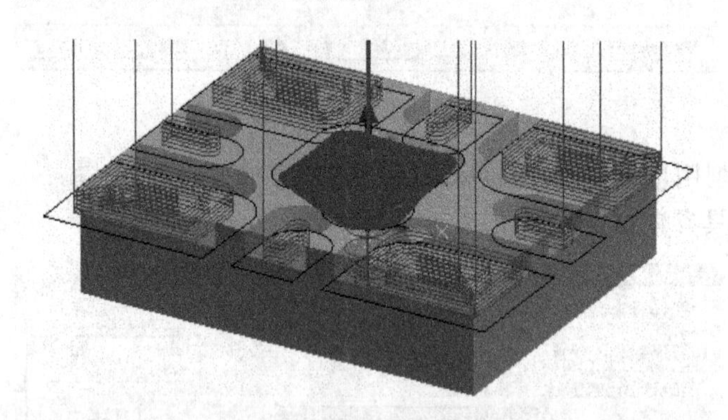

图 10 - 30 全部加工轨迹

(五) 轨迹仿真加工

1. 点击刀具轨迹,使所有轨迹都处于选中状态。如图 10 - 31 所示。

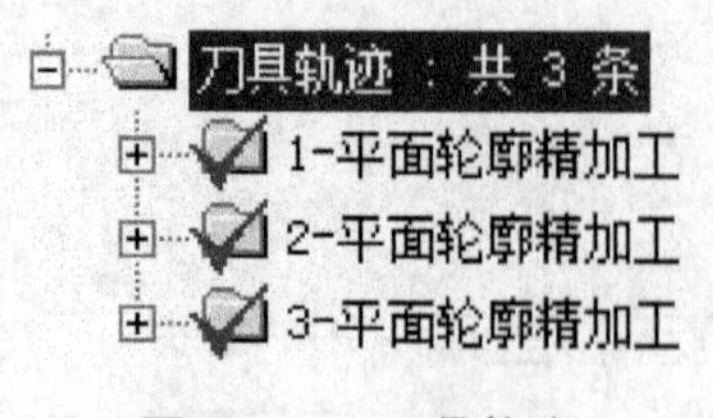

图 10 - 31 刀具轨迹

2. 菜单命令:“加工”—“实体仿真”,进入仿真界面。如图 10 - 32 所示。

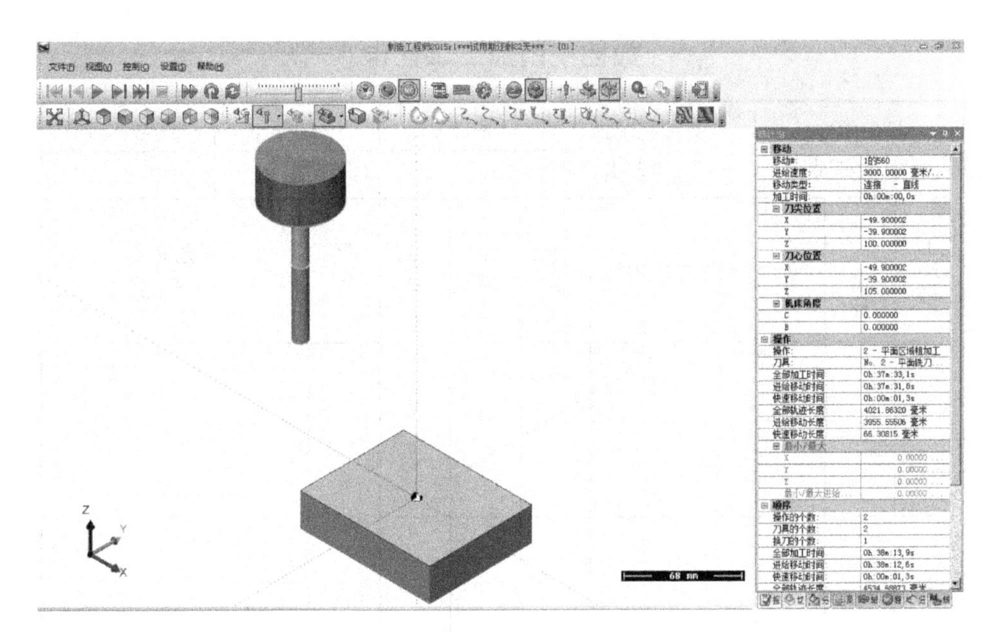

图 10-32　进入仿真界面

3. 菜单命令:“控制”—“运行”,仿真结束后,加工结果如图 10-33 所示。

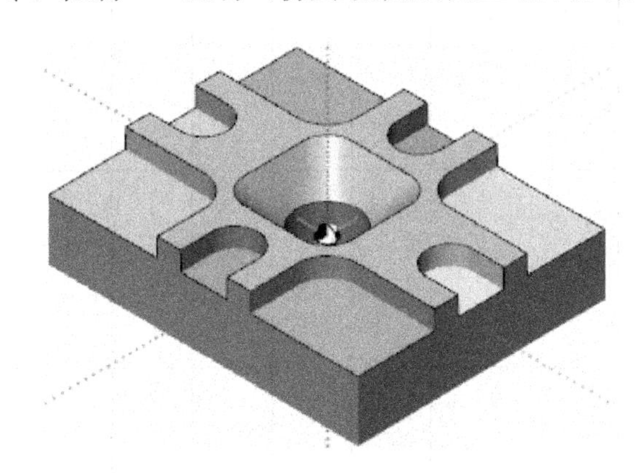

图 10-33　加工结果

4. 完成后,用菜单命令:“文件”—“退出”,返回到主界面。

(六) 生成 G 代码

1. 菜单命令:“加工”—“后置处理”—“生成 G 代码”。

2. 为每一个轨迹分别生成一个 G 代码文件。

(七) 传送加工程序

把 G 代码文件传送到机床进行加工。

数控铣削加工工艺卡

松阳中专学生实训	数控铣削加工工艺卡	零件号	材料	毛坯尺寸

工序号	工序名称	工步号	工序工步内容	夹具	刀具	量具	程序号	工艺简图（画草图）

注：可另附页

学习记录页

一、相关知识记录：

二、操作过程记录：

综合评价表

总得分：________ 师傅：________ 评分教师：______

第______周 周______ ____午 第______节

<table>
<tr><td colspan="7">任务名称：</td></tr>
<tr><td>评价项目</td><td colspan="2">评价标准</td><td>分值</td><td>自评</td><td>组评</td><td>师评</td></tr>
<tr><td rowspan="3">态度评价(30)</td><td colspan="2">实训纪律</td><td>10</td><td></td><td></td><td></td></tr>
<tr><td colspan="2">三检查(机器设备,工量具,毛坯)</td><td>10</td><td></td><td></td><td></td></tr>
<tr><td colspan="2">二整理(机器设备,工量具),一清扫</td><td>10</td><td></td><td></td><td></td></tr>
<tr><td rowspan="2">理论评价(30)</td><td colspan="2">工艺卡填写</td><td>20</td><td></td><td></td><td></td></tr>
<tr><td colspan="2">相关知识记录</td><td>10</td><td></td><td></td><td></td></tr>
<tr><td rowspan="10">操作评价
(核算分 40)</td><td rowspan="6">上机操作</td><td>图形绘制</td><td>4</td><td></td><td></td><td></td></tr>
<tr><td>毛坯设置</td><td>3</td><td></td><td></td><td></td></tr>
<tr><td>轨迹设置</td><td>6</td><td></td><td></td><td></td></tr>
<tr><td>仿真</td><td>2</td><td></td><td></td><td></td></tr>
<tr><td>生成 G 代码</td><td>2</td><td></td><td></td><td></td></tr>
<tr><td>程序传送</td><td>2</td><td></td><td></td><td></td></tr>
<tr><td rowspan="4">实际操作</td><td>对刀</td><td>3</td><td></td><td></td><td></td></tr>
<tr><td>调用程序</td><td>3</td><td></td><td></td><td></td></tr>
<tr><td>精度控制</td><td>4</td><td></td><td></td><td></td></tr>
<tr><td>工件测量</td><td>10</td><td></td><td></td><td></td></tr>
<tr><td>合计</td><td colspan="3">100</td><td></td><td></td><td></td></tr>
<tr><td>指导教师评语</td><td colspan="6">本次实训等级(优良及)________ 指导教师签字</td></tr>
</table>

任务十一　正反面加工-2

一、任务内容

1. 零件图如图 11-1 所示。

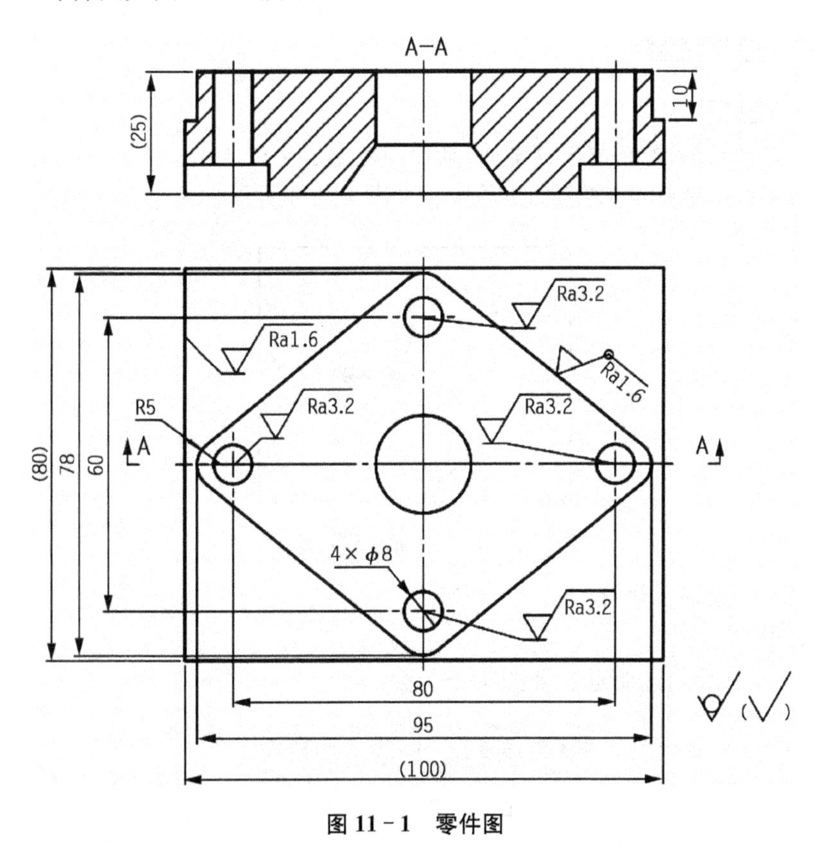

图 11-1　零件图

2. 任务要求:使用 CAXA 制造工程师完成任务对象的加工。

二、任务分析

本工件加工的是平底直壁的结构，这种类型的工件，在 CAXA 制造工程师中，不需要造型，使用空间轮廓曲线就可以完成加工。

三、知识要点

1. 图形的绘制
2. 半成品毛坯的设置
3. 加工坐标系的创建
4. 钻孔
5. 平面轮廓精加工

四、操作过程

(一) 画图

1. 打开 CAXA 制造工程师后，新建一个制造文件。
2. 根据图纸要求，画出加工轮廓。如图 11－2 所示。

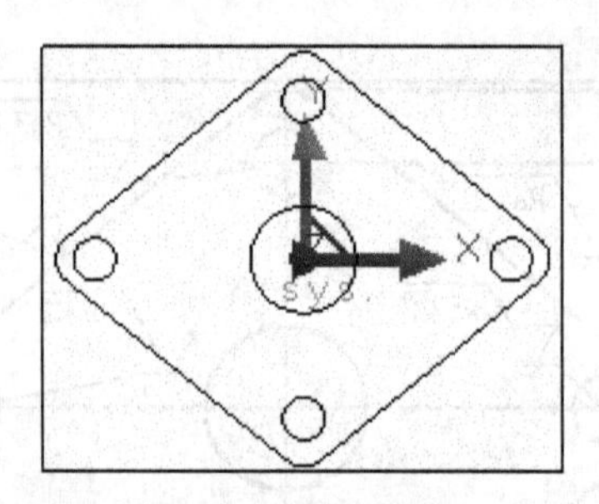

图 11－2　画加工轮廓

(二) 创建加工轨迹

1. 设置毛坯。

(1) 切换到轨迹管理。如图 11－3 所示。

图 11－3　轨迹管理

(2) 双击毛坯，进行设置。如图 11－4 所示。

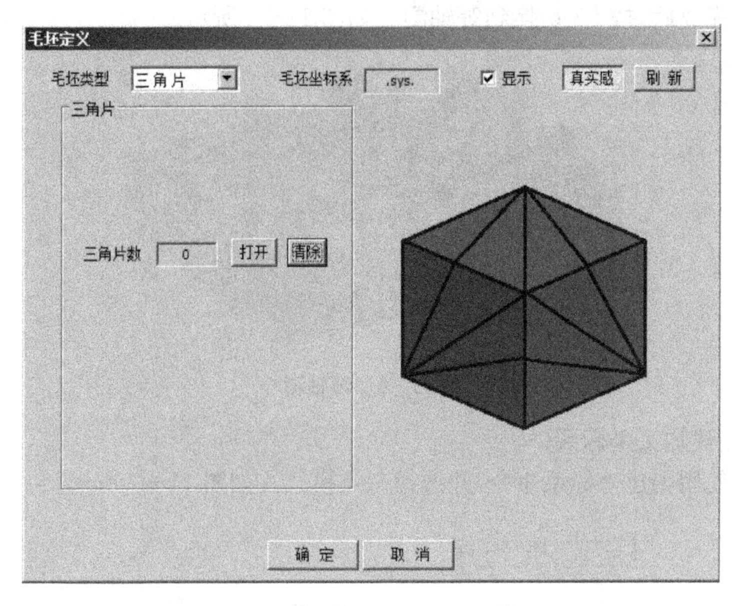

图 11-4　毛坯定义

(3) 点击打开。如图 11-5 所示。

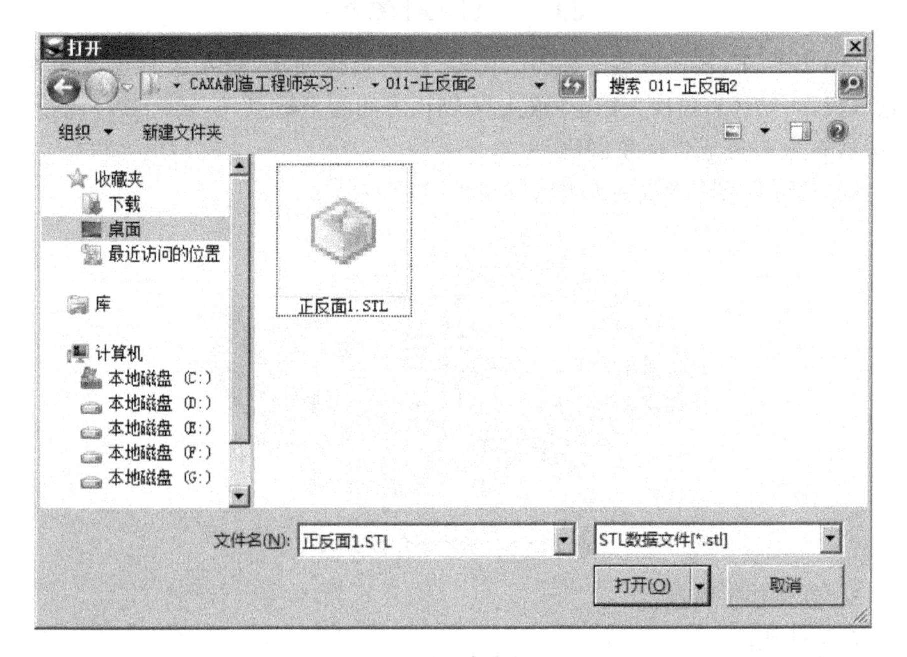

图 11-5　点击打开

(4) 完成后,按 F8 切换到等轴测。如图 11-6 所示。

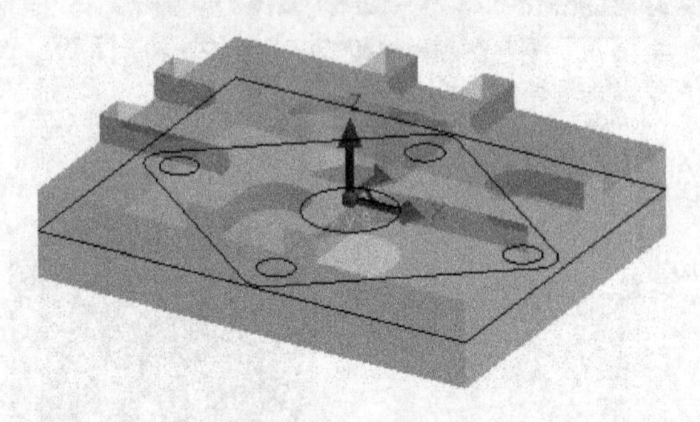

图 11-6　等轴测

2. 创建加工坐标系。

(a) 使用创建坐标系命令,并选择三点模式。如图 11-7 所示。

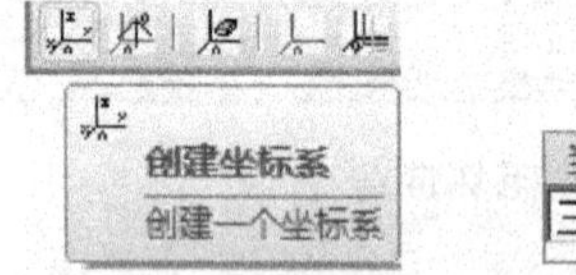

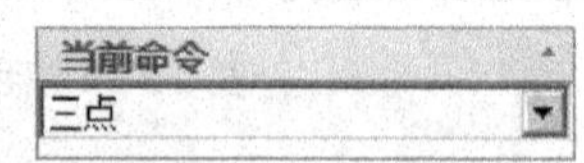

图 11-7　创建坐标系命令

(b) 按回车,输入原点坐标为(0,0,-10),再按回车,输入 X 轴正方向为坐标点(10,0,-10),再次按回车,输入 Y 轴正方向为坐标点(0,10,-10),输入坐标系名称为 1,完成坐标系创建。

(c) 按 F8,创建坐标系后的效果如图 11-8 所示。

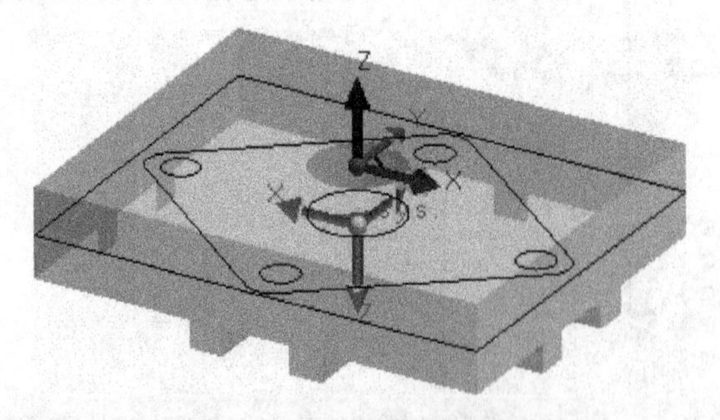

图 11-8　坐标系创建完成

3. 创建加工轨迹。

(1) 钻孔。

(a) 使用菜单命令:“加工”-“其它加工”-“孔加工”。

(b) 加工参数的设置。如图 11 - 9 所示。

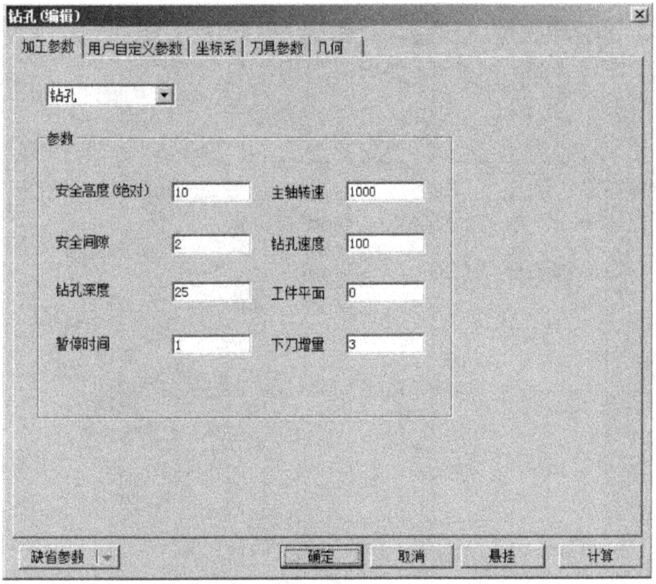

钻孔 (编辑)
加工参数
用户自定义参数
坐标系
刀具参数
几何
钻孔
参数
安全高度(绝对)
10
主轴转速
1000
安全间隙
2
钻孔速度
100
钻孔深度
25
工件平面
0
暂停时间
1
下刀增量
3
缺省参数
确定
取消
悬挂
计算

图 11 - 9　加工参数设置

(c) 刀具参数设置。如图 11 - 10 所示。

钻孔 (编辑)
加工参数
用户自定义参数
坐标系
刀具参数
几何
刀具类型
钻头
刀具名称
Dr1_0
刀杆类型
圆柱
钻头
速度参数
刀柄定义
刀头定义
刀具号(T)
1
DH同值
半径补偿号(D)
1
长度补偿号(H)
1
直径
8
刀库
刀尖角
118
80
刀杆长
50
刃长
缺省参数
确定
取消
悬挂
计算

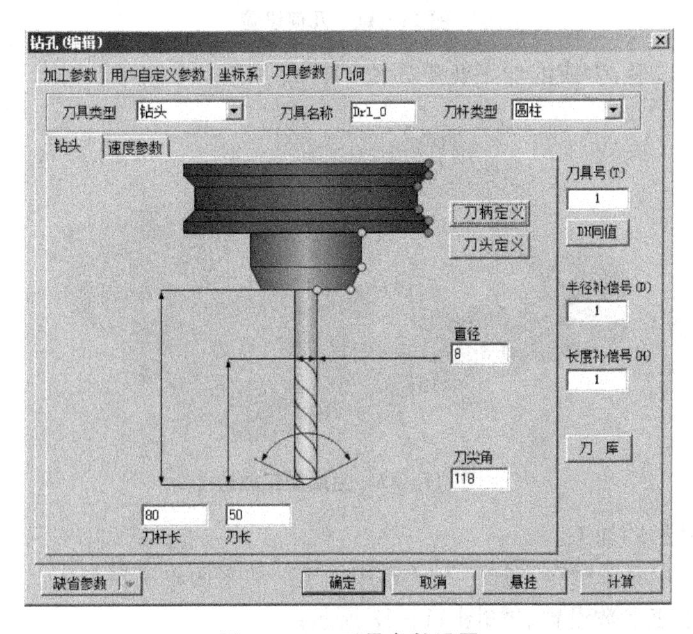

图 11 - 10　刀具参数设置

(d) 几何设置。如图 11－11 所示。

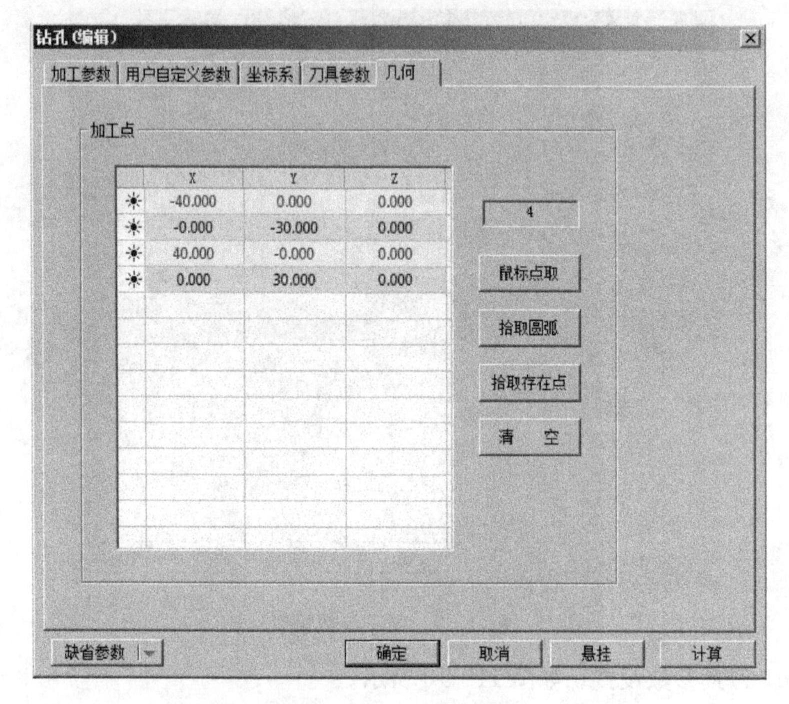

图 11－11 几何设置

(e) 完成后,生成的加工轨迹如图 11－12 所示。

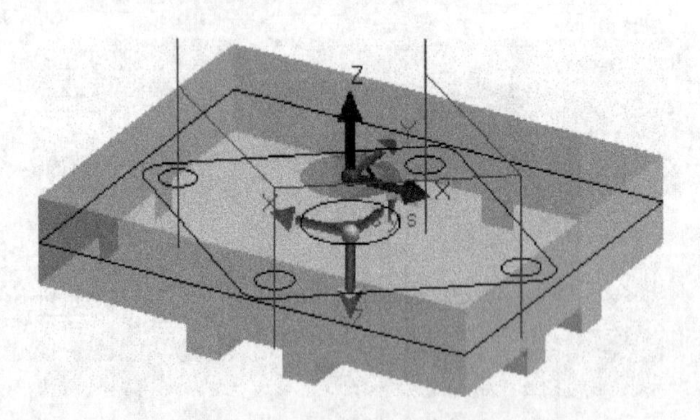

图 11－12 生成加工轨迹

(2) 外形的加工。

(a) 使用菜单命令:“加工”－“常用加工”－“平面轮廓精加工”。

(b) 加工参数设置。如图 11－13 所示。

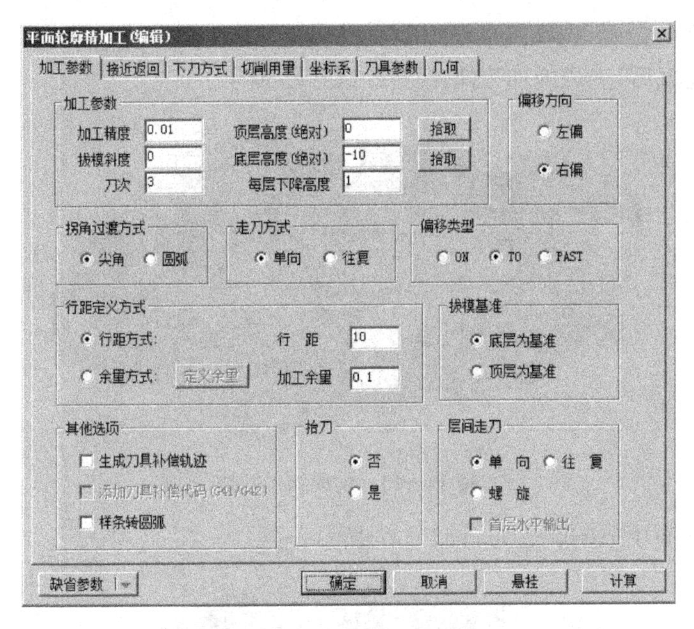

图 11-13　加工参数设置

(c) 切削用量设置:参照机床及刀具和加工材料,自行设置。

(d) 刀具参数设置。如图 11-14 所示。

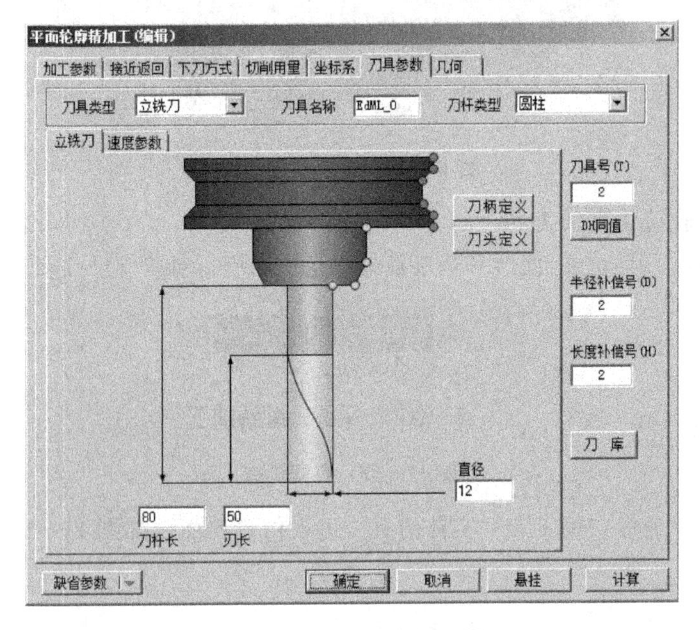

图 11-14　刀具参数设置

(e) 几何设置:选择菱形轮廓。

(f) 完成后,生成的加工轨迹如图11-15所示。

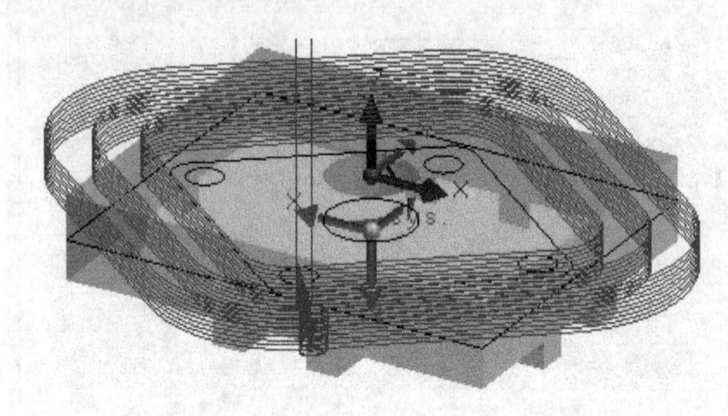

图11-15 生成加工轨迹

(3) 所有生成的轨迹如图11-16所示。

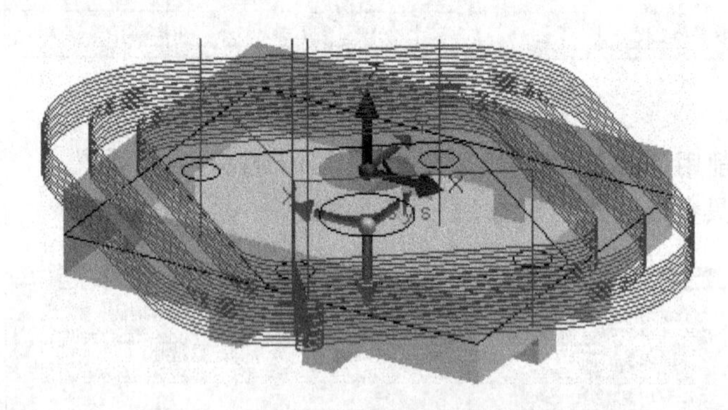

图11-16 全部加工轨迹

(三) 轨迹仿真加工

1. 点击刀具轨迹,使所有轨迹都处于选中状态。如图11-17所示。

图11-17 刀具轨迹

2. 菜单命令:“加工”—“实体仿真”,进入仿真界面。如图11-18所示。

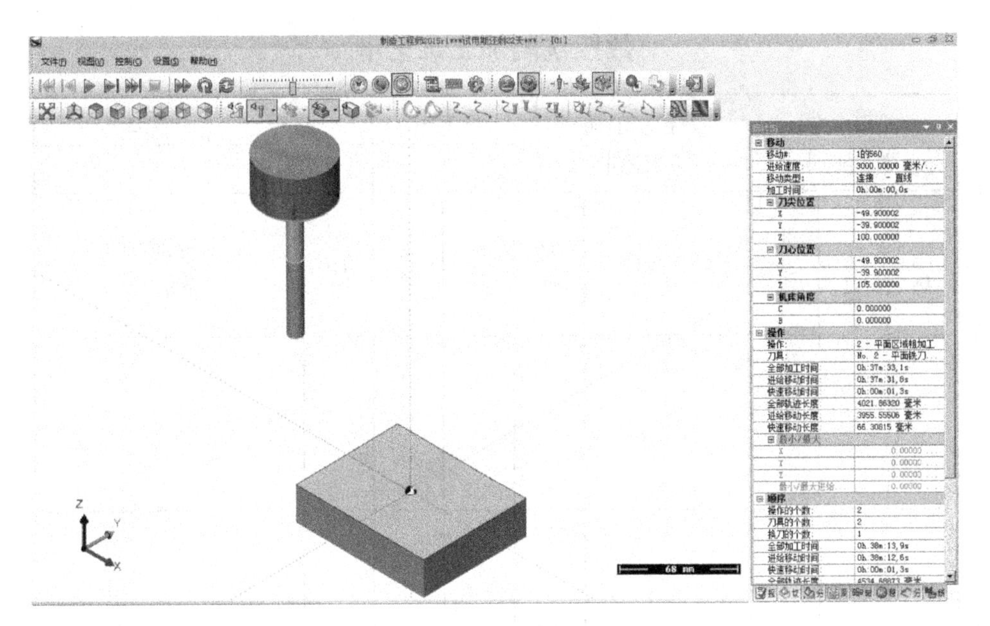

图 11－18　进入仿真界面

3. 菜单命令:“控制”—“运行”,仿真结束后,加工结果如图 11－19 所示。

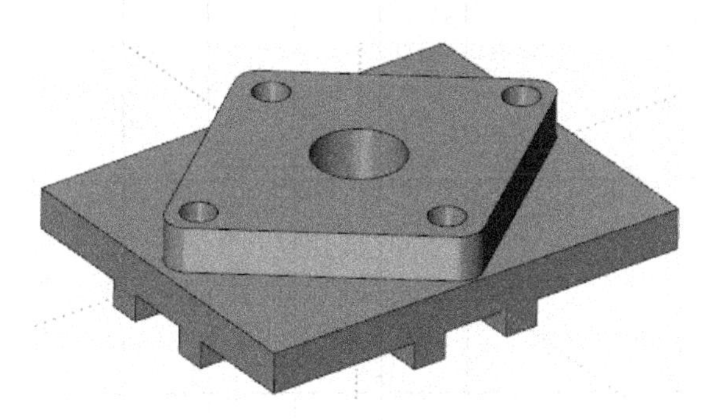

图 11－19　加工结果

4. 完成后,用菜单命令:“文件”—“退出”,返回到主界面。

(四) 生成 G 代码

1. 菜单命令:“加工”—“后置处理”—“生成 G 代码”。
2. 为每一个轨迹分别生成一个 G 代码文件。

(五) 传送加工程序

把 G 代码文件传送到机床进行加工。

数控铣削加工工艺卡

松阳中专学生实训			数控铣削加工工艺卡		零件号		材料	毛坯尺寸
工序号	工序名称	工步号	工序工步内容	夹具	刀具	量具	程序号	工艺简图（画草图）

注：可另附页

学习记录页

一、相关知识记录：

二、操作过程记录：

综合评价表

总得分：______ 师傅：______ 评分教师：______

第____周 周____ ____午 第____节

<table>
<tr><td colspan="7">任务名称：</td></tr>
<tr><td>评价项目</td><td colspan="2">评价标准</td><td>分值</td><td>自评</td><td>组评</td><td>师评</td></tr>
<tr><td rowspan="3">态度评价(30)</td><td colspan="2">实训纪律</td><td>10</td><td></td><td></td><td></td></tr>
<tr><td colspan="2">三检查(机器设备，工量具，毛坯)</td><td>10</td><td></td><td></td><td></td></tr>
<tr><td colspan="2">二整理(机器设备，工量具)，一清扫</td><td>10</td><td></td><td></td><td></td></tr>
<tr><td rowspan="2">理论评价(30)</td><td colspan="2">工艺卡填写</td><td>20</td><td></td><td></td><td></td></tr>
<tr><td colspan="2">相关知识记录</td><td>10</td><td></td><td></td><td></td></tr>
<tr><td rowspan="10">操作评价
(核算分 40)</td><td rowspan="6">上机操作</td><td>图形绘制</td><td>4</td><td></td><td></td><td></td></tr>
<tr><td>毛坯设置</td><td>3</td><td></td><td></td><td></td></tr>
<tr><td>轨迹设置</td><td>6</td><td></td><td></td><td></td></tr>
<tr><td>仿真</td><td>2</td><td></td><td></td><td></td></tr>
<tr><td>生成 G 代码</td><td>2</td><td></td><td></td><td></td></tr>
<tr><td>程序传送</td><td>2</td><td></td><td></td><td></td></tr>
<tr><td rowspan="4">实际操作</td><td>对刀</td><td>3</td><td></td><td></td><td></td></tr>
<tr><td>调用程序</td><td>3</td><td></td><td></td><td></td></tr>
<tr><td>精度控制</td><td>4</td><td></td><td></td><td></td></tr>
<tr><td>工件测量</td><td>10</td><td></td><td></td><td></td></tr>
<tr><td>合计</td><td colspan="3">100</td><td></td><td></td><td></td></tr>
<tr><td>指导教师评语</td><td colspan="6">本次实训等级(优良及)______ 指导教师签字</td></tr>
</table>

任务十二　位图矢量化加工

一、任务内容

1. 零件图如图 12－1 所示。

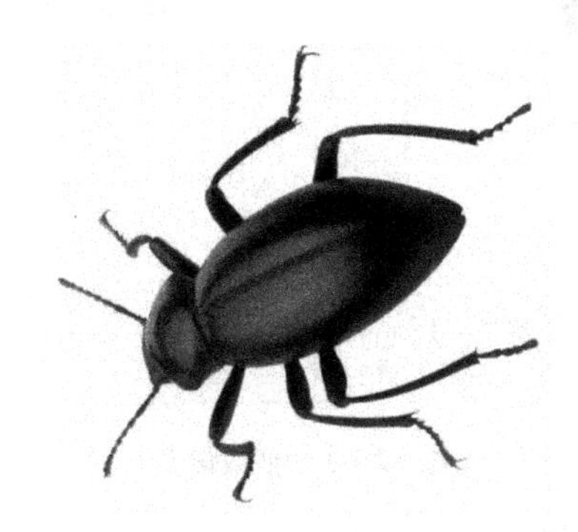

图 12－1　零件图

2. 任务要求:使用 CAXA 制造工程师完成任务对象的外轮廓加工。

二、任务分析

本次任务是加工一个 *.BMP 图像的外轮廓,这种类型的工件,在 CAXA 制造工程师中,不需要造型,使用空间轮廓曲线就可以完成加工。

三、知识要点

1. 位图矢量化
2. 位图的加工

四、操作过程

(一) 画图

1. 打开 CAXA 制造工程师后,新建一个制造文件。

2. 使用矢量化命令。如图 12－2 所示。

3. 弹出窗口,打开要加工的图片(只能是 *.BMP 格式)。进行参数设置。如图 12－3 所示。

图 12－2　矢量化命令

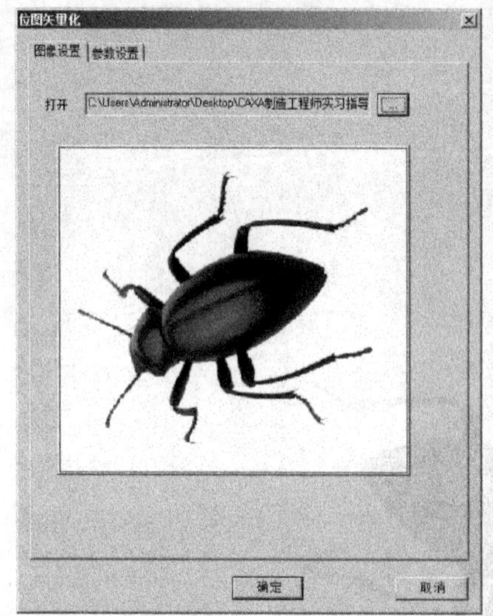

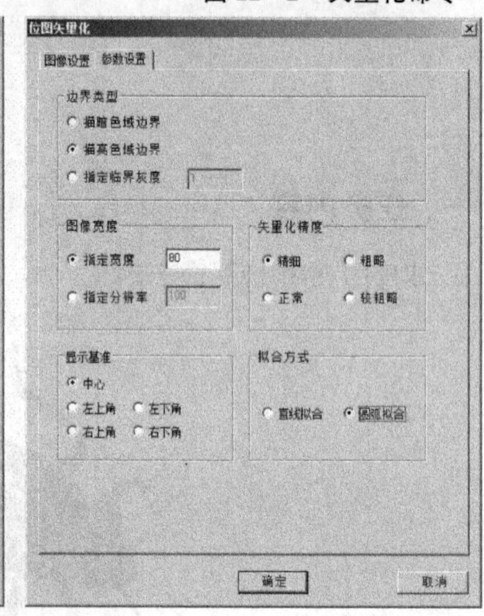

图 12－3　参数设置

4. 完成后的图案如图 12－4 所示。

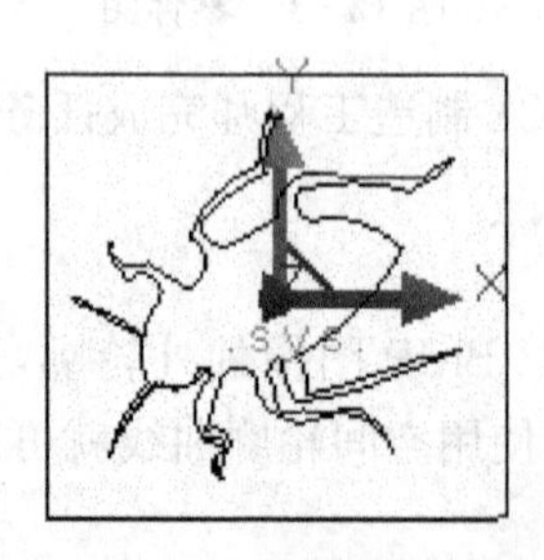

图12－4　完成后的图案

(二) 创建加工轨迹

1. 设置毛坯。

(1) 切换到轨迹管理。如图 12－5 所示。

图 12－5　轨迹管理

(2) 双击毛坯,进行设置。如图 12－6 所示。

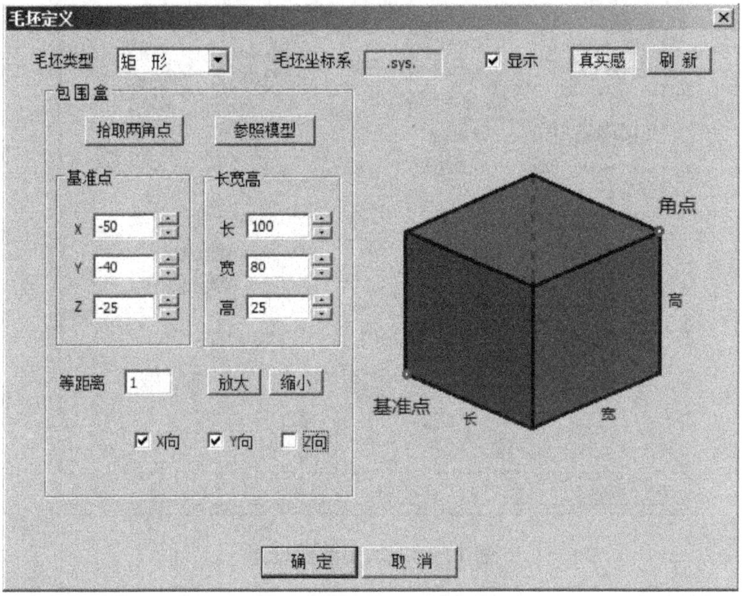

图 12－6　毛坯定义

(3) 按 F8 切换到等轴测。如图 12－7 所示。

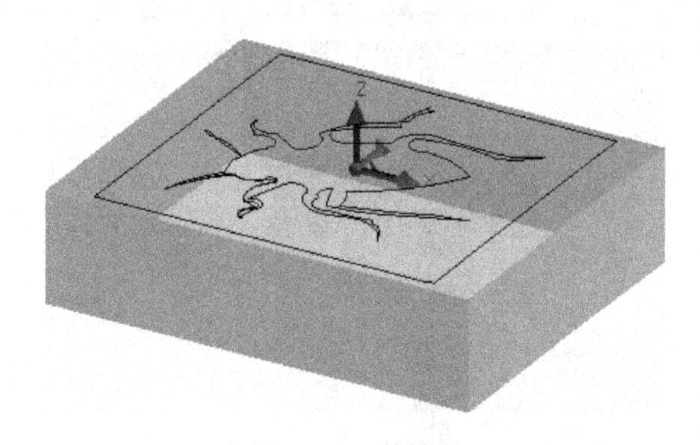

图 12－7　等轴测

2. 轮廓处理。

轮廓的自相交叉的以及重叠的曲线要处理掉,做成一个首尾相连的曲线。

3. 创建加工轨迹。

(1) 使用菜单命令:“加工”—“常用加工”—“平面轮廓精加工”。

(a) 加工参数的设置。如图 12－8 所示。

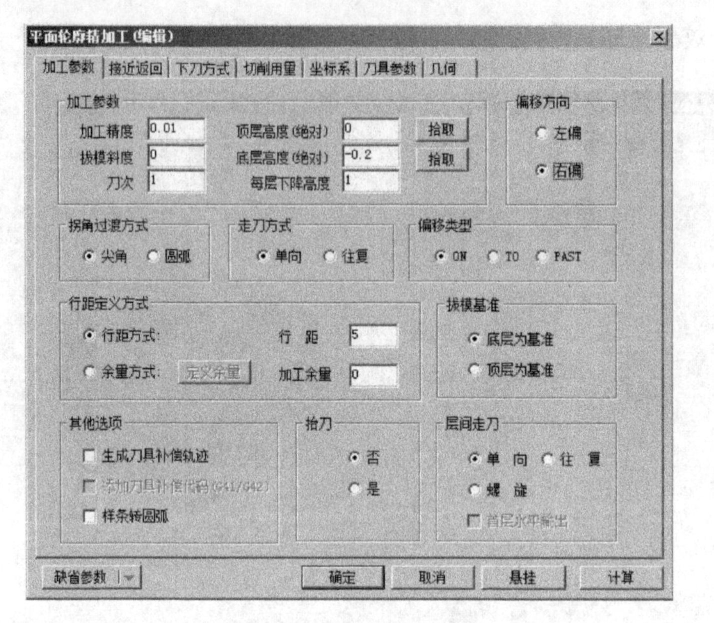

图 12-8　加工参数设置

(b) 切削用量设置:参照机床及刀具和加工材料,自行设置。

(c) 刀具参数设置:可以用雕刻刀代替。如图 12-9 所示。

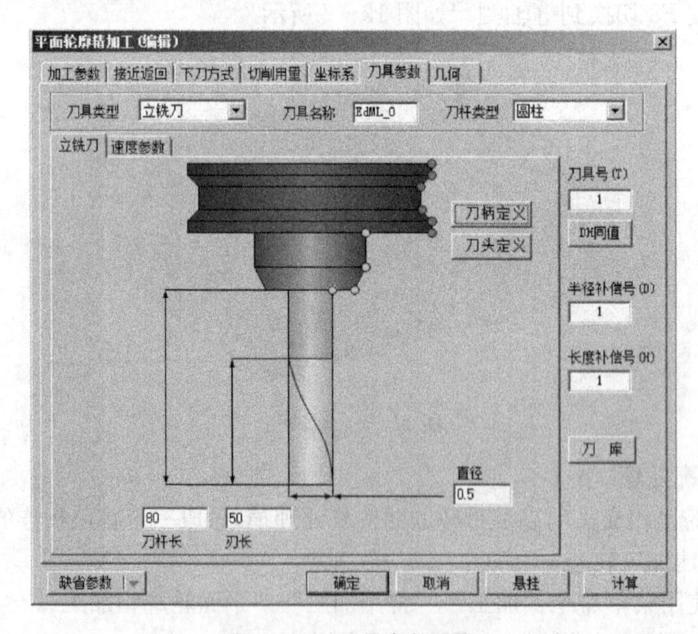

图 12-9　刀具参数设置

(d) 几何设置:轮廓曲线,选择外形轮廓。注意轮廓的方向。

(2) 完成后,生成的加工轨迹如图 12-10 所示。

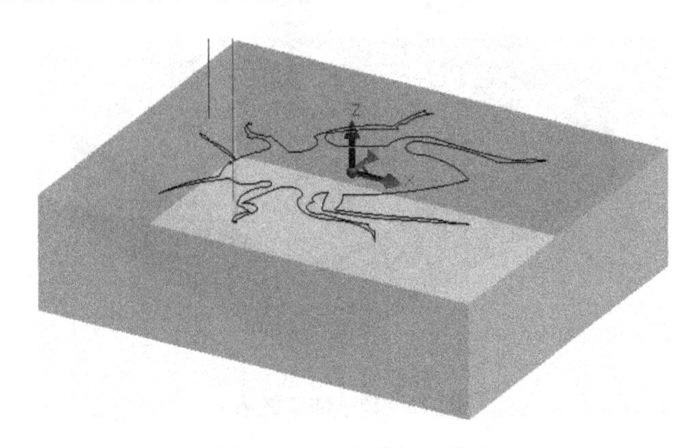

图 12-10　生成加工轨迹

(三) 轨迹仿真加工

1. 点击刀具轨迹,使所有轨迹都处于选中状态。

2. 菜单命令:“加工”—“实体仿真”,进入仿真界面。如图 12-11 所示。

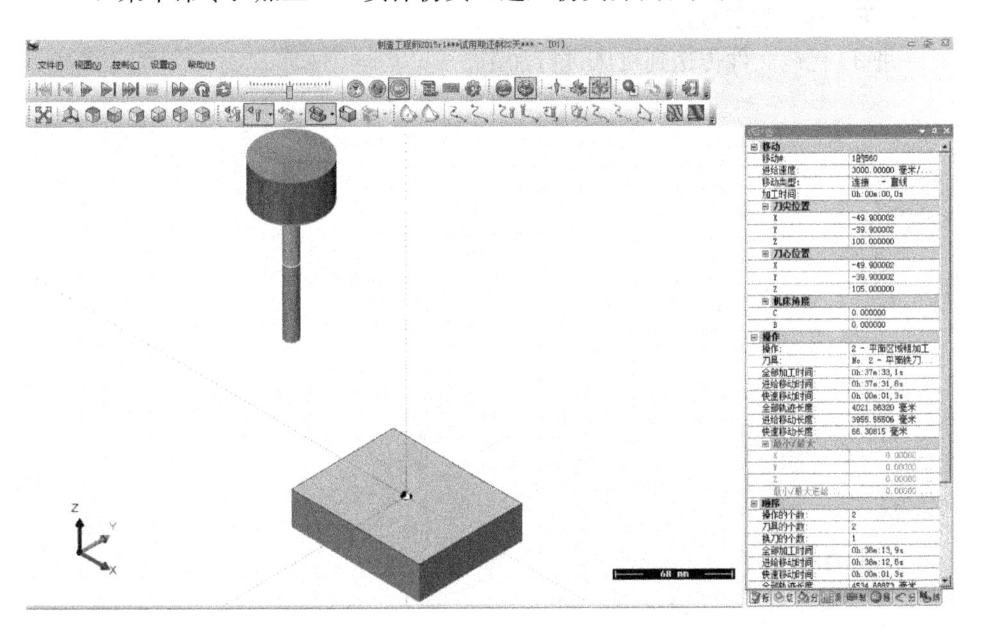

图 12-11　进入仿真界面

3. 菜单命令:“控制”—“运行”,仿真结束后,加工结果如图 12-12 所示。

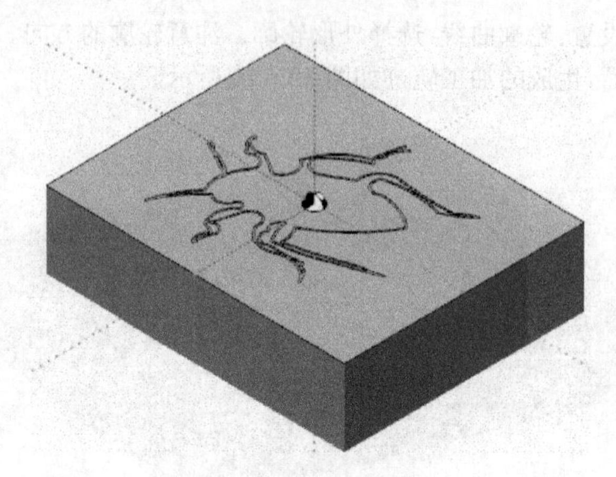

图 12－12　加工结果

4. 完成后，用菜单命令："文件"—"退出"，返回到主界面。

(四) 生成 G 代码

1. 菜单命令："加工"—"后置处理"—"生成 G 代码"。

2. 为每一个轨迹分别生成一个 G 代码文件。

(五) 传送加工程序

把 G 代码文件传送到机床进行加工。

数控铣削加工工艺卡

<table>
<tr><td rowspan="2">松阳中专
学生实训</td><td rowspan="2">数控铣削加
工工艺卡</td><td>零件号</td><td>材料</td><td>毛坯尺寸</td></tr>
<tr><td></td><td></td><td></td></tr>
</table>

工序号	工序名称	工步号	工序工步内容	夹具	刀具	量具	程序号	工艺简图 （画草图）

注：可另附页

学习记录页

一、相关知识记录：

二、操作过程记录：

综合评价表

总得分：________　　师傅：________　　评分教师：______

第______周　　周______　____午　　第______节

<table>
<tr><td colspan="7">任务名称：</td></tr>
<tr><td>评价项目</td><td colspan="2">评价标准</td><td>分值</td><td>自评</td><td>组评</td><td>师评</td></tr>
<tr><td rowspan="3">态度评价(30)</td><td colspan="2">实训纪律</td><td>10</td><td></td><td></td><td></td></tr>
<tr><td colspan="2">三检查(机器设备,工量具,毛坯)</td><td>10</td><td></td><td></td><td></td></tr>
<tr><td colspan="2">二整理(机器设备,工量具),一清扫</td><td>10</td><td></td><td></td><td></td></tr>
<tr><td rowspan="2">理论评价(30)</td><td colspan="2">工艺卡填写</td><td>20</td><td></td><td></td><td></td></tr>
<tr><td colspan="2">相关知识记录</td><td>10</td><td></td><td></td><td></td></tr>
<tr><td rowspan="10">操作评价
(核算分40)</td><td rowspan="6">上机操作</td><td>图形绘制</td><td>4</td><td></td><td></td><td></td></tr>
<tr><td>毛坯设置</td><td>3</td><td></td><td></td><td></td></tr>
<tr><td>轨迹设置</td><td>6</td><td></td><td></td><td></td></tr>
<tr><td>仿真</td><td>2</td><td></td><td></td><td></td></tr>
<tr><td>生成G代码</td><td>2</td><td></td><td></td><td></td></tr>
<tr><td>程序传送</td><td>2</td><td></td><td></td><td></td></tr>
<tr><td rowspan="4">实际操作</td><td>对刀</td><td>3</td><td></td><td></td><td></td></tr>
<tr><td>调用程序</td><td>3</td><td></td><td></td><td></td></tr>
<tr><td>精度控制</td><td>4</td><td></td><td></td><td></td></tr>
<tr><td>工件测量</td><td>10</td><td></td><td></td><td></td></tr>
<tr><td>合计</td><td colspan="3">100</td><td></td><td></td><td></td></tr>
<tr><td>指导教师评语</td><td colspan="6">本次实训等级(优良及)________　指导教师签字</td></tr>
</table>

任务十三　打　孔

一、任务内容

1. 零件图如图 13-1 所示。

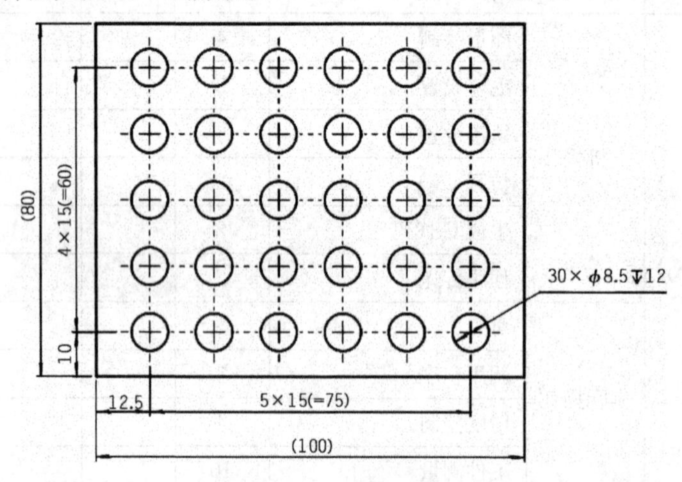

图 13-1　零件图

2. 任务要求:使用 CAXA 制造工程师完成任务对象的加工。

二、任务分析

本工件只进行钻孔加工,这种类型的工件,在 CAXA 制造工程师中,不需要造型,使用空间轮廓曲线就可以完成加工。

三、知识要点

1. 图形的绘制
2. 毛坯的设置
3. 钻孔加工

四、操作过程

(一) 画图

1. 打开 CAXA 制造工程师后,新建一个制造文件。
2. 根据图纸要求,画出加工轮廓。如图 13-2 所示。

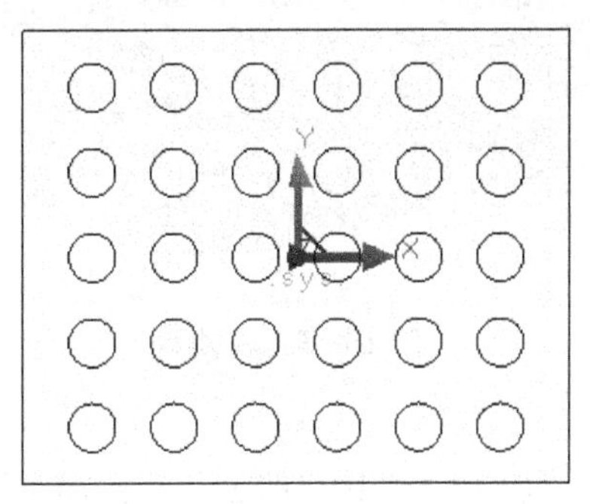

图 13-2　画出加工轮廓

(二) 创建加工轨迹

1. 设置毛坯。
(1) 切换到轨迹管理。如图 13-3 所示。

图 13-3　轨迹管理

(2) 双击毛坯,进行设置。如图 13-4 所示。

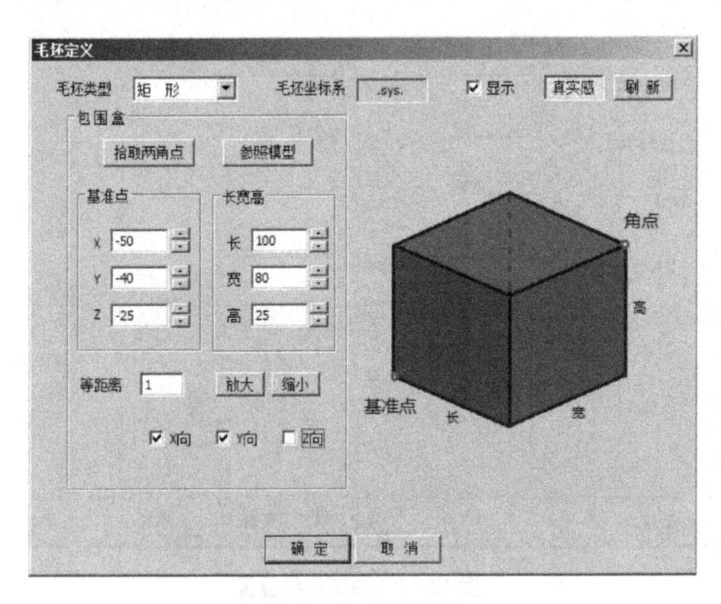

图 13-4　毛坯定义

(3) 按 F8 切换到等轴测。如图 13－5 所示。

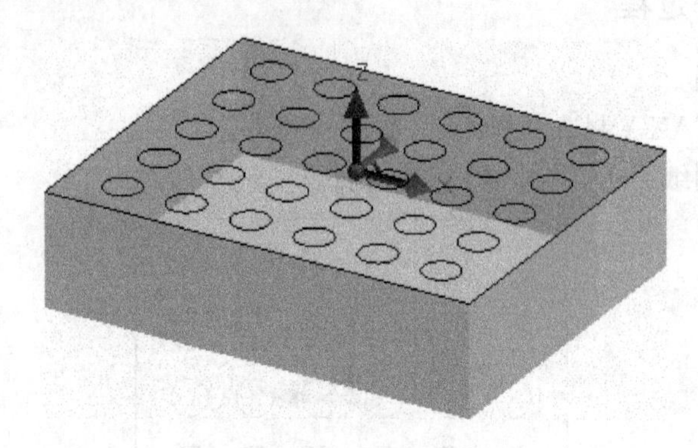

图 13－5　等轴测

2. 创建加工轨迹。

(1) 使用菜单命令:"加工"—"其它加工"—"孔加工"。

(a) 加工参数的设置。如图 13－6 所示。

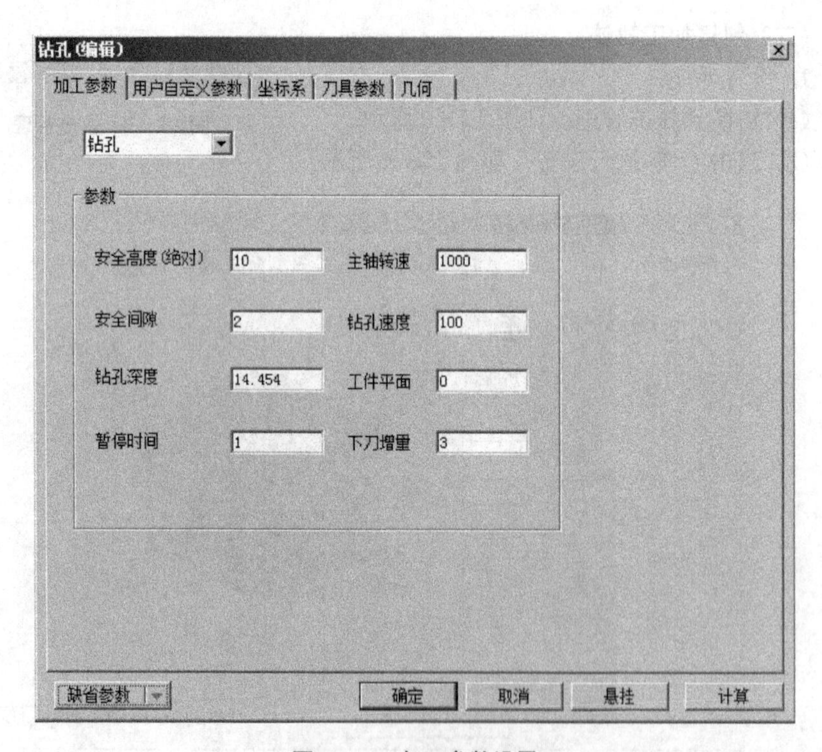

图 13－6　加工参数设置

(b) 钻孔深度的原理如图 13－7 所示。

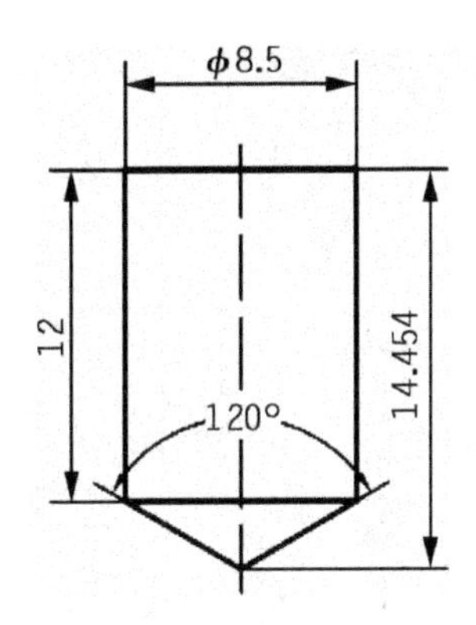

图13－7　钻孔深度的原理

(c) 刀具参数的设置。如图 13－8 所示。

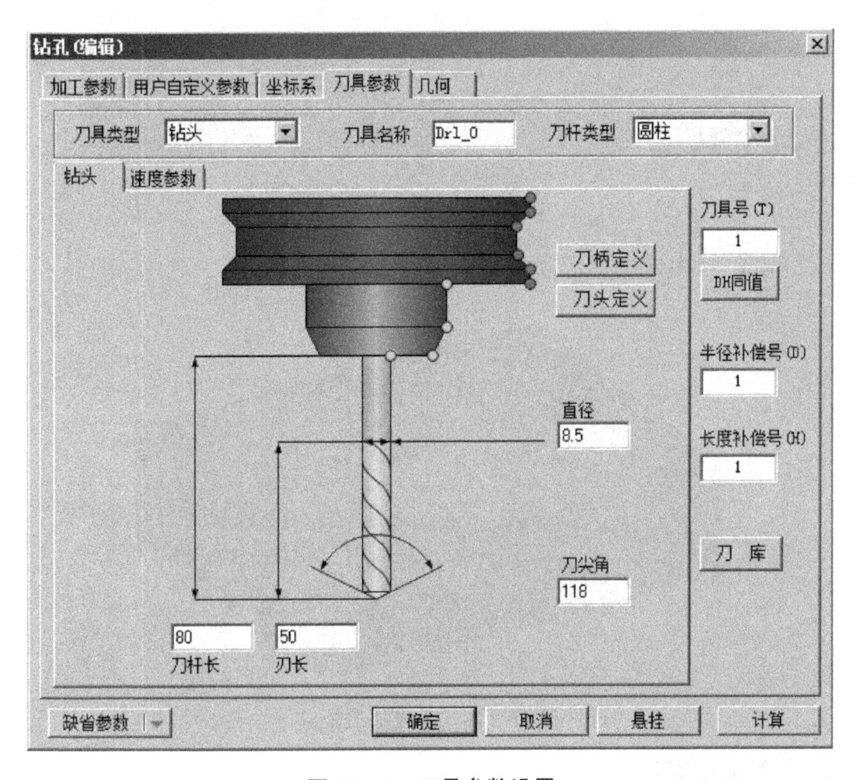

图 13－8　刀具参数设置

(d) 几何参数的设置。如图 13－9 所示。

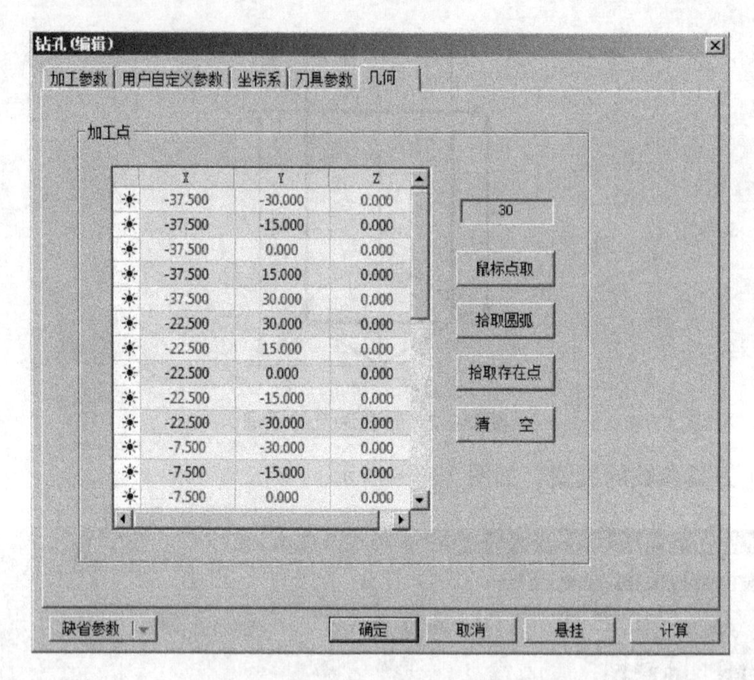

图 13－9　几何参数设置

(e) 完成后，生成的加工轨迹如图 13－10 所示。

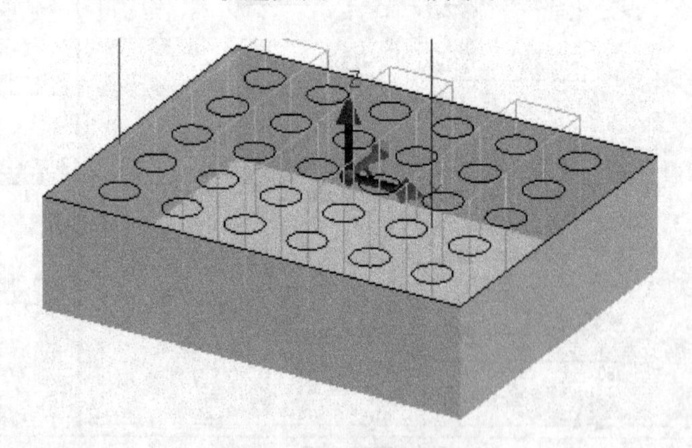

图 13－10　生成加工轨迹

(三) 轨迹仿真加工

1. 点击刀具轨迹，使所有轨迹都处于选中状态。

2. 菜单命令："加工"—"实体仿真"，进入仿真界面。如图 13－11 所示。

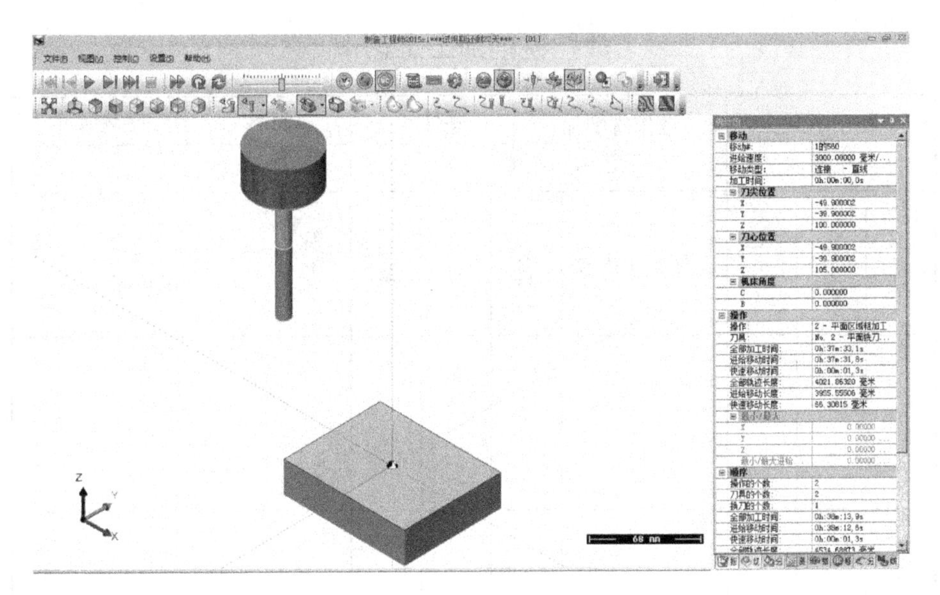

图 13－11　进入仿真界面

3. 菜单命令:“控制”—“运行”,仿真结束后,加工结果如图 13－12 所示。

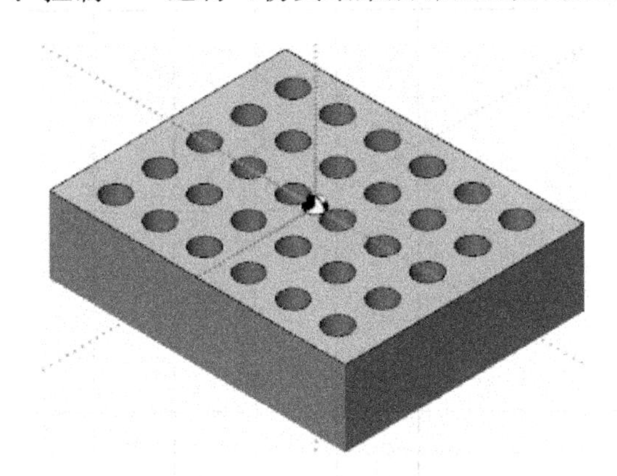

图 13－12　加工结果

4. 完成后,用菜单命令:“文件”—“退出”,返回到主界面。

(四) 生成 G 代码

1. 菜单命令:“加工”—“后置处理”—“生成 G 代码”。

2. 为每一个轨迹分别生成一个 G 代码文件。

(五) 传送加工程序

把 G 代码文件传送到机床进行加工。

数控铣削加工工艺卡

<table>
<tr><td rowspan="2" colspan="3">松阳中专
学生实训</td><td rowspan="2" colspan="3">数控铣削加
工工艺卡</td><td colspan="3">零件号</td><td>材料</td><td>毛坯尺寸</td></tr>
<tr><td colspan="3"></td><td></td><td></td></tr>
<tr><td>工序号</td><td>工序名称</td><td>工步号</td><td>工序工步内容</td><td>夹具</td><td>刀具</td><td>量具</td><td>程序号</td><td colspan="3">工艺简图
(画草图)</td></tr>
<tr><td></td><td></td><td></td><td></td><td></td><td></td><td></td><td></td><td colspan="3"></td></tr>
<tr><td></td><td></td><td></td><td></td><td></td><td></td><td></td><td></td><td colspan="3"></td></tr>
<tr><td></td><td></td><td></td><td></td><td></td><td></td><td></td><td></td><td colspan="3"></td></tr>
<tr><td></td><td></td><td></td><td></td><td></td><td></td><td></td><td></td><td colspan="3"></td></tr>
<tr><td></td><td></td><td></td><td></td><td></td><td></td><td></td><td></td><td colspan="3"></td></tr>
<tr><td></td><td></td><td></td><td></td><td></td><td></td><td></td><td></td><td colspan="3"></td></tr>
</table>

注：可另附页

学习记录页

一、相关知识记录：

二、操作过程记录：

综合评价表

总得分：________ 师傅：________ 评分教师：______

第______周 周______ ____午 第______节

<table>
<tr><td colspan="7">任务名称：</td></tr>
<tr><td>评价项目</td><td colspan="2">评价标准</td><td>分值</td><td>自评</td><td>组评</td><td>师评</td></tr>
<tr><td rowspan="3">态度评价(30)</td><td colspan="2">实训纪律</td><td>10</td><td></td><td></td><td></td></tr>
<tr><td colspan="2">三检查(机器设备,工量具,毛坯)</td><td>10</td><td></td><td></td><td></td></tr>
<tr><td colspan="2">二整理(机器设备,工量具),一清扫</td><td>10</td><td></td><td></td><td></td></tr>
<tr><td rowspan="2">理论评价(30)</td><td colspan="2">工艺卡填写</td><td>20</td><td></td><td></td><td></td></tr>
<tr><td colspan="2">相关知识记录</td><td>10</td><td></td><td></td><td></td></tr>
<tr><td rowspan="10">操作评价
(核算分 40)</td><td rowspan="6">上机操作</td><td>图形绘制</td><td>4</td><td></td><td></td><td></td></tr>
<tr><td>毛坯设置</td><td>3</td><td></td><td></td><td></td></tr>
<tr><td>轨迹设置</td><td>6</td><td></td><td></td><td></td></tr>
<tr><td>仿真</td><td>2</td><td></td><td></td><td></td></tr>
<tr><td>生成 G 代码</td><td>2</td><td></td><td></td><td></td></tr>
<tr><td>程序传送</td><td>2</td><td></td><td></td><td></td></tr>
<tr><td rowspan="4">实际操作</td><td>对刀</td><td>3</td><td></td><td></td><td></td></tr>
<tr><td>调用程序</td><td>3</td><td></td><td></td><td></td></tr>
<tr><td>精度控制</td><td>4</td><td></td><td></td><td></td></tr>
<tr><td>工件测量</td><td>10</td><td></td><td></td><td></td></tr>
<tr><td>合计</td><td colspan="3">100</td><td></td><td></td><td></td></tr>
<tr><td>指导教师评语</td><td colspan="6">

本次实训等级(优良及)________ 指导教师签字</td></tr>
</table>

任务十四　图像雕刻

一、任务内容

1. 零件图如图 14－1 所示。

图 14－1　零件图

2. 任务要求:使用 CAXA 制造工程师完成任务对象的加工。

二、任务分析

本工件是图片雕刻加工,这种类型的工件,在 CAXA 制造工程师中,不需要造型,使用空间轮廓曲线就可以完成加工。

三、知识要点

1. 毛坯的设置
2. 图片雕刻加工

四、操作过程

(一) 创建加工轨迹

1. 设置毛坯。

(1) 切换到轨迹管理。如图 14-2 所示。

图 14-2　轨迹管理

(2)双击毛坯,进行设置。如图 14-3 所示。

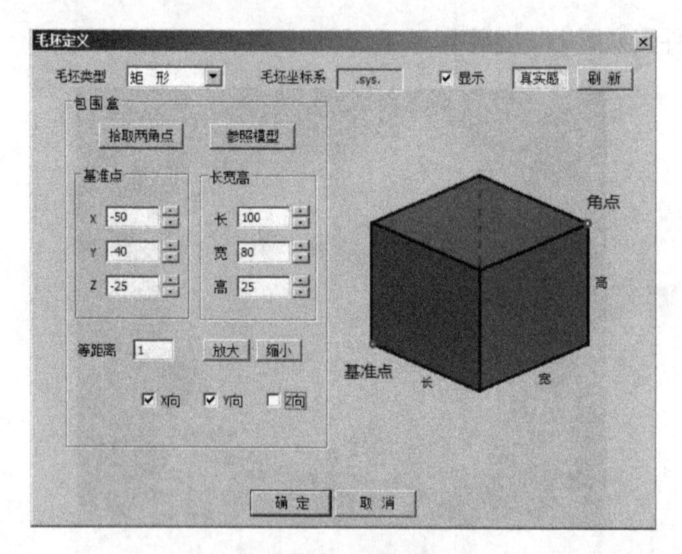

图 14-3　毛坯定义

(3) 按 F8 切换到等轴测。如图 14-4 所示。

图 14-4　等轴测

2. 创建加工轨迹。

(1) 使用菜单命令:“加工”—“雕刻加工”—“图像浮雕加工”。

(a) 图像文件如图 14-5 所示。

图 14-5　图像文件

(b) 加工参数的设置。如图 14-6 所示。

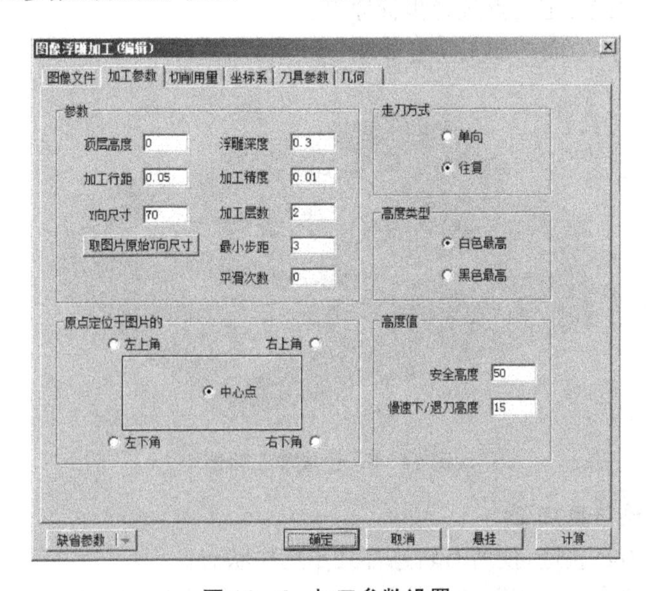

图 14-6　加工参数设置

(c) 切削用量设置:参照机床及刀具和加工材料,自行设置

(d) 刀具参数设置。如图 14-7 所示。

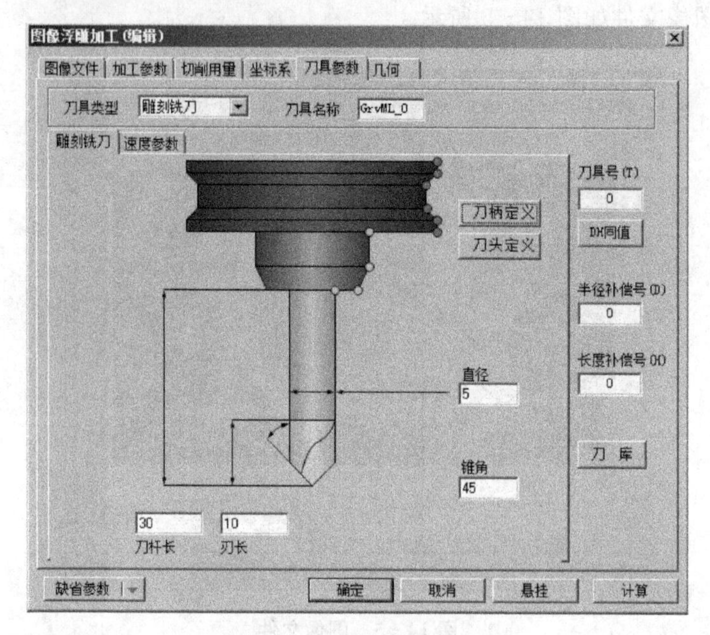

图 14-7　刀具参数设置

(e) 几何设置:定位点选择坐标原点。

(f) 完成后,生成的加工轨迹如图 14-8 所示。

图 14-8　生成加工轨迹

(二) 轨迹仿真加工

1. 点击刀具轨迹,使所有轨迹都处于选中状态。

2. 菜单命令:"加工"—"实体仿真",进入仿真界面。如图 14-9 所示。

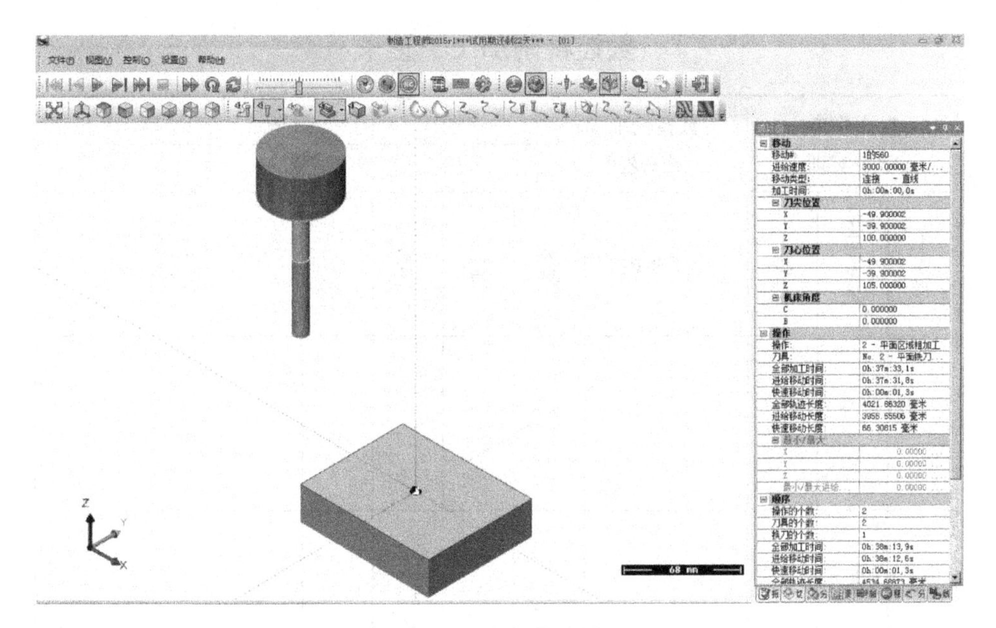

图 14－9　进入仿真界面

3. 菜单命令:“控制”—“运行”,仿真结束后,加工结果如图 14－10 所示。

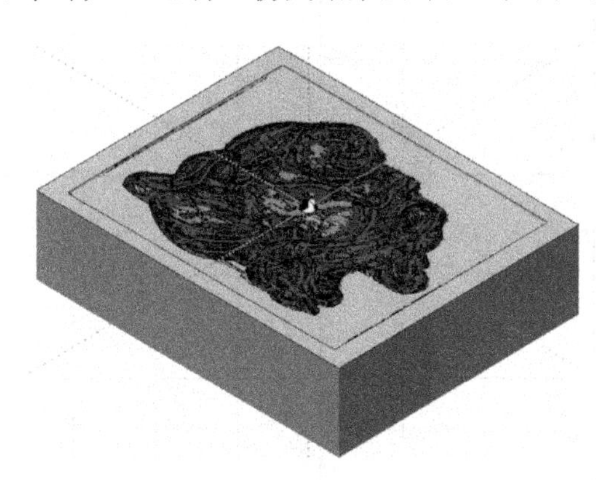

图 14－10　加工结果

4. 完成后,用菜单命令:“文件”—“退出”,返回到主界面。

(三) 生成 G 代码

1. 菜单命令:“加工”—“后置处理”—“生成 G 代码”。

2. 为每一个轨迹分别生成一个 G 代码文件。

(四) 传送加工程序

把 G 代码文件传送到机床进行加工。

数控铣削加工工艺卡

松阳中专学生实训			数控铣削加工工艺卡		零件号		材料	毛坯尺寸
工序号	工序名称	工步号	工序工步内容	夹具	刀具	量具	程序号	工艺简图（画草图）

注：可另附页

学习记录页

一、相关知识记录：

二、操作过程记录：

综合评价表

总得分：________ 师傅：________ 评分教师：______

第______周 周______ ____午 第______节

任务名称：						
评价项目	评价标准		分值	自评	组评	师评
态度评价(30)	实训纪律		10			
	三检查(机器设备，工量具，毛坯)		10			
	二整理(机器设备，工量具)，一清扫		10			
理论评价(30)	工艺卡填写		20			
	相关知识记录		10			
操作评价 (核算分 40)	上机操作	图形绘制	4			
		毛坯设置	3			
		轨迹设置	6			
		仿真	2			
		生成 G 代码	2			
		程序传送	2			
	实际操作	对刀	3			
		调用程序	3			
		精度控制	4			
		工件测量	10			
合计	100					
指导教师评语	本次实训等级(优良及)________ 指导教师签字					

任务十五　回旋镖外形加工

一、任务内容

1. 零件图如图 15－1 所示。

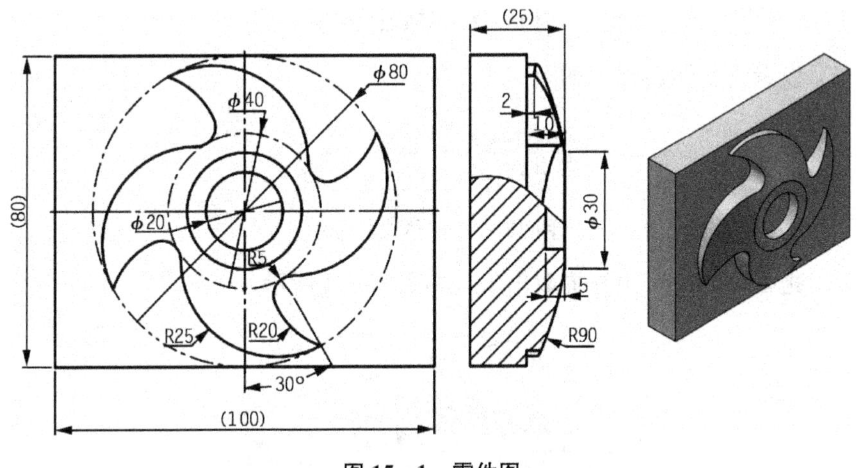

图 15－1　零件图

2. 任务要求：使用 CAXA 制造工程师完成任务对象的加工。

二、任务分析

本工件加工的是曲面，这种类型的工件，在 CAXA 制造工程师中，需要做出零件的三维模型，才可以加工。为了节省时间，我们已经做好了模型，大家可以直接导入模型进行加工。

三、知识要点

1. 导入模型
2. 参数线加工

四、操作过程

（一）画图

1. 打开 CAXA 制造工程师后，新建一个制造文件。
2. 导入零件（过程略）。

（二）加工轮廓处理

1. 提取加工轮廓。如图 15－2 所示。

图 15－2 提取加工轮廓

2. 设置为实体边界。如图 15－3 所示。

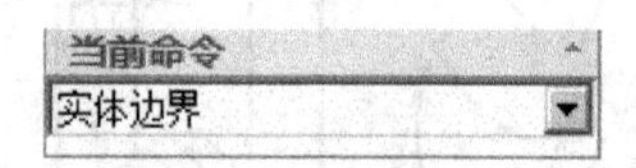

图 15－3 实体边界命令

3. 把零件的加工边界提取出来。如图 15－4 所示。

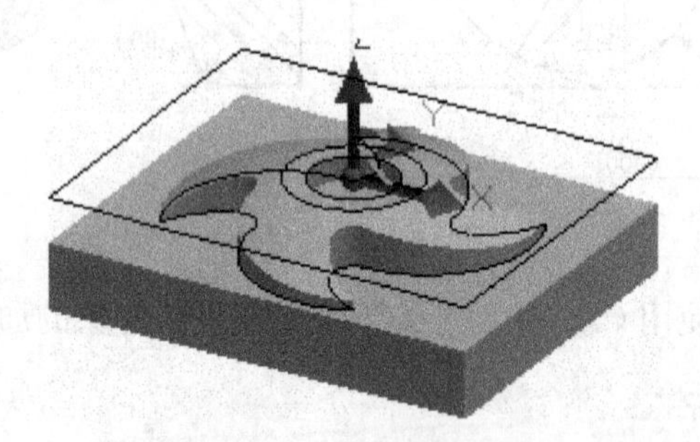

图 15－4 提取加工边界

4. 按 F6 切换视图方向，画出加工轮廓线。如图 15－5 所示。

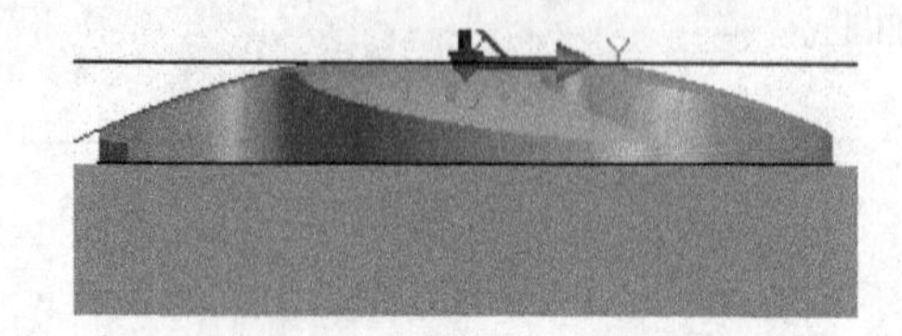

图 15－5 画出加工轮廓线

5. 按 F8,等轴测效果图。如图 15－6 所示。

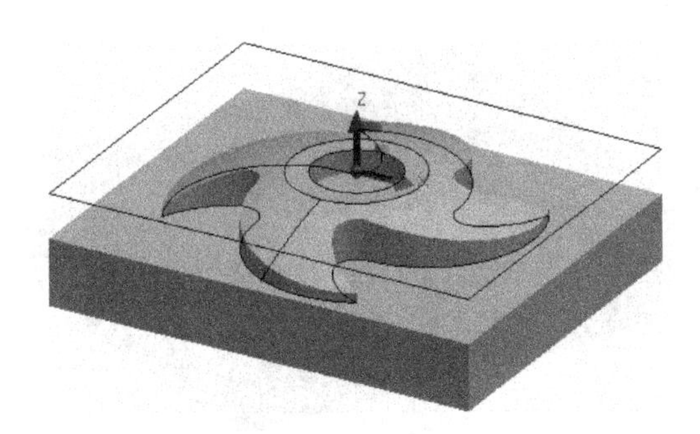

图 15－6　等轴测效果图

(三) 创建加工轨迹

1. 设置毛坯。

(1) 切换到轨迹管理。如图 15－7 所示。

图 15－7　轨迹管理

(2) 双击毛坯,进行设置。如图 15－8 所示。

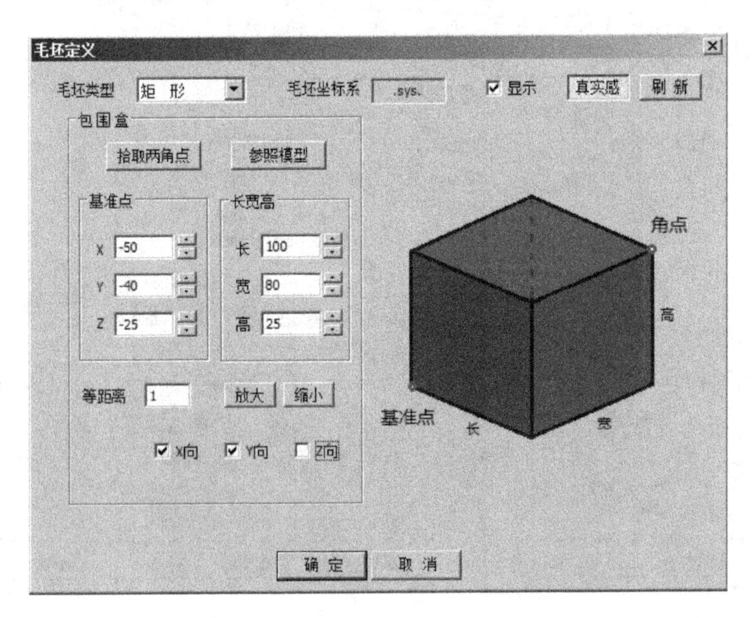

图 15－8　毛坯定义

(3) 按 F8 切换到等轴测。如图 15－9 所示。

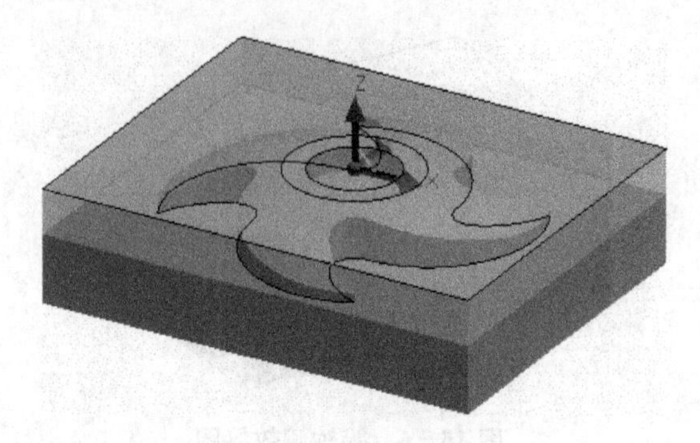

图 15－9　等轴测

2. 创建加工轨迹。

(1) 外形的加工。

(a) 使用菜单命令:“加工”—“常用加工”—“平面轮廓精加工”。

(b) 加工参数的设置。如图 15－10 所示。

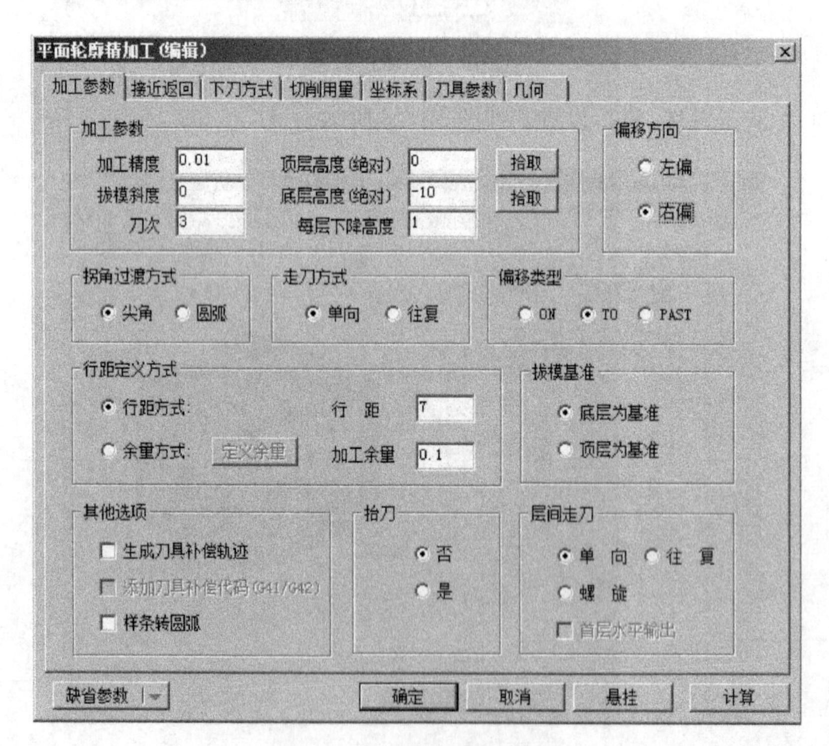

图 15－10　加工参数设置

(c) 下刀方式设置。如图 15－11 所示。

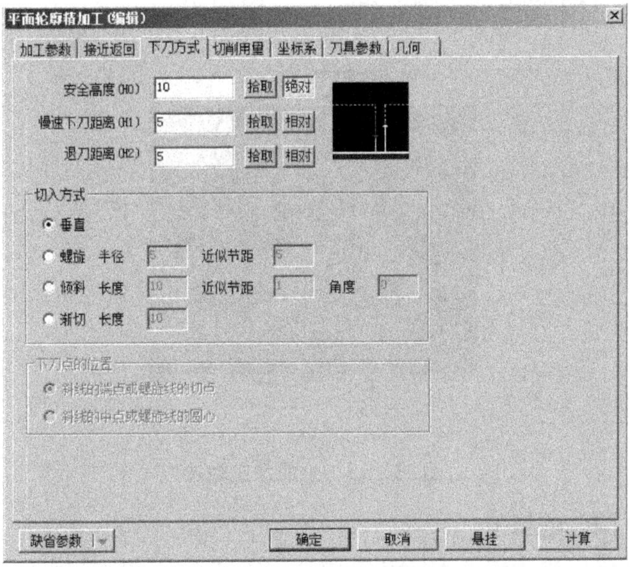

图 15－11　下刀方式设置

(d) 切削用量设置:参照机床及刀具和加工材料,自行设置。

(e) 刀具参数设置。如图 15－12 所示。

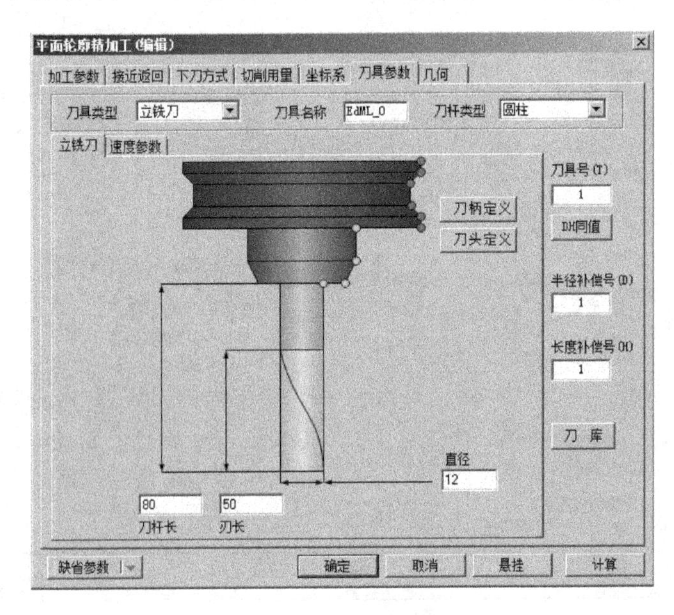

图 15－12　刀具参数设置

(f) 几何设置:轮廓曲线,选择镖形轮廓线。注意轮廓的方向。

(g) 完成后,生成的加工轨迹如图 15 - 13 所示。

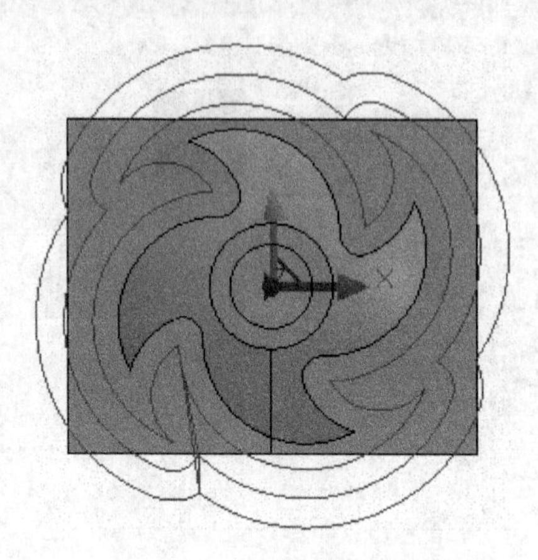

图 15 - 13　生成加工轨迹

(2) ϕ 20 圆孔的加工。

(a) 使用菜单命令:“加工”—“常用加工”—“平面轮廓精加工”。

(b) 加工参数设置。如图 15 - 14 所示。

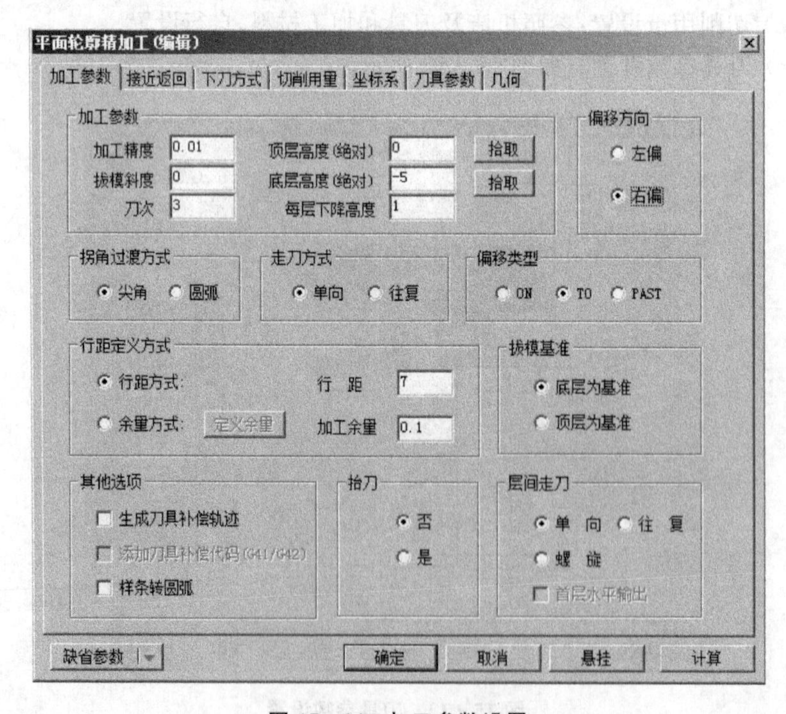

图 15 - 14　加工参数设置

(c) 下刀方式设置。如图 15－15 所示。

平面轮廓精加工（编辑）

加工参数 | 接近返回 | 下刀方式 | 切削用量 | 坐标系 | 刀具参数 | 几何

安全高度(H0) 100 拾取 绝对

慢速下刀距离(H1) 10 拾取 相对

退刀距离(H2) 10 拾取 相对

切入方式

垂直

螺旋 半径 3 近似节距 3

倾斜 长度 10 近似节距 1 角度 0

渐切 长度 10

下刀点的位置

斜线的端点或螺旋线的切点

斜线的中点或螺旋线的圆心

缺省参数 确定 取消 悬挂 计算

图 15－15　下刀方式设置

(d) 切削用量设置：参照机床及刀具和加工材料，自行设置。

(e) 几何设置：轮廓曲线，选择ϕ 20 圆。注意轮廓的方向。

(f) 其他参数同外形轮廓的加工参数。

(g) 完成后，生成的加工轨迹如图 15－16 所示。

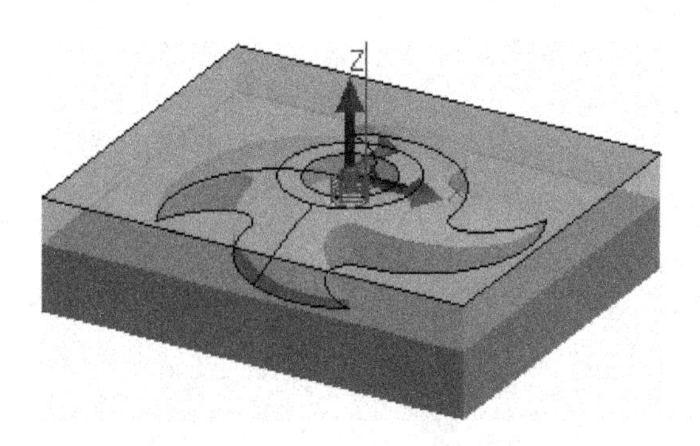

图 15－16　生成加工轨迹

(3) 粗加工曲面。

(a) 使用菜单命令："加工"—"常用加工"—"扫描线精加工"。

(b) 加工参数设置。如图15－17所示。

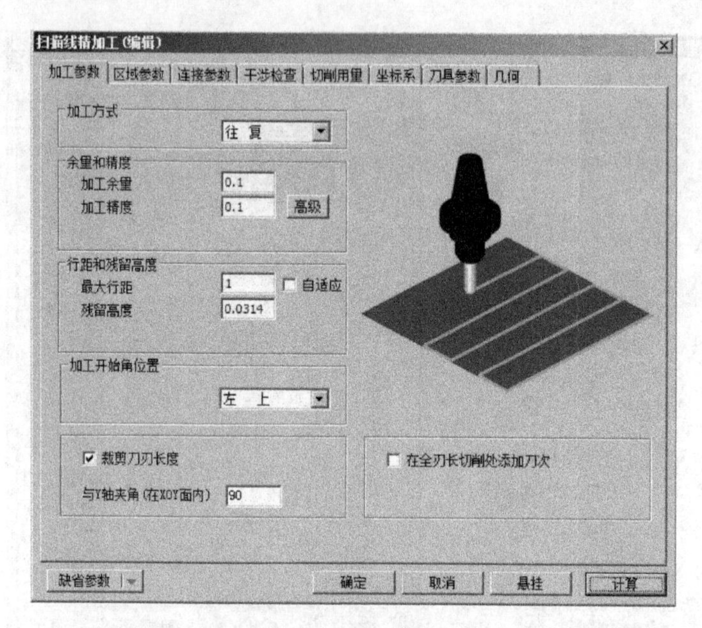

图15－17　加工参数设置

(c) 区域参数设置。如图15－18所示。

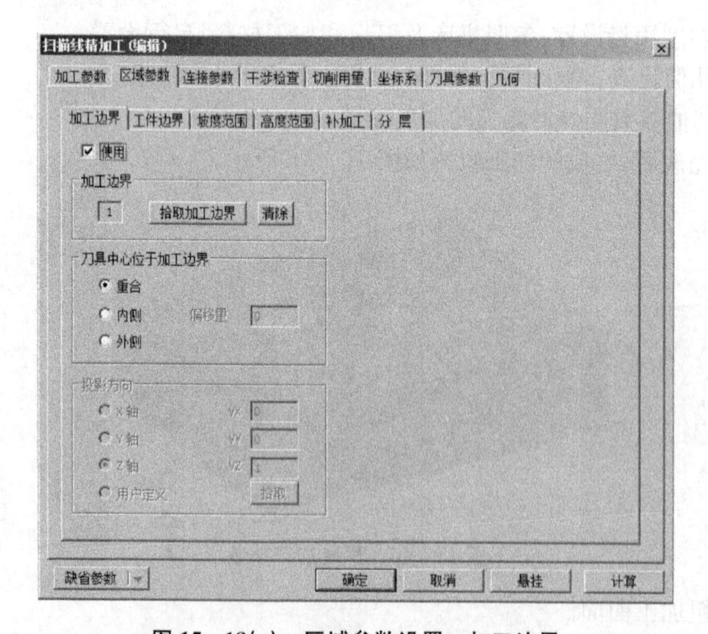

图15－18(a)　区域参数设置—加工边界

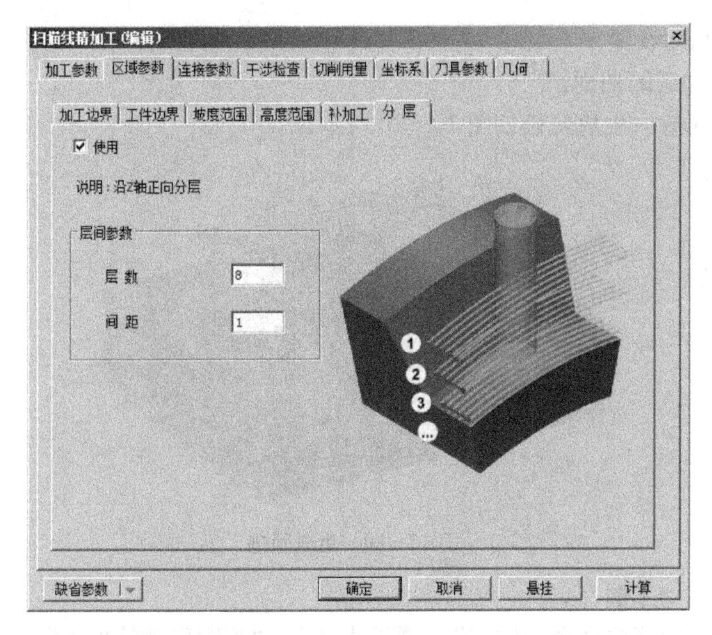

图 15-18(b)　区域参数设置—分层

(d) 切削用量设置:参照机床及刀具和加工材料,自行设置。

(e) 刀具参数设置。如图 15-19 所示。

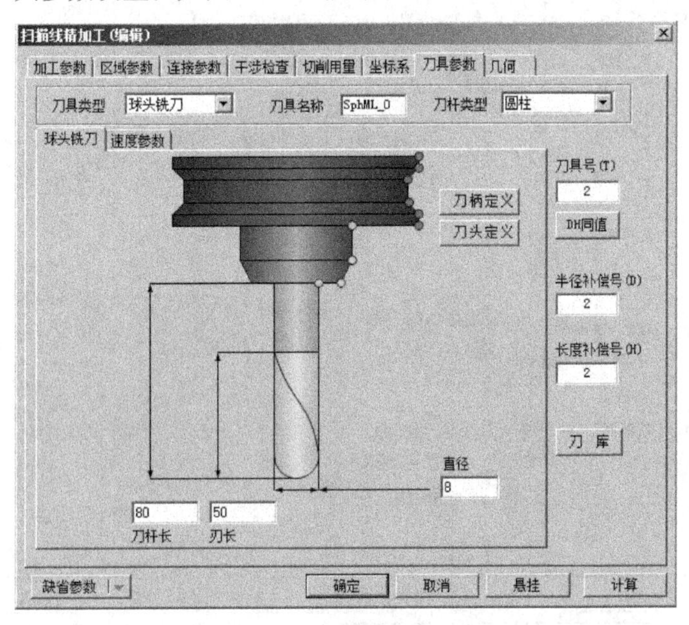

图 15-19　刀具参数设置

(f) 几何设置。

选择加工的曲面。

(g) 完成后生成轨迹如图 15 - 20 所示。

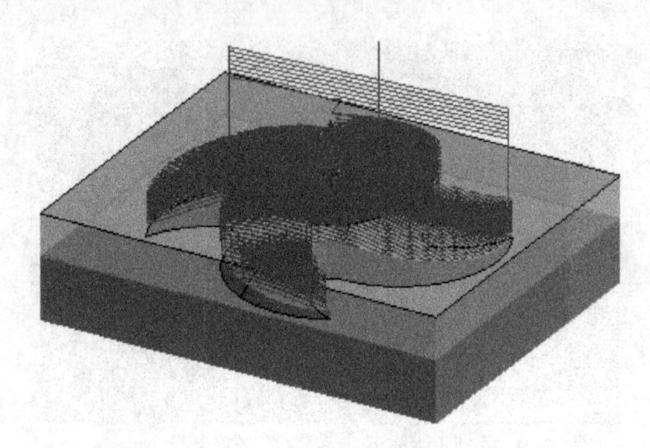

图 15 - 20　生成轨迹

(4) 精加工曲面。

(a) 使用菜单命令:"加工"—"常用加工"—"轮廓导动精加工"。

(b) 加工参数设置。如图 15 - 21 所示。

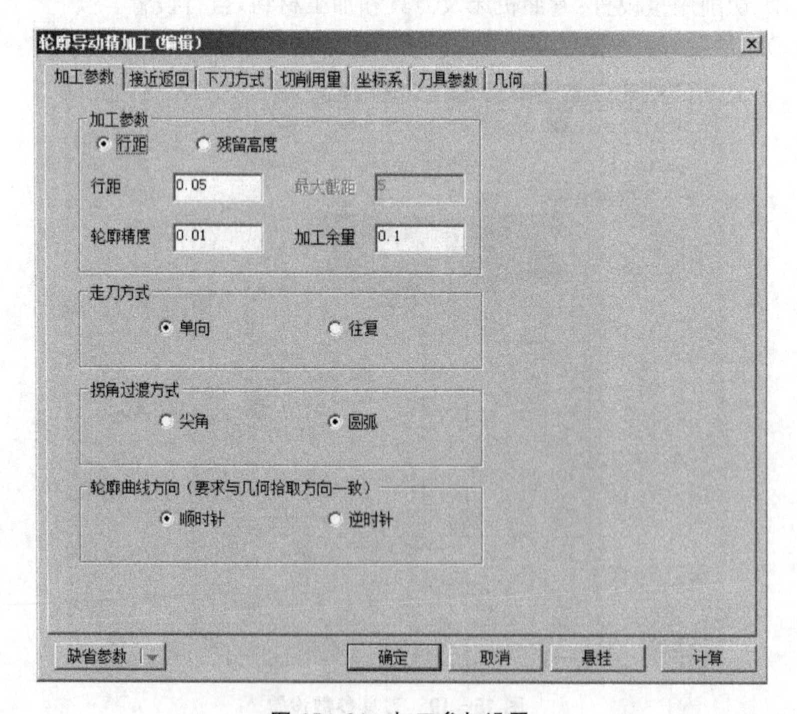

图 15 - 21　加工参加设置

(c) 切削用量设置:参照机床及刀具和加工材料,自行设置。

(d) 刀具参数设置。如图 15-22 所示。

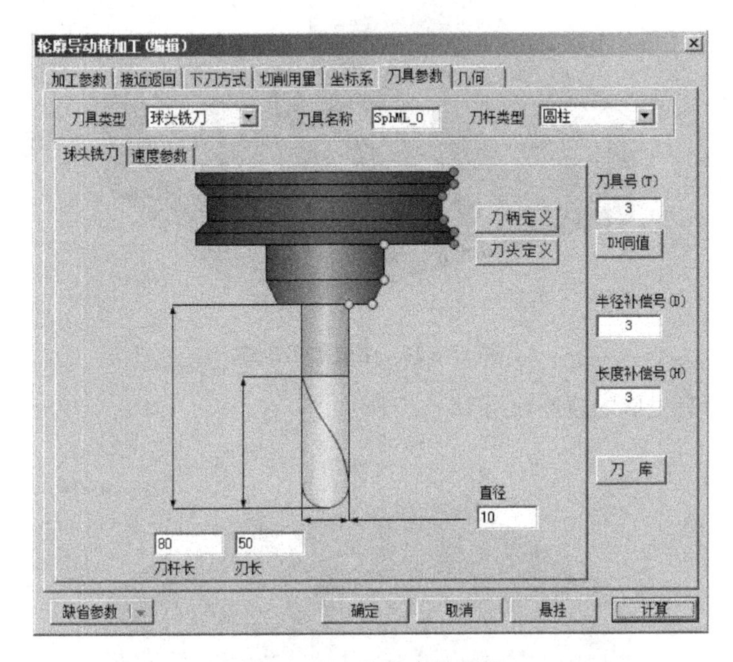

图 15-22　刀具参数设置

(e) 几何设置。如图 15-23 所示。

轮廓曲线,选择 30 的圆;截面线,选择 R90 的圆弧,加工方向是 Z 轴正方向。

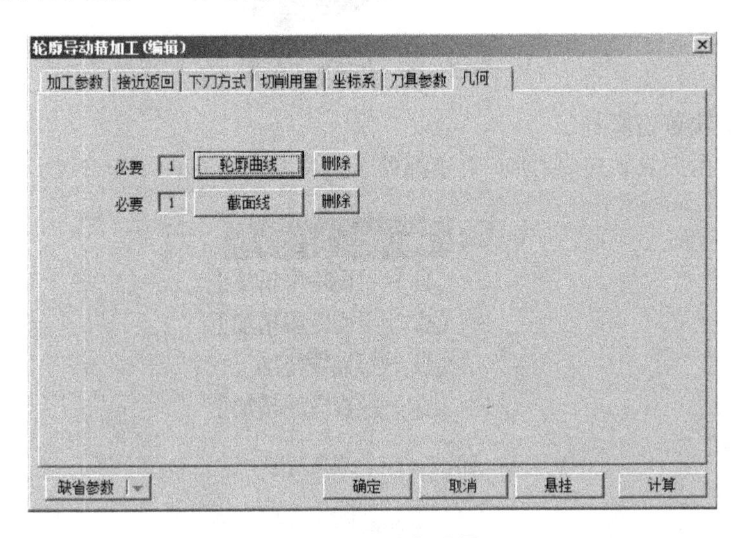

图 15-23　几何设置

(f) 完成后的加工轨迹如图 15 - 24 所示。

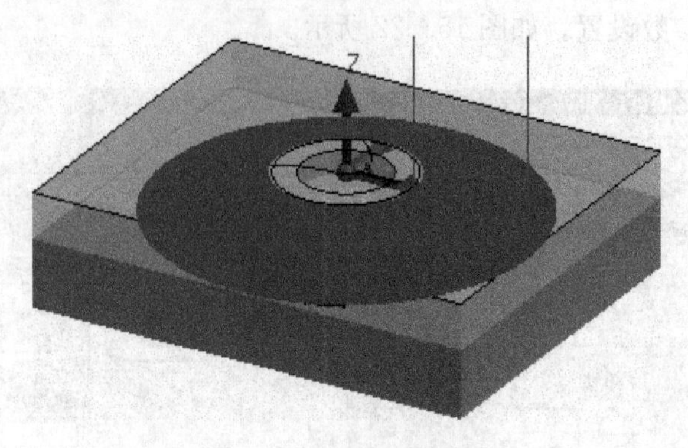

图 15 - 24　生成加工轨迹

(5) 所有生成的轨迹如图 15 - 25 所示。

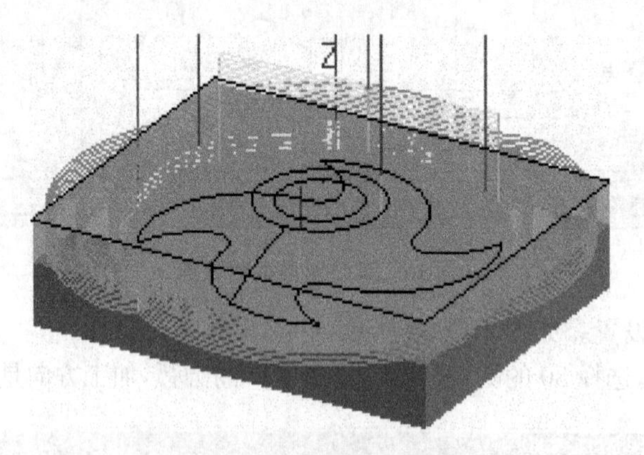

图 15 - 25　全部加工轨迹

(四) 轨迹仿真加工

1. 点击刀具轨迹,使所有轨迹都处于选中状态。如图 15 - 26 所示。

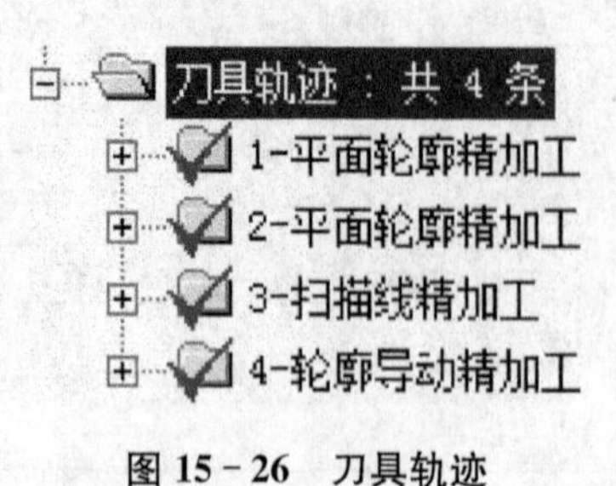

图 15 - 26　刀具轨迹

2. 菜单命令:“加工”—“实体仿真”,进入仿真界面。如图 15－27 所示。

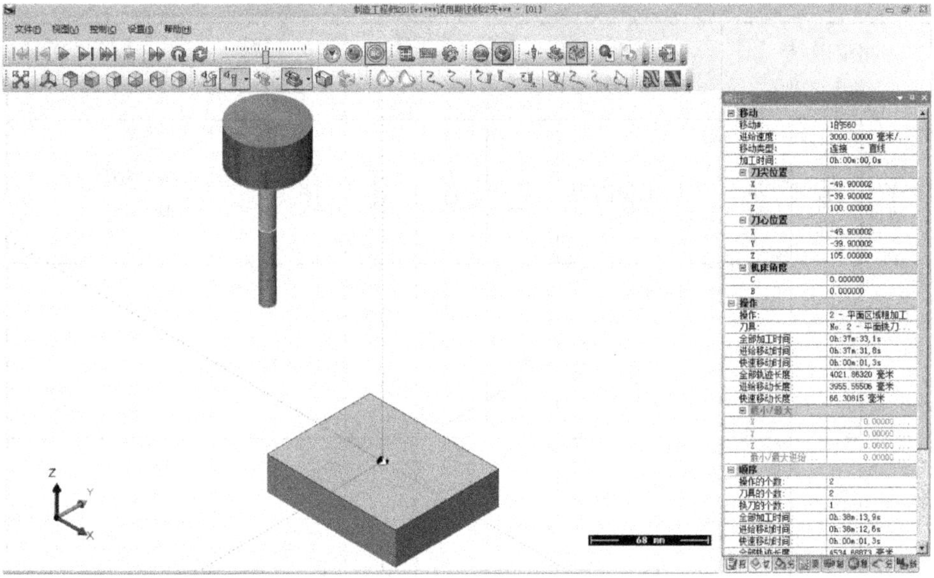

图 15－27　进入仿真界面

3. 菜单命令:“控制”—“运行”,仿真结束后,加工结果如图 15－28 所示。

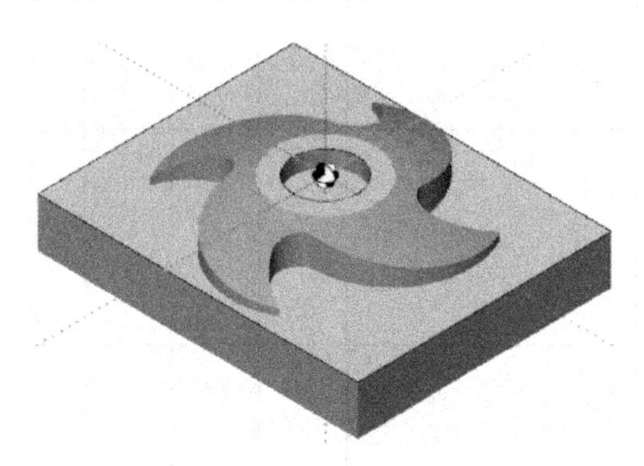

图 15－28　加工结果

4. 完成后,用菜单命令:“文件”—“退出”,返回到主界面。

(五) 生成 G 代码

1. 菜单命令:“加工”—“后置处理”—“生成 G 代码”。

2. 为每一个轨迹分别生成一个 G 代码文件。

(六) 传送加工程序

把 G 代码文件传送到机床进行加工。

数控铣削加工工艺卡

<table>
<tr><td colspan="3">松阳中专
学生实训</td><td colspan="2">数控铣削加
工工艺卡</td><td colspan="2">零件号</td><td>材料</td><td>毛坯尺寸</td></tr>
<tr><td>工序号</td><td>工序名称</td><td>工步号</td><td>工序工步内容</td><td>夹具</td><td>刀具</td><td>量具</td><td>程序号</td><td>工艺简图（画草图）</td></tr>
<tr><td></td><td></td><td></td><td></td><td></td><td></td><td></td><td></td><td></td></tr>
<tr><td></td><td></td><td></td><td></td><td></td><td></td><td></td><td></td><td></td></tr>
<tr><td></td><td></td><td></td><td></td><td></td><td></td><td></td><td></td><td></td></tr>
<tr><td></td><td></td><td></td><td></td><td></td><td></td><td></td><td></td><td></td></tr>
<tr><td></td><td></td><td></td><td></td><td></td><td></td><td></td><td></td><td></td></tr>
<tr><td></td><td></td><td></td><td></td><td></td><td></td><td></td><td></td><td></td></tr>
</table>

注：可另附页

学习记录页

一、相关知识记录：

二、操作过程记录：

综合评价表

总得分：________ 师傅：________ 评分教师：______

第______周 周______ ____午 第______节

<table>
<tr><td colspan="7">任务名称：</td></tr>
<tr><td>评价项目</td><td colspan="2">评价标准</td><td>分值</td><td>自评</td><td>组评</td><td>师评</td></tr>
<tr><td rowspan="3">态度评价(30)</td><td colspan="2">实训纪律</td><td>10</td><td></td><td></td><td></td></tr>
<tr><td colspan="2">三检查(机器设备,工量具,毛坯)</td><td>10</td><td></td><td></td><td></td></tr>
<tr><td colspan="2">二整理(机器设备,工量具),一清扫</td><td>10</td><td></td><td></td><td></td></tr>
<tr><td rowspan="2">理论评价(30)</td><td colspan="2">工艺卡填写</td><td>20</td><td></td><td></td><td></td></tr>
<tr><td colspan="2">相关知识记录</td><td>10</td><td></td><td></td><td></td></tr>
<tr><td rowspan="10">操作评价
(核算分 40)</td><td rowspan="6">上机操作</td><td>图形绘制</td><td>4</td><td></td><td></td><td></td></tr>
<tr><td>毛坯设置</td><td>3</td><td></td><td></td><td></td></tr>
<tr><td>轨迹设置</td><td>6</td><td></td><td></td><td></td></tr>
<tr><td>仿真</td><td>2</td><td></td><td></td><td></td></tr>
<tr><td>生成 G 代码</td><td>2</td><td></td><td></td><td></td></tr>
<tr><td>程序传送</td><td>2</td><td></td><td></td><td></td></tr>
<tr><td rowspan="4">实际操作</td><td>对刀</td><td>3</td><td></td><td></td><td></td></tr>
<tr><td>调用程序</td><td>3</td><td></td><td></td><td></td></tr>
<tr><td>精度控制</td><td>4</td><td></td><td></td><td></td></tr>
<tr><td>工件测量</td><td>10</td><td></td><td></td><td></td></tr>
<tr><td>合计</td><td colspan="3">100</td><td></td><td></td><td></td></tr>
<tr><td>指导教师评语</td><td colspan="6">

本次实训等级(优良及)________ 指导教师签字</td></tr>
</table>

任务十六　扫描加工

一、任务内容

1. 零件图如图 16 - 1 所示。

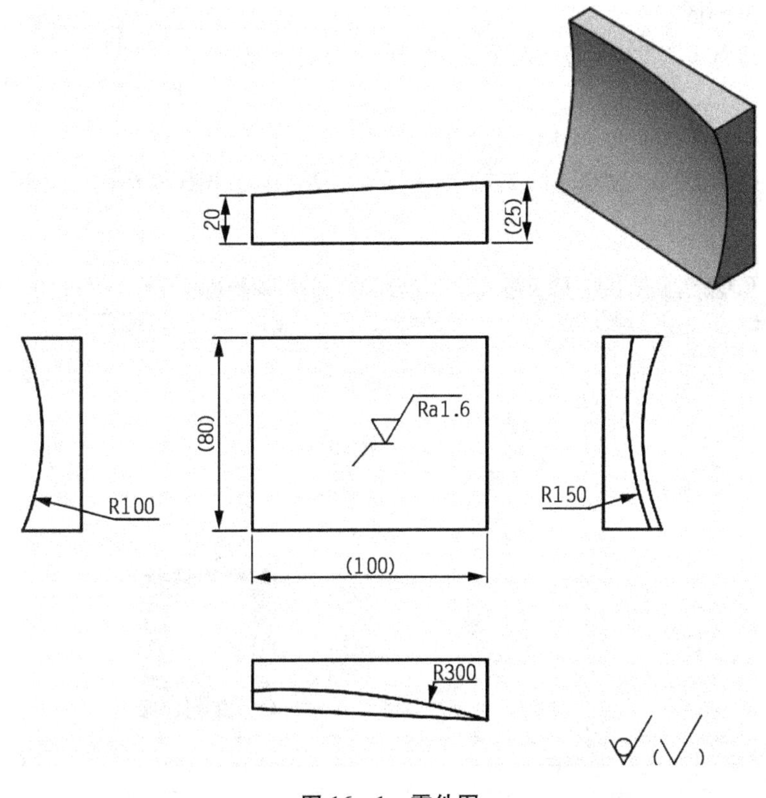

图 16 - 1　零件图

2. 任务要求:使用 CAXA 制造工程师完成任务对象的加工。

二、任务分析

本工件加工的是一个曲面，这种类型的工件，在 CAXA 制造工程师中，需要做出零件的三维模型，才可以加工。为了节省时间，我们已经做好了模型，大家可以直接导入模型进行加工。

三、知识要点

1. 导入模型
2. 曲面加工

四、操作过程

(一) 画图

1. 打开 CAXA 制造工程师后，新建一个制造文件。

实体布尔运算
将另一文件数据读入当前文件中

图 16－2　导入零件

2. 导入零件。如图 16－2 所示。

3. 弹出窗口，选择文件(支持 *.X_T，*.X_B，*.IGS 等格式)。如图 16－3 所示。

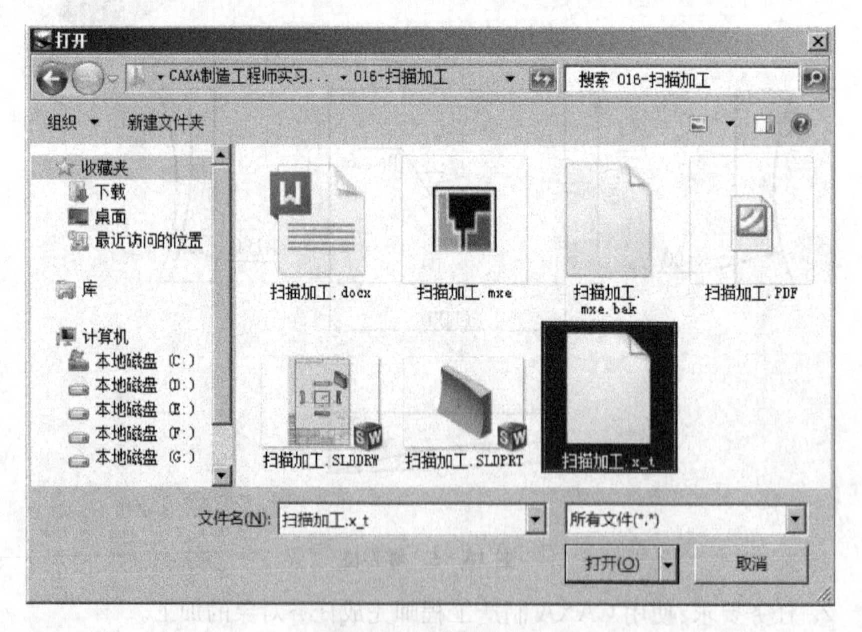

图 16－3　选择文件

4. 布尔运算方式为并集，然后再点击坐标原点。如图 16－4 所示。

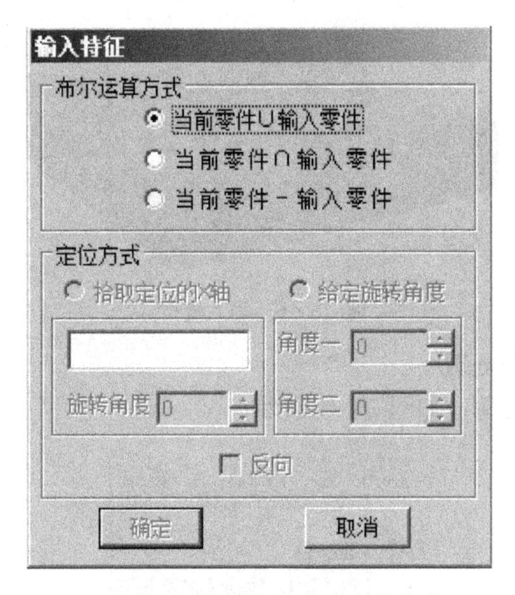

图 16－4　输入特征—布尔运算方式

5. 设定定位方式，然后点击确定。如图 16－5 所示。

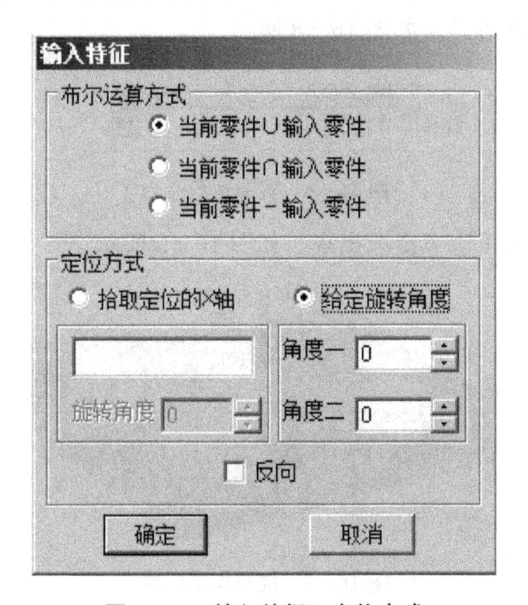

图 16－5　输入特征—定位方式

6. 导入的模型如图 16－6 所示。

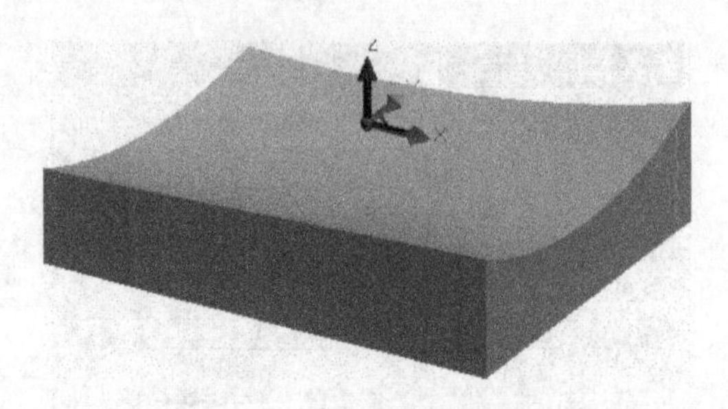

图 16－6　导入模型

(二) 加工轮廓处理

1. 提取加工轮廓。如图 16－7 所示。

图 16－7　提取加工轮廓

2. 设置为实体边界。如图 16－8 所示。

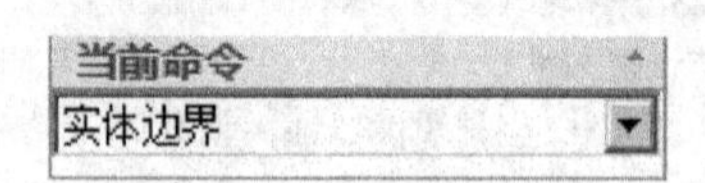

图 16－8　实体边界命令

3. 把零件的加工边界提取出来。如图 16－9 所示。

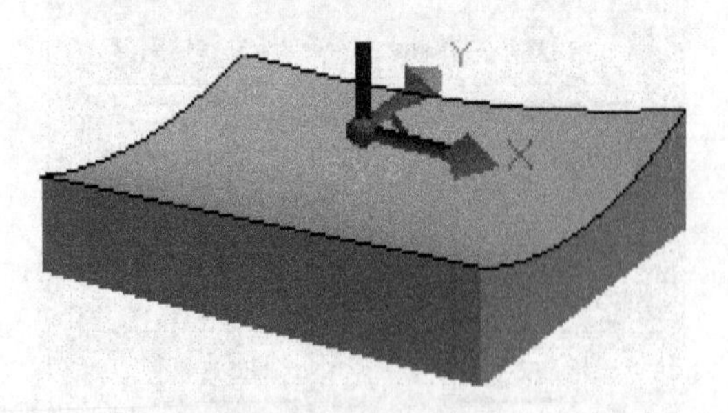

图 16－9　提取加工边界

(三) 创建加工轨迹

1. 设置毛坯。

（1）切换到轨迹管理。如图 16－10 所示。

图 16－10　轨迹管理

（2）双击毛坯，进行设置。如图 16－11 所示。

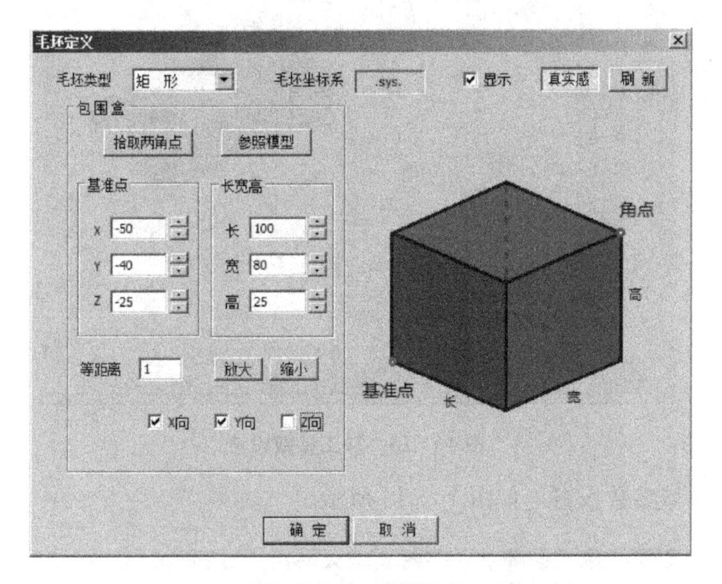

图 16－11　毛坯定义

（3）按 F8 切换到等轴测。如图 16－12 所示。

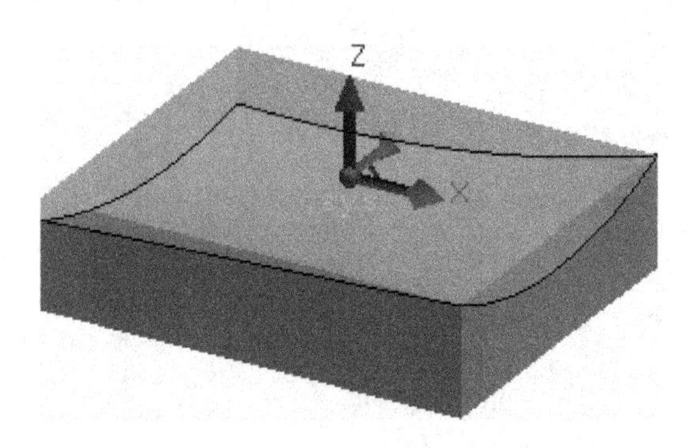

图 16－12　等轴测

2. 创建加工轨迹。

（1）使用菜单命令："加工"－"常用加工"－"扫描线精加工"。

(a) 加工参数的设置。如图 16 - 13 所示。

图 16 - 13　加工参数设置

(b) 区域参数设置。如图 16 - 14 所示。

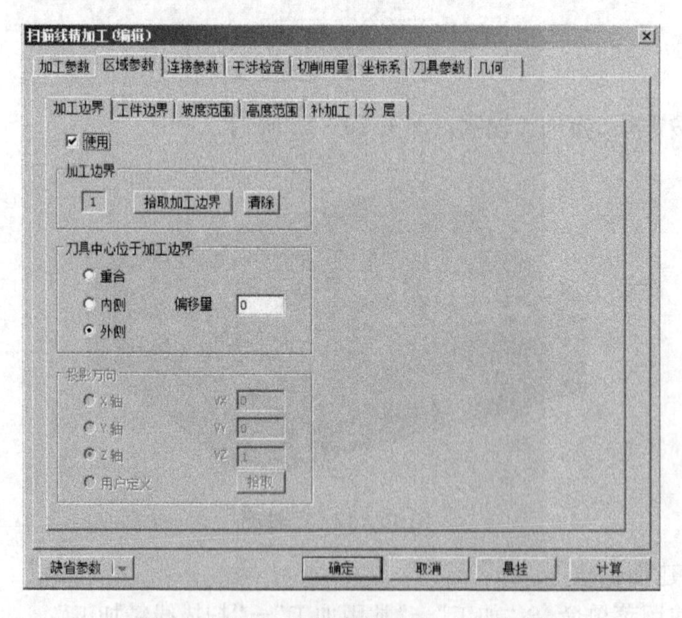

图 16 - 14(a)　**区域参数设置—加工边界**

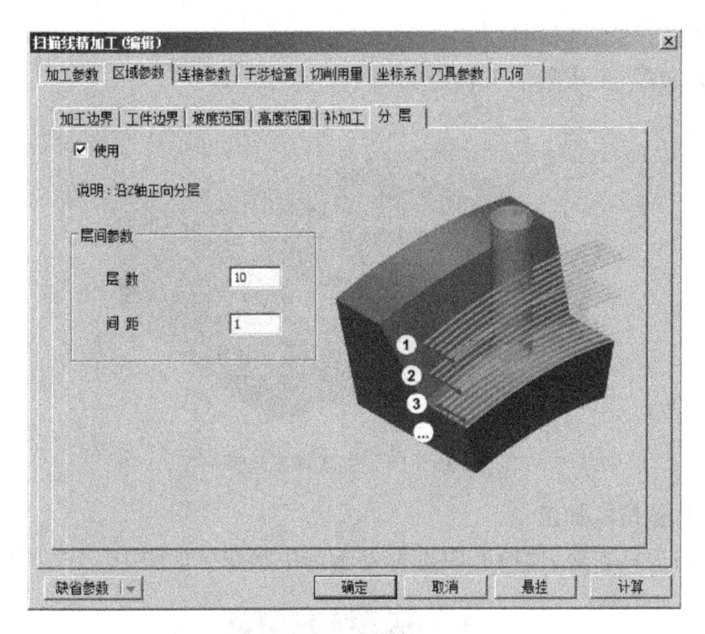

图 16-14(b)　区域参数设置—分层

(c) 切削用量设置:参照机床及刀具和加工材料,自行设置。

(d) 刀具参数设置。如图 16-15 所示。

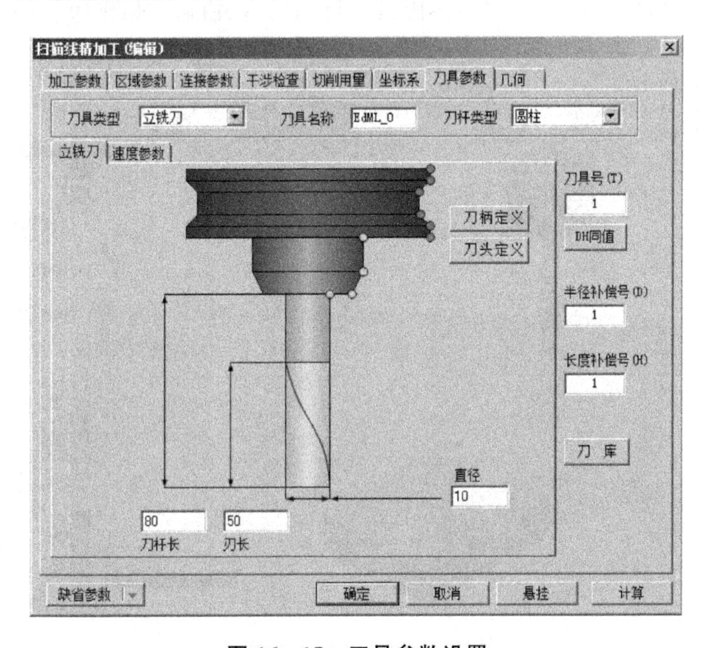

图 16-15　刀具参数设置

(e) 几何设置:选择曲面。

(2) 完成后,生成的加工轨迹如图 16－16 所示。

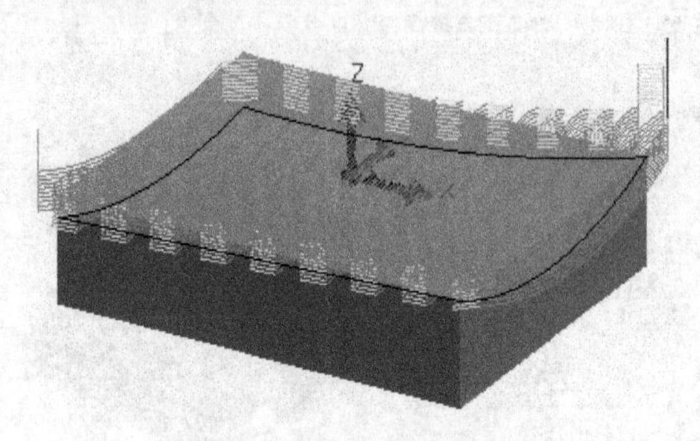

图 16－16　生成加工轨迹

(四) 轨迹仿真加工

1. 点击刀具轨迹,使所有轨迹都处于选中状态。如图 16－17 所示。

刀具轨迹 : 共 1 条
1-扫描线精加工

图 16－17　刀具轨迹

2. 菜单命令:"加工"—"实体仿真",进入仿真界面。如图 16－18 所示。

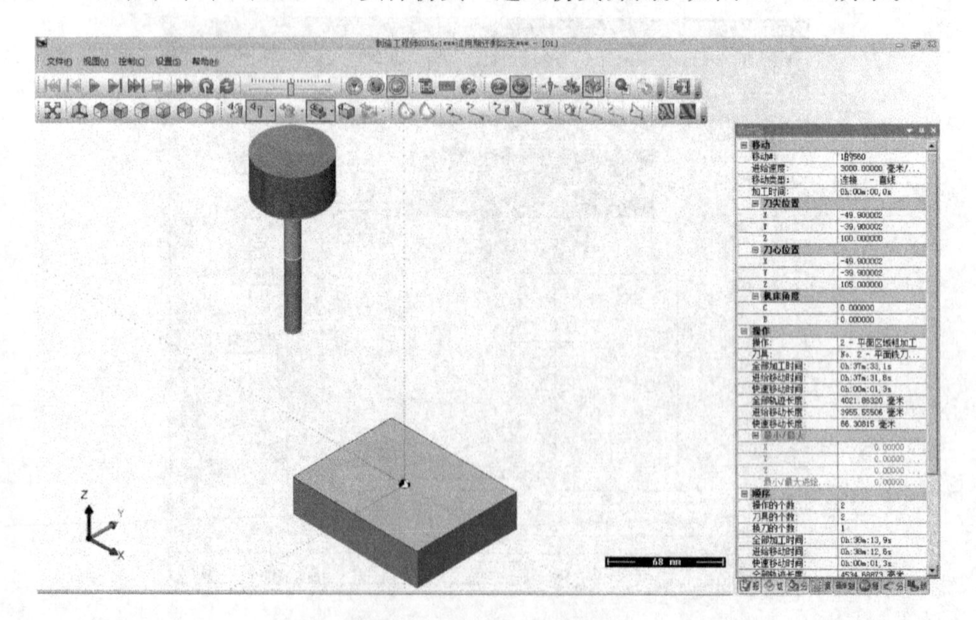

图 16－18　进入仿真界面

3. 菜单命令:“控制”—“运行”,仿真结束后,加工结果如图 16－19 所示。

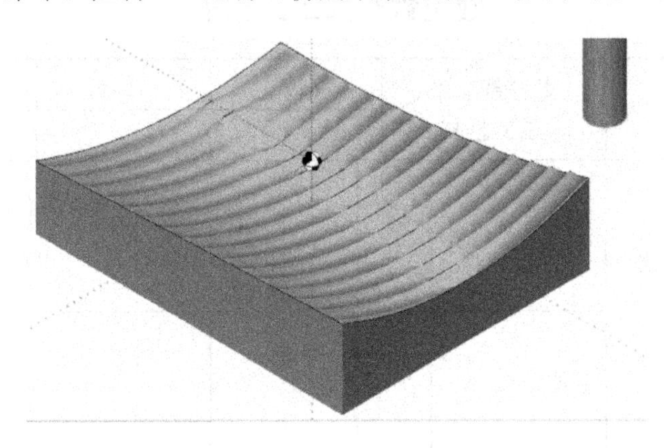

图 16－19　加工结果

4. 完成后,用菜单命令:“文件”—“退出”,返回到主界面。

(四) 生成 G 代码

1. 菜单命令:“加工”—“后置处理”—“生成 G 代码”。

2. 为每一个轨迹分别生成一个 G 代码文件。

(五) 传送加工程序

把 G 代码文件传送到机床进行加工。

数控铣削加工工艺卡

<table>
<tr><td colspan="3" rowspan="2">松阳中专
学生实训</td><td colspan="2" rowspan="2">数控铣削加工
工艺卡</td><td colspan="2">零件号</td><td colspan="1">材料</td><td>毛坯尺寸</td></tr>
<tr><td colspan="2"></td><td></td><td></td></tr>
<tr><td>工序号</td><td>工序名称</td><td>工步号</td><td>工序工步内容</td><td>夹具</td><td>刀具</td><td>量具</td><td>程序号</td><td>工艺简图
（画草图）</td></tr>
<tr><td></td><td></td><td></td><td></td><td></td><td></td><td></td><td></td><td></td></tr>
<tr><td></td><td></td><td></td><td></td><td></td><td></td><td></td><td></td><td></td></tr>
<tr><td></td><td></td><td></td><td></td><td></td><td></td><td></td><td></td><td></td></tr>
<tr><td></td><td></td><td></td><td></td><td></td><td></td><td></td><td></td><td></td></tr>
<tr><td></td><td></td><td></td><td></td><td></td><td></td><td></td><td></td><td></td></tr>
<tr><td></td><td></td><td></td><td></td><td></td><td></td><td></td><td></td><td></td></tr>
</table>

注：可另附页

学习记录页

一、相关知识记录：

二、操作过程记录：

综合评价表

总得分：________ 师傅：________ 评分教师：______

第______周 周______ ______午 第______节

任务名称：						
评价项目	评价标准		分值	自评	组评	师评
态度评价(30)	实训纪律		10			
	三检查(机器设备,工量具,毛坯)		10			
	二整理(机器设备,工量具),一清扫		10			
理论评价(30)	工艺卡填写		20			
	相关知识记录		10			
操作评价(核算分40)	上机操作	图形绘制	4			
		毛坯设置	3			
		轨迹设置	6			
		仿真	2			
		生成G代码	2			
		程序传送	2			
	实际操作	对刀	3			
		调用程序	3			
		精度控制	4			
		工件测量	10			
合计	100					
指导教师评语	本次实训等级(优良及)________ 指导教师签字					

任务十七　四轴加工

一、任务内容

1. 零件图如图17－1所示。

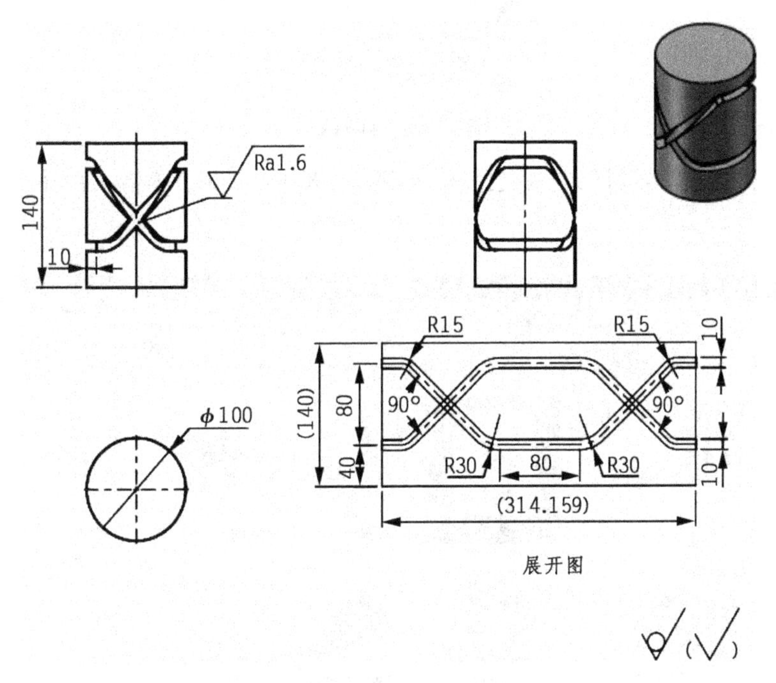

图17－1　零件图

2. 任务要求：使用CAXA制造工程师完成任务对象的加工。

二、任务分析

为了节省时间，我们已经做好了加工模型，大家可以直接导入模型进行加工。

三、知识要点

1. 导入文件
2. 圆柱毛坯的设置

四、操作过程

(一) 画图

1. 打开 CAXA 制造工程师后，新建一个制造文件。
2. 导入零件。如图 17－2 所示。

图 17－2　导入零件

3. 弹出窗口，选择文件(支持 *. X_T，*. X_B，*. IGS 等格式)。如图 17－3 所示。

图 17－3　选择文件

4. 导入的空间曲线如图 17-4 所示。

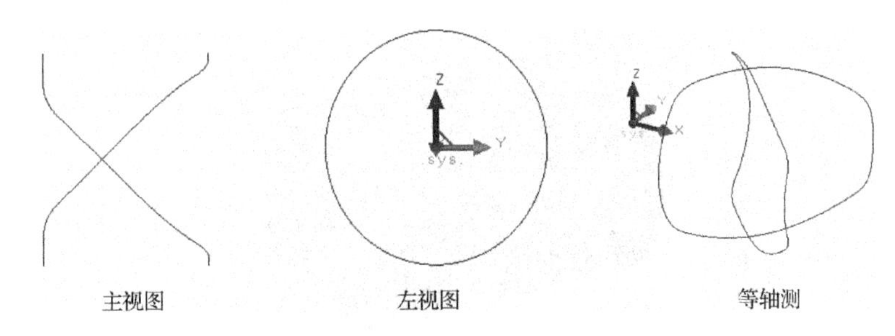

图 17-4　导入空间曲线

(二) 创建加工轨迹

1. 设置毛坯。

(1) 切换到轨迹管理。如图 17-5 所示。

图 17-5　轨迹管理

(2) 双击毛坯,进行设置(圆柱形,vx 为 1,高度 140,半径 50)。如图 17-6 所示。

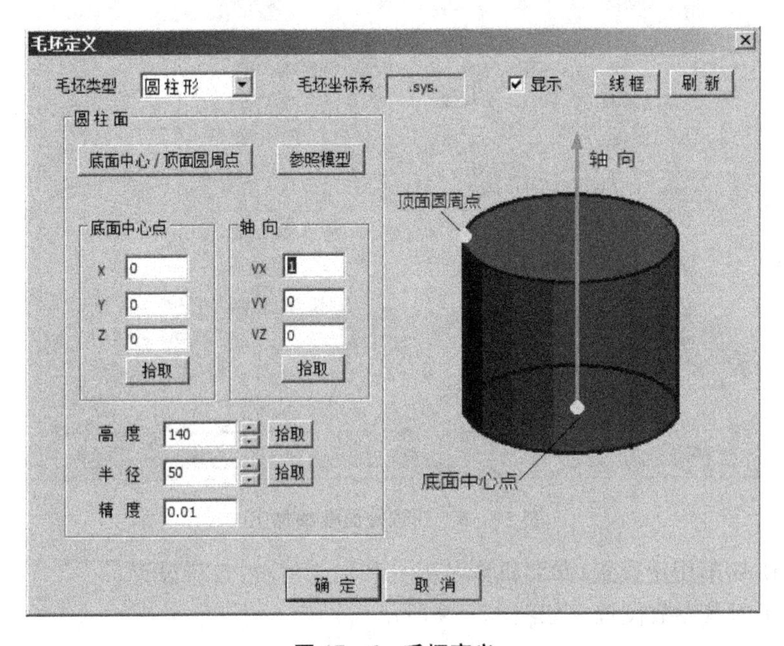

图 17-6　毛坯定义

（3）按 F8 切换到等轴测。如图 17－7 所示。

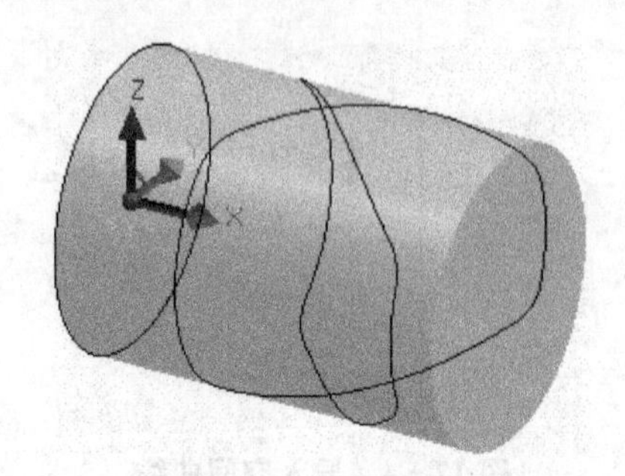

图 17－7　等轴测

2. 创建加工轨迹。

（1）使用菜单命令："加工"—"多轴加工"—"四轴柱面曲线加工"。

（a）四轴柱面曲线加工。如图 17－8 所示。

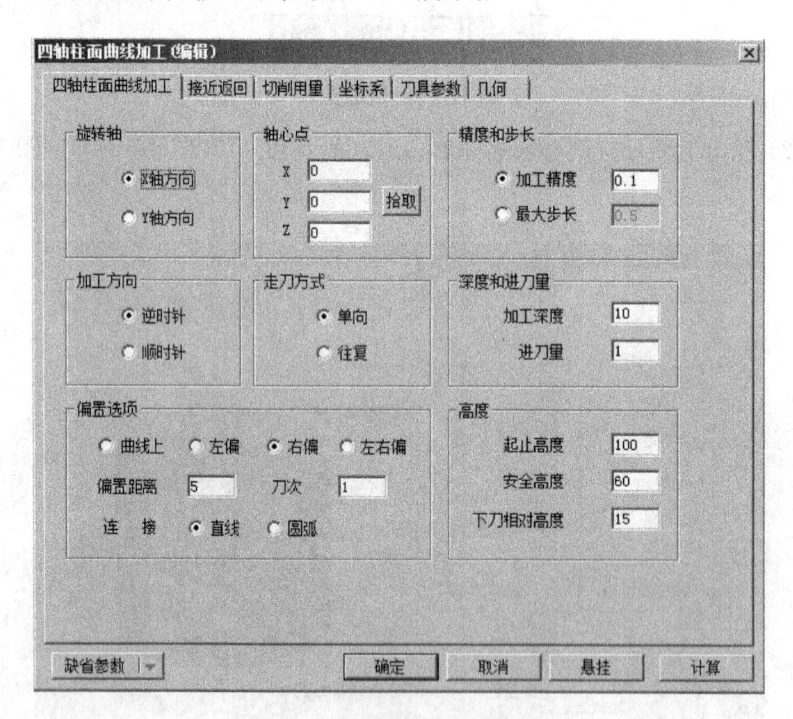

图 17－8　四轴柱面曲线加工

（b）切削用量设置：参照机床及刀具和加工材料，自行设置。

（c）刀具参数设置。如图 17－9 所示。

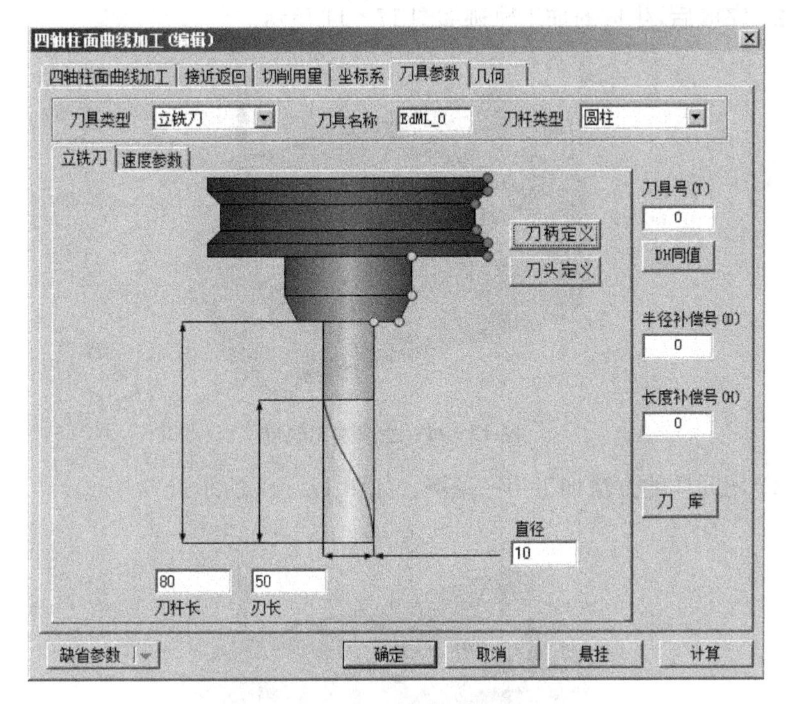

图 17-9　刀具参数设置

(d) 几何设置。如图 17-10 所示。

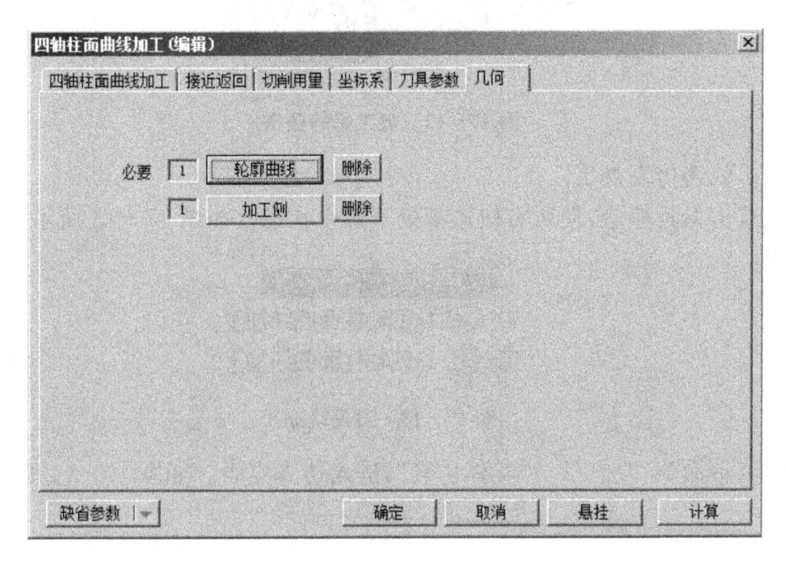

图 17-10　几何设置

(2) 完成后,生成的加工轨迹如图 17－11 所示。

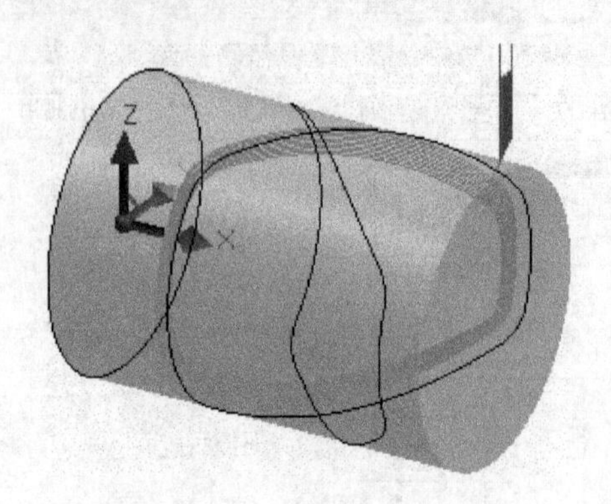

图 17－11　生成加工轨迹

(3) 用同样的方法加工另一条槽。如图 17－12 所示。

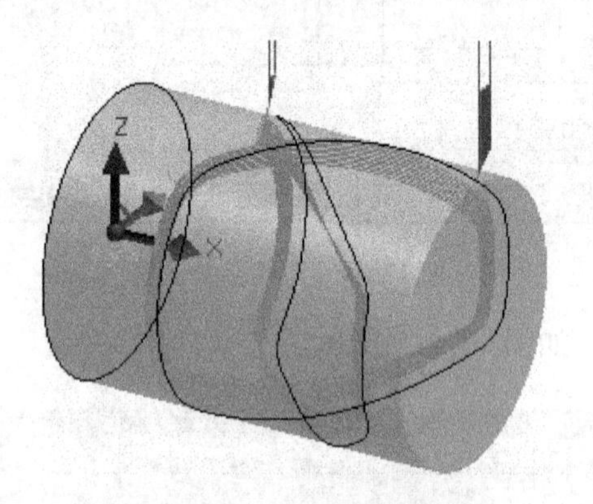

图 17－12　加工另一条槽

(三) 轨迹仿真加工

1. 点击刀具轨迹,使所有轨迹都处于选中状态。如图 17－13 所示。

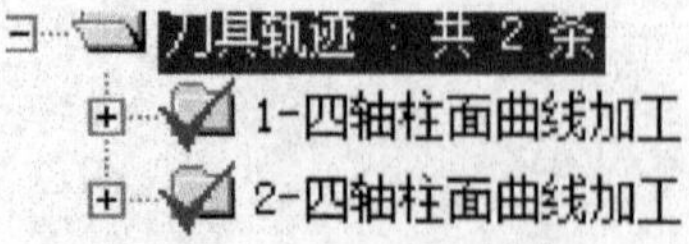

刀具轨迹 : 共 2 条
1-四轴柱面曲线加工
2-四轴柱面曲线加工

图 17－13　刀具轨迹

2. 菜单命令:“加工”－“实体仿真”,进入仿真界面。如图 17－14 所示。

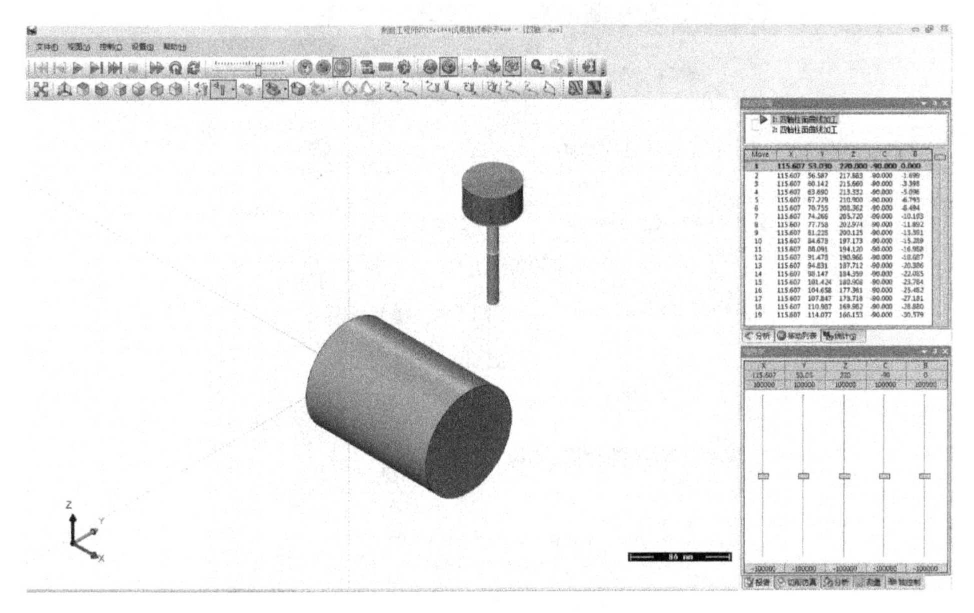

图 17－14　进入仿真界面

3. 菜单命令:“控制”—“运行”,仿真结束后,加工结果如图 17－15 所示。

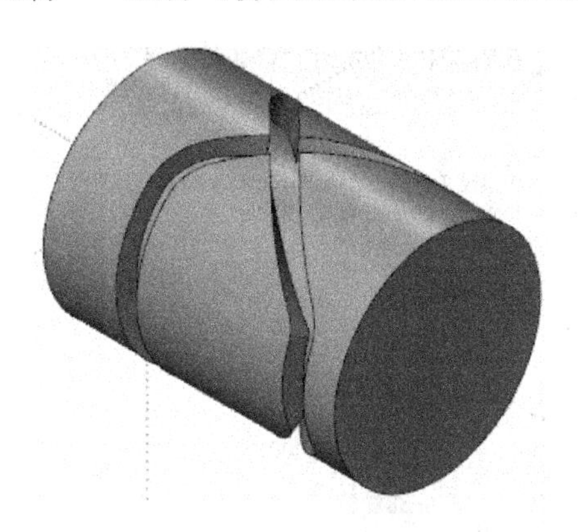

图 17－15　加工结果

4. 完成后,用菜单命令:“文件”—“退出”,返回到主界面。

(四) 生成 G 代码

1. 菜单命令:“加工”—“后置处理”—“生成 G 代码”(数控系统为 FANUC_4X_A)。如图 17－16 所示。

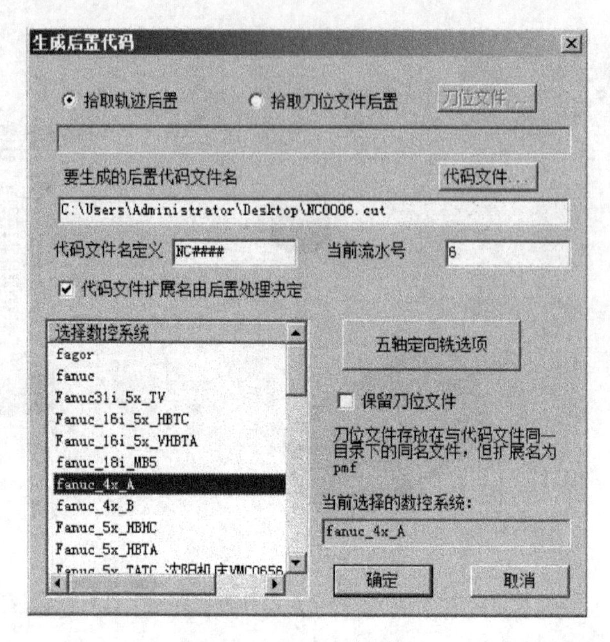

图 17-16　生成 G 代码

2. 生成的代码文件如图 17-17 所示。

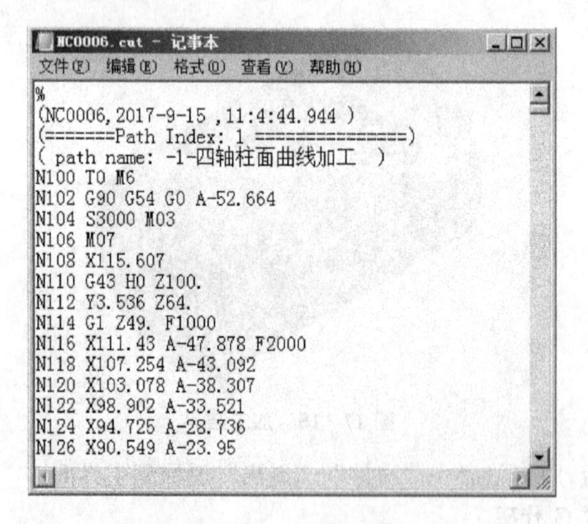

图 17-17　代码文件

3. 生成另一个 G 代码文件。

(五) 传送加工程序

把 G 代码文件传送到机床进行加工。

数控铣削加工工艺卡

<table>
<tr><td colspan="3" rowspan="2">松阳中专
学生实训</td><td colspan="2" rowspan="2">数控铣削加
工工艺卡</td><td colspan="2">零件号</td><td>材料</td><td>毛坯尺寸</td></tr>
<tr><td colspan="2"></td><td></td><td></td></tr>
<tr><td>工序号</td><td>工序名称</td><td>工步号</td><td>工序工步内容</td><td>夹具</td><td>刀具</td><td>量具</td><td>程序号</td><td>工艺简图
（画草图）</td></tr>
<tr><td></td><td></td><td></td><td></td><td></td><td></td><td></td><td></td><td></td></tr>
<tr><td></td><td></td><td></td><td></td><td></td><td></td><td></td><td></td><td></td></tr>
<tr><td></td><td></td><td></td><td></td><td></td><td></td><td></td><td></td><td></td></tr>
<tr><td></td><td></td><td></td><td></td><td></td><td></td><td></td><td></td><td></td></tr>
<tr><td></td><td></td><td></td><td></td><td></td><td></td><td></td><td></td><td></td></tr>
<tr><td></td><td></td><td></td><td></td><td></td><td></td><td></td><td></td><td></td></tr>
</table>

注：可另附页

学习记录页

一、相关知识记录：

二、操作过程记录：

综合评价表

总得分：________　　师傅：________　　评分教师：______

第______周　　周______　____午　　第______节

<table>
<tr><td colspan="7">任务名称：</td></tr>
<tr><td>评价项目</td><td colspan="2">评价标准</td><td>分值</td><td>自评</td><td>组评</td><td>师评</td></tr>
<tr><td rowspan="3">态度评价(30)</td><td colspan="2">实训纪律</td><td>10</td><td></td><td></td><td></td></tr>
<tr><td colspan="2">三检查(机器设备,工量具,毛坯)</td><td>10</td><td></td><td></td><td></td></tr>
<tr><td colspan="2">二整理(机器设备,工量具),一清扫</td><td>10</td><td></td><td></td><td></td></tr>
<tr><td rowspan="2">理论评价(30)</td><td colspan="2">工艺卡填写</td><td>20</td><td></td><td></td><td></td></tr>
<tr><td colspan="2">相关知识记录</td><td>10</td><td></td><td></td><td></td></tr>
<tr><td rowspan="10">操作评价
(核算分 40)</td><td rowspan="6">上机操作</td><td>图形绘制</td><td>4</td><td></td><td></td><td></td></tr>
<tr><td>毛坯设置</td><td>3</td><td></td><td></td><td></td></tr>
<tr><td>轨迹设置</td><td>6</td><td></td><td></td><td></td></tr>
<tr><td>仿真</td><td>2</td><td></td><td></td><td></td></tr>
<tr><td>生成G代码</td><td>2</td><td></td><td></td><td></td></tr>
<tr><td>程序传送</td><td>2</td><td></td><td></td><td></td></tr>
<tr><td rowspan="4">实际操作</td><td>对刀</td><td>3</td><td></td><td></td><td></td></tr>
<tr><td>调用程序</td><td>3</td><td></td><td></td><td></td></tr>
<tr><td>精度控制</td><td>4</td><td></td><td></td><td></td></tr>
<tr><td>工件测量</td><td>10</td><td></td><td></td><td></td></tr>
<tr><td>合计</td><td colspan="3">100</td><td></td><td></td><td></td></tr>
<tr><td>指导教师评语</td><td colspan="6">本次实训等级(优良及)________　指导教师签字</td></tr>
</table>

任务十八　精度控制

一、任务内容

1. 零件图如图 18－1 所示。

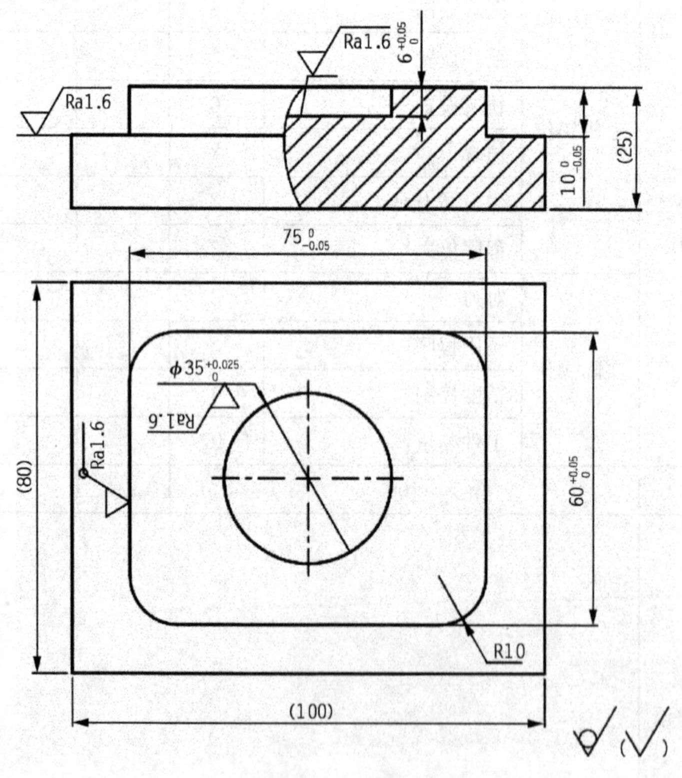

图 18－1　零件图

2. 任务要求:使用 CAXA 制造工程师完成任务对象的加工。

二、任务分析

本工件加工的是平底直壁的结构，这种类型的工件，在 CAXA 制造工程师中，不需要造型，使用空间轮廓曲线就可以完成加工。

三、知识要点

1. 图形的绘制
2. 控制精度的方法

四、操作过程

(一) 画图

1. 打开 CAXA 制造工程师后，新建一个制造文件。
2. 画一个 100×80 的矩形。如图 18－2 所示。

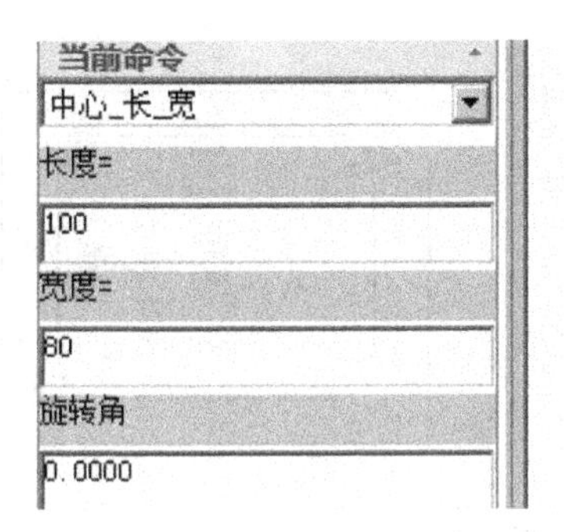

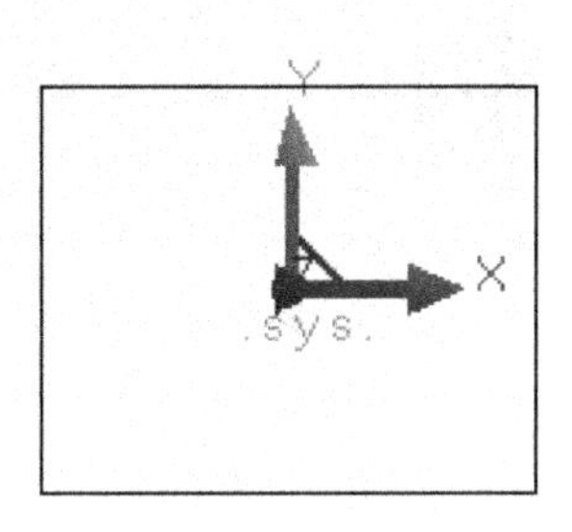

图 18－2　矩形命令 1

3. 再画一个 74.975×60.025 的矩形(数据取公差的中值，确保在机床上设置刀补，获得加工精度)。如图 18－3 所示。

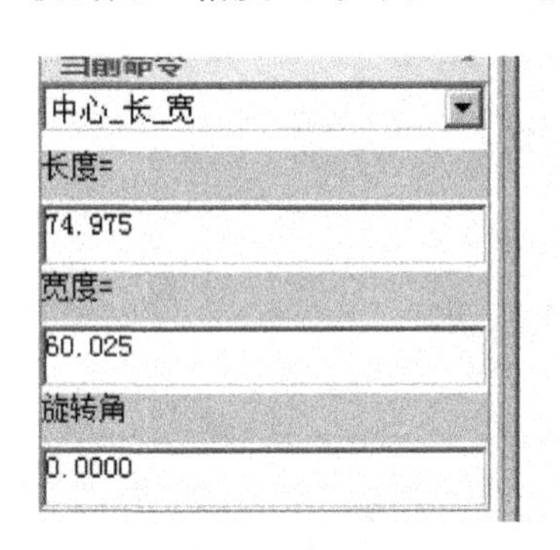

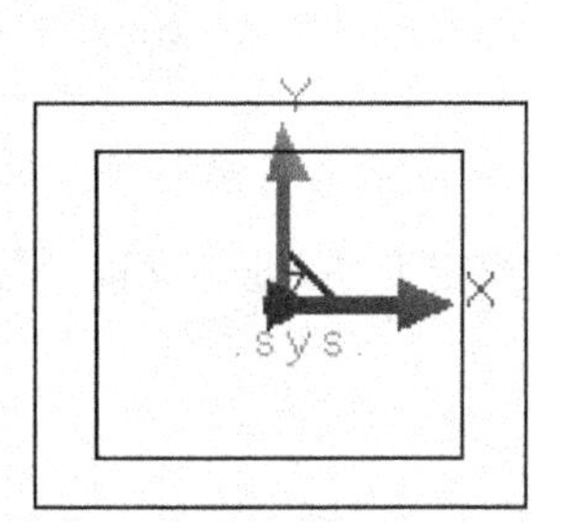

图 18－3　矩形命令 2

4. 圆角 R10。如图 18-4 所示。

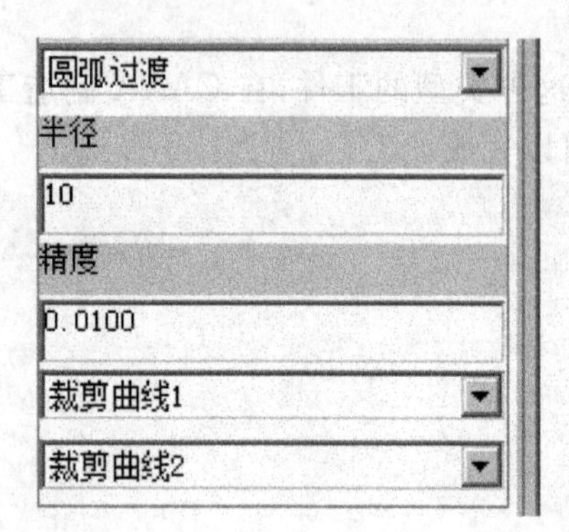

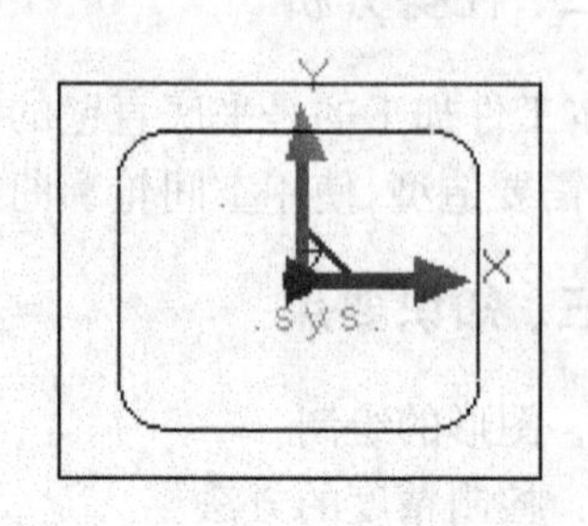

图 18-4 圆角命令

5. 画一个直径为 30.0125 的圆(数据取公差的中值,确保在机床上设置刀补,获得加工精度)。如图 18-5 所示。

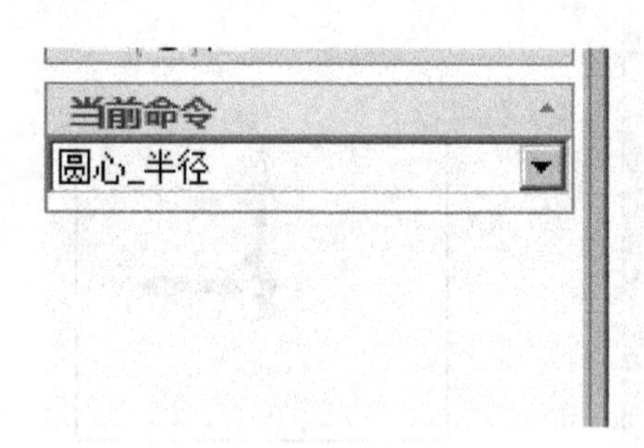

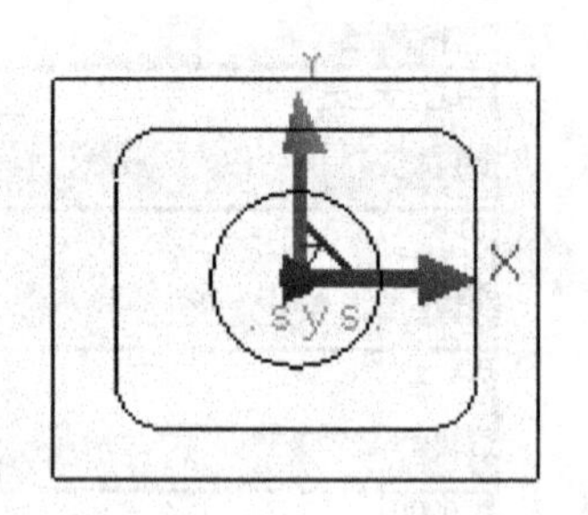

图 18-5 圆命令

(二) 创建加工轨迹

1. 设置毛坯。

(1) 切换到轨迹管理。如图 18-6 所示。

图 18-6 轨迹管理

(2) 双击毛坯,进行设置。如图 18-7 所示。

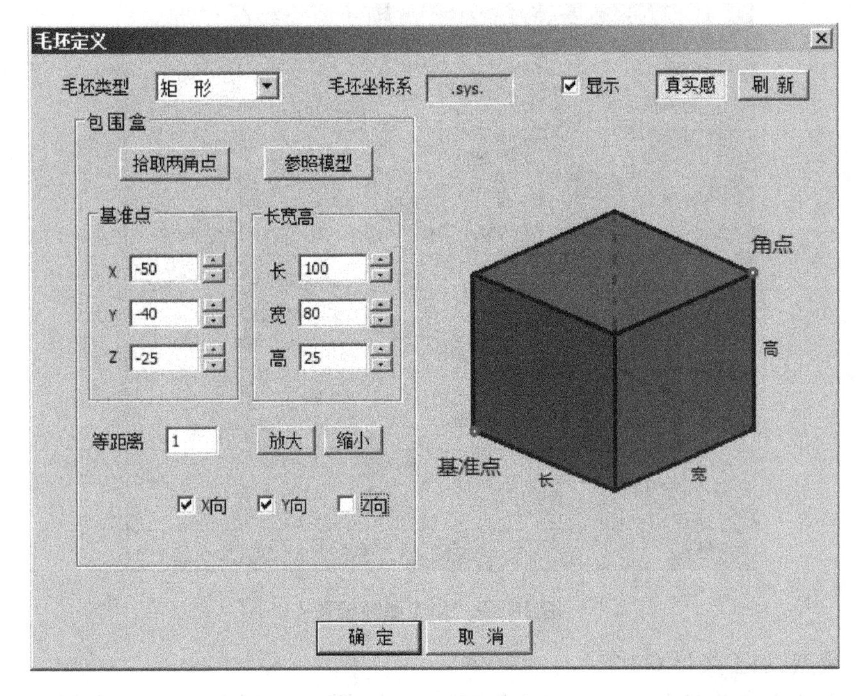

图 18－7　毛坯定义

(3) 按 F8 切换到等轴测。如图 18－8 所示。

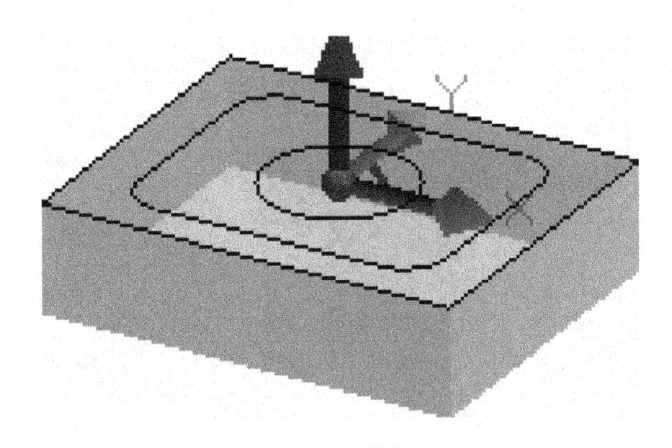

图 18－8　等轴测

2. 创建加工轨迹。

(1) 使用菜单命令:“加工”—“常用加工”—“平面轮廓精加工”。

(a) 加工参数的设置。如图 18－9 所示。

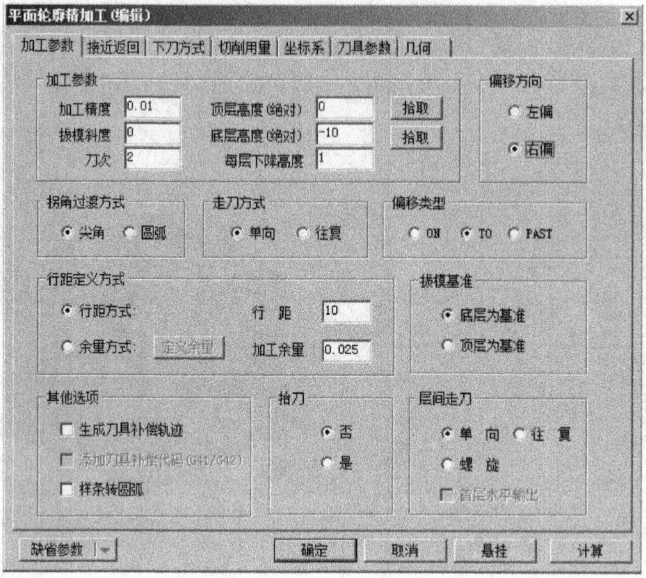

平面轮廓精加工(编辑)
加工参数 | 接近返回 | 下刀方式 | 切削用量 | 坐标系 | 刀具参数 | 几何
加工参数
加工精度 0.01　顶层高度(绝对) 0　拾取
拔模斜度 0　底层高度(绝对) -10　拾取
刀次 2　每层下降高度 1
偏移方向
左偏
右偏
拐角过渡方式
尖角　圆弧
走刀方式
单向　往复
偏移类型
ON　TO　PAST
行距定义方式
行距方式:　行 距 10
余量方式:　定义余量　加工余量 0.025
拔模基准
底层为基准
顶层为基准
其他选项
生成刀具补偿轨迹
添加刀具补偿代码(G41/G42)
样条转圆弧
抬刀
否
是
层间走刀
单 向　往 复
螺 旋
首层水平输出
缺省参数　确定　取消　悬挂　计算

图 18-9　加工参数设置

重点:加工余量 0.025。

图纸要求深度为 $10^{0}_{-0.050}$,也就是说,尺寸可以加工到 9.95～10 之间。加工余量设置为 0.025,实际加工深度为 9.975,为要求尺寸的中间值。

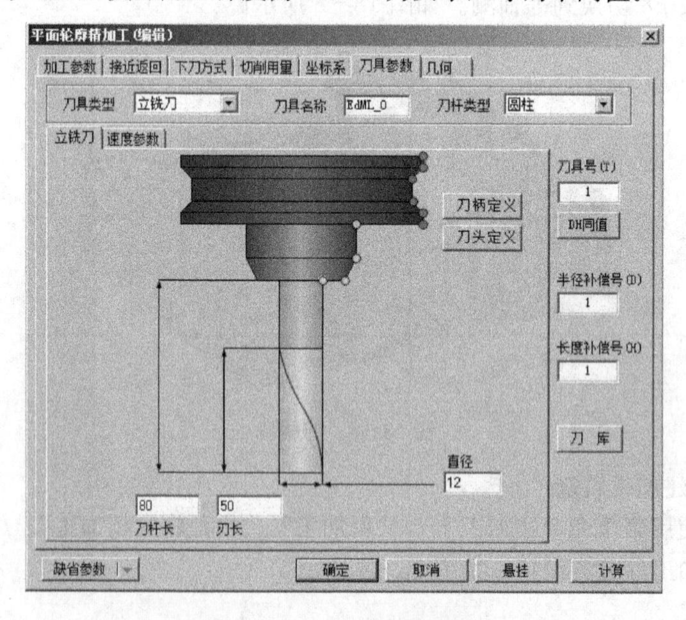

图 18-10　刀具参数设置

(b) 切削用量设置:参照机床及刀具和加工材料,自行设置。

(c) 刀具参数设置。如图 18－10 所示。

刀具号:后期机床操作中,精加工时设置刀补用。

(d) 几何设置:轮廓曲线,选择 74.975×60.025 的矩形。注意轮廓的方向。

(2) 完成后,生成的加工轨迹如图 18－11 所示。

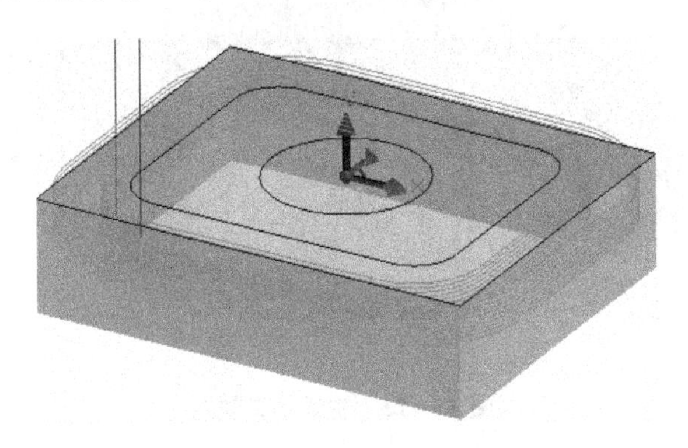

图 18－11　生成加工轨迹

(3) 用同样的方法加工中间的圆。

加工参数的设置。如图 18－12 所示。

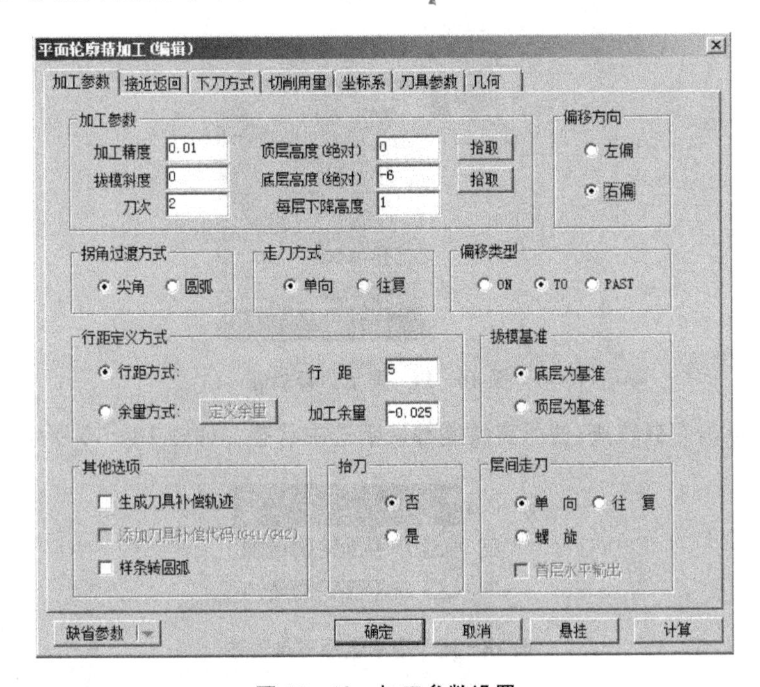

图 18－12　加工参数设置

深度－6，加工余量－0.025，实际加工深度为 6.025。

其他参数不变。

（4）生成的加工轨迹如图 18－13 所示。

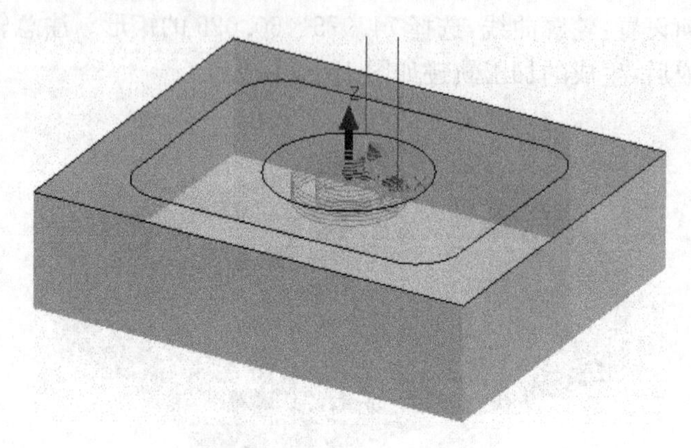

图 18－13　生成加工轨迹

（三）轨迹仿真加工

1. 显示所有轨迹：在轨迹上按右键，在弹出的菜单中选择显示。选择隐藏就可以隐藏轨迹。如图 18－14 所示。

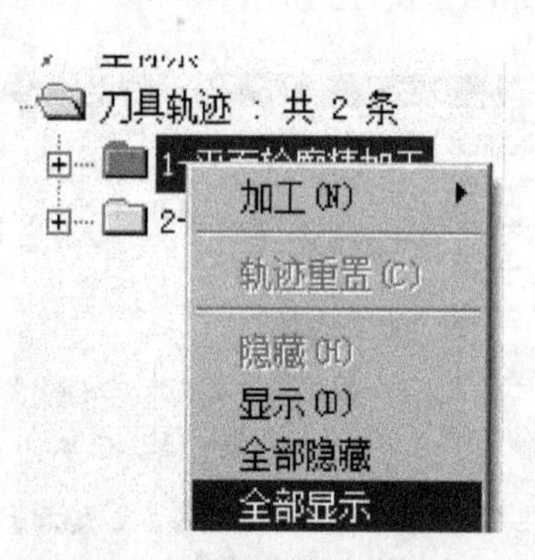

图 18－14　显示刀具轨迹

2. 点击刀具轨迹，使所有轨迹都处于选中状态。如图 18－15 所示。

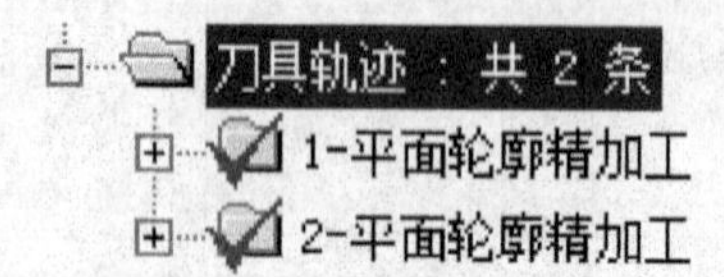

图 18－15　选中全部刀具轨迹

3. 菜单命令:“加工”—“实体仿真”,进入仿真界面。如图 18－16 所示。

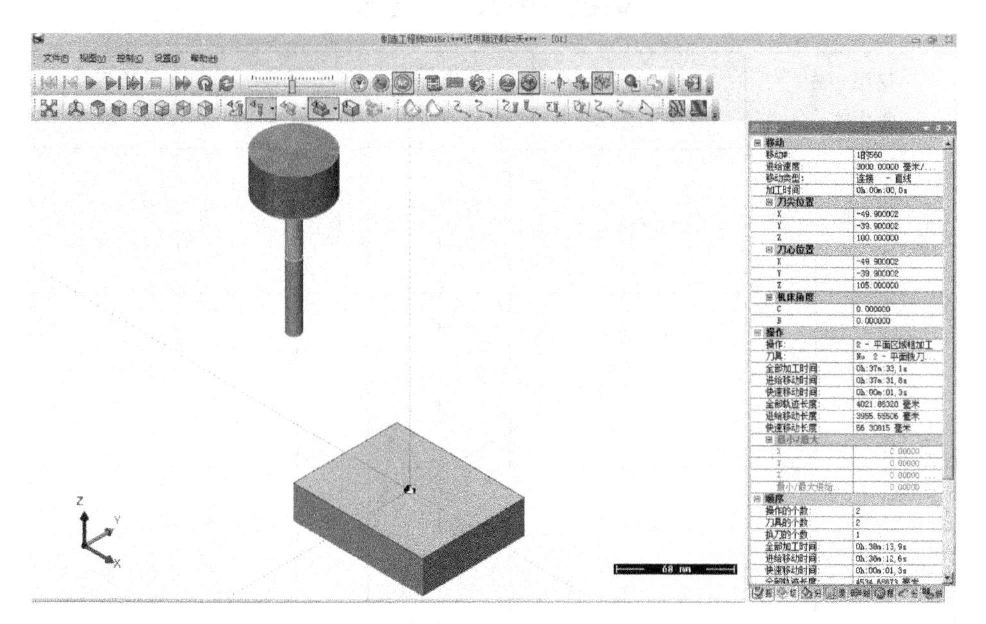

图 18－16　进入仿真界面

4. 菜单命令:“控制”—“运行”,仿真结束后,加工结果如图 18－17 所示。

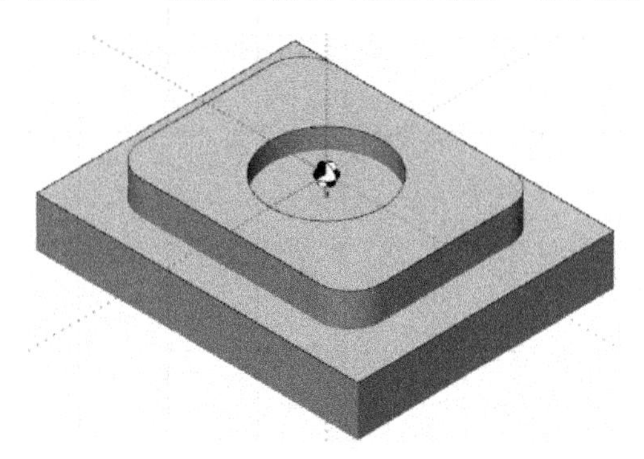

图 18－17　加工结果

5. 完成后,用菜单命令:“文件”—“退出”,返回到主界面。

(四) 生成 G 代码

1. 菜单命令:“加工”—“后置处理”—“生成 G 代码”。

2. 为每一个轨迹分别生成一个 G 代码文件。

(五) 传送加工程序

把 G 代码文件传送到机床进行加工。

数控铣削加工工艺卡

松阳中专学生实训			数控铣削加工工艺卡		零件号		材料	毛坯尺寸
工序号	工序名称	工步号	工序工步内容	夹具	刀具	量具	程序号	工艺简图（画草图）

注:可另附页

学习记录页

一、相关知识记录：

二、操作过程记录：

综合评价表

总得分：______ 师傅：______ 评分教师：______

第____周 周____ ____午 第____节

<table>
<tr><td colspan="7">任务名称：</td></tr>
<tr><td>评价项目</td><td colspan="2">评价标准</td><td>分值</td><td>自评</td><td>组评</td><td>师评</td></tr>
<tr><td rowspan="3">态度评价(30)</td><td colspan="2">实训纪律</td><td>10</td><td></td><td></td><td></td></tr>
<tr><td colspan="2">三检查(机器设备,工量具,毛坯)</td><td>10</td><td></td><td></td><td></td></tr>
<tr><td colspan="2">二整理(机器设备,工量具),一清扫</td><td>10</td><td></td><td></td><td></td></tr>
<tr><td rowspan="2">理论评价(30)</td><td colspan="2">工艺卡填写</td><td>20</td><td></td><td></td><td></td></tr>
<tr><td colspan="2">相关知识记录</td><td>10</td><td></td><td></td><td></td></tr>
<tr><td rowspan="10">操作评价
(核算分40)</td><td rowspan="6">上机操作</td><td>图形绘制</td><td>4</td><td></td><td></td><td></td></tr>
<tr><td>毛坯设置</td><td>3</td><td></td><td></td><td></td></tr>
<tr><td>轨迹设置</td><td>6</td><td></td><td></td><td></td></tr>
<tr><td>仿真</td><td>2</td><td></td><td></td><td></td></tr>
<tr><td>生成G代码</td><td>2</td><td></td><td></td><td></td></tr>
<tr><td>程序传送</td><td>2</td><td></td><td></td><td></td></tr>
<tr><td rowspan="4">实际操作</td><td>对刀</td><td>3</td><td></td><td></td><td></td></tr>
<tr><td>调用程序</td><td>3</td><td></td><td></td><td></td></tr>
<tr><td>精度控制</td><td>4</td><td></td><td></td><td></td></tr>
<tr><td>工件测量</td><td>10</td><td></td><td></td><td></td></tr>
<tr><td>合计</td><td colspan="3">100</td><td></td><td></td><td></td></tr>
<tr><td>指导教师评语</td><td colspan="6">

本次实训等级(优良及)______ 指导教师签字</td></tr>
</table>

班级：__________　　　　　　学生姓名：________

评分项	成绩计算	评分结果
一	平时练习成绩＝(18 个项目总和×25%)	
二	实训 7S 表现(满分 15 分) 表现好 A(得 12～15 分) 表现一般 B(8～11 分) 表现差 C(0～7 分) 缺席上课 2 次以上得 C 级	
三	考核成绩＝考试成绩×60%	
合计	总评成绩＝平时成绩＋实训 7S 成绩＋考核成绩	
教师评语	教师签名： 日期：	

图书在版编目(CIP)数据

CAXA 软件应用实训教程 / 许跃女，阙杨战主编. —南京：南京大学出版社，2017.12
ISBN 978-7-305-19668-3

Ⅰ. ①C… Ⅱ. ①许… ②阙… Ⅲ. ①自动绘图—软件包—中等专业学校—教材 Ⅳ. ①TP391.72

中国版本图书馆 CIP 数据核字(2017)第 305014 号

出版发行 南京大学出版社
社　　址 南京市汉口路 22 号　　邮　　编 210093
出 版 人 金鑫荣

书　　名 CAXA 软件应用实训教程
主　　编 许跃女　阙杨战
责任编辑 刘　洋　吴　汀　　编辑热线 025-83592146

照　　排 南京理工大学资产经营有限公司
印　　刷 虎彩印艺股份有限公司
开　　本 787×960　1/16　印张 15.5　字数 287 千
版　　次 2017 年 12 月第 1 版　2017 年 12 月第 1 次印刷
ISBN 978-7-305-19668-3
定　　价 39.80 元

网　　址：http://www.njupco.com
官方微博：http://weibo.com/njupco
微信服务号：njuyuexue
销售咨询热线：(025)83594756